Home 教你打造 数字力

微课版

Excel 2010
经典教程

ExcelHome 编著

人 民 邮 电 出 版 社

北 京

图书在版编目（CIP）数据

Excel 2010经典教程：微课版 / ExcelHome编著
. -- 北京：人民邮电出版社，2017.8（2022.12重印）
（微软Excel 致用系列）
ISBN 978-7-115-45089-0

Ⅰ. ①E… Ⅱ. ①E… Ⅲ. ①表处理软件 Ⅳ.
①TP391.13

中国版本图书馆CIP数据核字(2017)第126056号

内 容 提 要

　　本书是 Excel 2010 应用大全。全书详细介绍了 Excel 2010 的基础知识和基本操作以及数据处理分析技术，共分 12 章，从 Excel 的技术背景与表格基本应用开始，逐步展开到公式与函数、图表图形、数据分析工具的使用、各项高级功能的应用等知识点，较为完整地介绍了 Excel 主要功能的技术特点和应用方法，形成一套结构清晰、内容丰富的 Excel 知识体系。

　　本书采用循序渐进的方式，由易到难地介绍 Excel 中的常用知识点。除了原理和基础性的讲解，还配以典型示例帮助读者加深理解，突出实用性和适用性。本书注重知识结构的层次性，循序渐进安排各章的知识点内容，尽量降低学习难度，通过翔实的操作实例和丰富的课后练习题目，培养学习者的动手实践能力。

　　本书可作为高校计算机应用等专业的教材，也可作为广大 Excel 爱好者和有关从业人员的学习参考资料。

◆ 编　　著　ExcelHome
　　责任编辑　刘向荣
　　责任印制　周昇亮

◆ 人民邮电出版社出版发行　　北京市丰台区成寿寺路 11 号
　　邮编　100164　　电子邮件　315@ptpress.com.cn
　　网址　http://www.ptpress.com.cn
　　北京虎彩文化传播有限公司印刷

◆ 开本：787×1092　1/16
　　印张：18　　　　　　　　　　2017 年 8 月第 1 版
　　字数：541 千字　　　　　　　2022 年 12 月北京第 5 次印刷

定价：54.00 元（附光盘）

读者服务热线：(010)81055256　印装质量热线：(010)81055316
反盗版热线：(010)81055315
广告经营许可证：京东市监广登字 20170147 号

前 言
PREFACE

在众多 Office 组件中，Excel 无疑是最具有魅力的应用软件之一。使用 Excel 能帮助用户完成多种要求的数据运算、汇总、提取以及制作可视化图表等多项工作，帮助用户将复杂的数据转换为有用的信息。本书的最终目标，就是帮助读者开启 Excel 的学习之旅，让读者能够借助 Excel 提高工作效率。

循序渐进、积少成多是每个办公高手的必经之路。在开始学习阶段，除了阅读图书学习基础理论知识外，建议大家多到一些 Office 学习论坛去看一看免费的教程。本书所依托的 http://www.excelhome.net 论坛，就为广大 Excel 爱好者提供了广阔的学习平台，各个版块的置顶帖，都是难得的免费学习教程。

从实际工作需要出发，努力用 Excel 来解决实际问题，这是学习的动力源泉。带着问题学，是最有效的学习方法。不懂就问，多看有关 Excel 书籍、示例，这对于提高 Excel 技术水平有着重要的作用。

当然仅仅通过看书还远远不够，还要勤动手多练习。熟能生巧，只有自己多动手练习，才能更快地练就真本领。万丈高楼平地起，当我们能将 Excel 学以致用，能够应用 Excel 创造性地对实际问题提出解决方案时，就能实现在 Excel 领域中自由驰骋的目标。

读者对象

本书面向的读者群是所有需要使用 Excel 的用户。无论是初学者，中、高级用户还是信息技术人员，都能够从本书中找到值得学习的内容。当然，希望读者在阅读本书以前至少对 Windows 操作系统有一定的了解，并且知道如何使用键盘与鼠标。

声明

本书及本书附带光盘中所使用的数据均为虚拟数据，如有雷同，纯属巧合，请勿对号入座。

软件版本

本书内容适用于 Windows7\8\10 操作系统上的中文版 Excel 2010，绝大部分内容也可以兼容 Excel 2007\2013\2016。

Excel 2010 在不同版本操作系统中的显示风格有细微差异，但操作方法完全相同。

阅读技巧

不同水平的读者可以使用不同的方式来阅读本书，以求在投入相同的时间和精力之下能获得最大的回报。

Excel 初级用户或者任何一位希望全面熟悉 Excel 各项功能的读者，可以从头开始阅读，因为本书是按照各项功能的使用频度以及难易程度来组织章节顺序的。

Excel 中、高级用户可以挑选自己感兴趣的主题来有侧重地学习，虽然各知识点之间有千丝万缕的联系，但通过我们在本书中提示的交叉参考，可以轻松地顺藤摸瓜。

如果遇到令人困惑的知识点不必烦躁，可以暂时跳过，今后遇到具体问题时再来研究。当然，更好的方式是与其他爱好者进行探讨。如果读者身边没有这样的人选，可以登录 Excel Home 技术论坛，这里有无数 Excel 爱好者正在积极交流。

另外，本书为读者准备了大量的示例，它们都有相当的典型性和实用性，并能解决特定的问题。因此，读者也可以直接从目录中挑选自己需要的示例开始学习，然后快速应用到自己的工作中去。

写作团队

本书由 ExcelHome 组织策划，由 ExcelHome 社交媒体主编、微软全球最有价值专家祝洪忠和 ExcelHome 站长、微软全球最有价值专家周庆麟编写完成。

感谢

特别感谢由 ExcelHome 会员张飞燕、俞丹、戴雁青、刘钰志愿组成的本书预读团队所做出的卓越贡献。他们用耐心和热情帮助作者团队不断优化书稿，让作为读者的您可以读到更优秀的内容。

衷心感谢 ExcelHome 论坛的 400 万会员，是他们多年来不断的支持与分享，才营造出热火朝天的学习氛围，并成就了今天的 ExcelHome 系列图书。

衷心感谢所有 ExcelHome 微博粉丝、微信公众号关注者和 QQ 公众号好友，你们的"赞"和"转"是我们不断前进的新动力。

后续服务

在本书的编写过程中，尽管每一位团队成员都未敢稍有疏虞，但纰缪和不足之处仍在所难免。敬请读者能够提出宝贵的意见和建议，您的反馈将是我们继续努力的动力，本书的后继版本也将会更臻完善。

您可以访问 http://club.excelhome.net，我们开设了专门的版块用于本书的讨论与交流。您也可以发送电子邮件到 book@excelhome.net，我们将尽力为您服务。

此外，我们还特别准备了 QQ 学习群，群号为：550205780，您也可以扫码入群，与作者和其他读者共同交流学习，并且获取超过 4GB 的学习资料。

入群密令：ExcelHome

最后祝广大读者在阅读本书后，能学有所成！

ExcelHome

2017 年 4 月

目录 CONTENTS

第1章

Excel 2010 简介

本章主要介绍Excel的发展与演变和Excel的主要功能。通过本章的学习，读者能够对Excel有一个初步的了解，为进一步的学习奠定基础。

1.1 Excel的发展与演变

人类在漫长的发展历史中，发明创造了无数的工具来改造环境和提高生产力，计算工具就是其中非常重要的一种。随着20世纪50年代第一台电子计算机的出现，计算工具进入了高速发展的阶段，体积越来越小，运算速度也越来越高。

计算工具的发展历程，反映了人类对数据计算能力需求的不断提高，以及在不同时代的生产生活中对数据的依赖程度。人类与数据的关系越密切，就越需要有更加先进的数据计算工具和方法，以及能够熟练掌握它们的人。

1979年，美国人丹·布里克林（D·Bricklin）和鲍伯·弗兰克斯顿（B·Frankston）在苹果II型电脑上开发了一款名为"VisiCalc"（即"可视计算"）的商用应用软件，这是世界上第一款电子表格软件。

继VisiCalc之后的另一个成功的电子表格软件是Lotus公司的Lotus 1-2-3，它能运行在IBM PC上，而且集表格计算、数据库和商业绘图三大功能为一身。

微软公司从1982年开始对电子表格进行研发，1985年第一款用于Mac系统的Excel诞生了。经过不断的改进，在1987年凭借着与Windows系统捆绑的Excel 2.0后来居上。此后大约每两年，微软公司就会推出新的Excel版本来扩大自身的优势，经过不断升级完善，奠定了Excel在电子表格软件领域的霸主地位。如今，Excel几乎成了电子表格的代名词，并且成为了事实上的电子表格行业标准。

1.2 Excel的主要功能

Excel具有强大的计算、分析和共享功能，可以帮助用户将复杂的数据转换为有用的信息。

1.2.1 数据记录与整理

孤立的数据包含的信息量太少，而过多的数据又无法让人快速理清头绪，用表格的形式将数据记录下来并加以整理是一个不错的方法。从简单的设置单元格格式到复杂的多工作表数据汇总分析，Excel都可以快速高效地帮助用户完成。

除此之外，利用Excel的条件格式功能，可以快速标识出表格中具有某些特征的数据，而不必凭目测去逐一查找。利用数据有效性功能，还可以限制只能输入指定类型的数据。如图1-1所示，在下拉列表中可以选择输入不同的性别。

图1-1 限制只能输入预设的数据内容

1.2.2 数据汇总与计算

Excel中的函数是指预先定义的、能够按一定规则进行计算的功能模块，借助函数可以执行非常复杂的运算。只需要选择正确的函数并且为其指定参数，就可以快速返回计算结果。

Excel 2010中内置了300多个函数，按照作用的不同划分为不同的类别，包括财务、日期与时间、数学与三角函数、统计、查找与引用、数据库、文本、逻辑、信息、工程等，如图1-2所示。

利用不同的函数组合，用户可以完成绝大多数领域的常规计算任务。图1-3所示为在一份表格中使用函数公式进行复杂计算的示例。

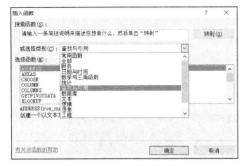

图 1-2　不同类别的函数

E2 {=INDEX(B$2:B$14,MATCH(0,COUNTIF(E$1:E1,B$2:B$14),0))&""}

	A	B	C	D	E
1	交易日期	客户姓名	交易金额（万元）		不重复客户姓名
2	2013/5/2	胡斐	13.20		胡斐
3	2013/5/6	苗人凤	17.55		苗人凤
4	2013/5/7	胡斐	12.30		周云阳
5	2013/5/8	周云阳	22.10		郑三娘
6	2013/5/8	郑三娘	18.20		宝树
7	2013/5/11	宝树	13.20		苗若兰
8	2013/5/16	苗若兰	18.00		平阿四
9	2013/5/16	周云阳	19.60		
10	2013/5/20	苗若兰	12.60		
11	2013/5/22	平阿四	25.40		
12	2013/5/26	苗若兰	24.60		
13	2013/5/28	苗人凤	27.50		

图 1-3　在表格中使用函数公式进行复杂计算

1.2.3　数据分析与数据展示

仅仅依靠计算，还不足以从大量数据中提取出全部需要的信息，往往还需要利用某种方法进行科学的分析。

排序、筛选和分类汇总是Excel中最简单常用的数据分析方法，能够对表格中的数据做进一步的归类和组织。“表”功能也是Excel中一项非常实用的功能，不但能够自动扩展数据区域，还可以进行排序、筛选，以及快速实现求和、极值、平均值等计算，而无需输入任何公式，如图 1-4 所示。

	A	B	C	D	E
1	销售日期	客户名称	品种	数量	金额
2	2017/1/30	客户B	乙产品	0.600	4,992.00
3	2017/1/31	客户B	甲产品	2.500	20,800.00
4	2017/1/31	客户B	甲产品	1.000	8,320.00
5	2017/1/31	客户B	甲产品	0.016	275.00
6	2017/1/31	客户A	甲产品	0.500	4,160.00
7	2017/1/31	客户B	甲产品	2.000	16,640.00
8	2017/1/31	客户A	甲产品	1.202	10,001.00
9	2017/1/31	客户A	甲产品	1.000	8,320.00
10	2017/2/1	客户B	甲产品	1.300	10,777.00
11	2017/2/1	客户B	甲产品	0.016	275.00
12	2017/2/1	客户B	甲产品	7.500	61,950.00
13	2017/2/1	客户B	甲产品	1.500	12,480.00
14	2017/2/2	客户A	甲产品	0.048	825.00
15	2017/2/2	客户A	甲产品	1.202	10,000.00
16	2017/2/2	客户B	乙产品	2.798	23,280.00
17	汇总				193,095.00

图 1-4　Excel中的“表”功能

1.2.4　直观易读的数据可视化

图表的展示效果远胜于简单枯燥的数字，一份精美切题的图表可以让数据报表更加生动。Excel的图表图形功能能够帮助用户快速创建不同类型的图表，直观形象地传达信息，如图 1-5 所示。

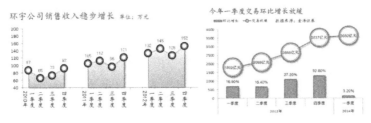

图 1-5　用图表直观地传达信息

1.2.5 | 增强的协同能力

随着互联网与移动设备的不断革新，借助 Excel Web App，用户可以在任何能连接互联网的电脑上访问、编辑和共享 Excel 文件。借助移动设备上安装的 Microsoft Excel 应用，用户也可以在任何地点方便地读取和编辑 Excel 文件，如图 1-6 所示。

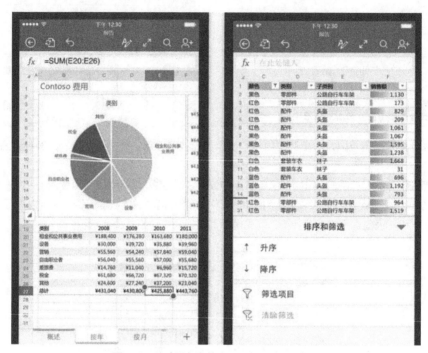

图 1-6　移动设备上的 Microsoft Excel 应用

1.2.6 | 高效的数据分析能力

Excel 2010 改进了排序、筛选、数据透视表等多项数据分析功能，并首次在数据透视表中加入了"切片器"功能。该功能可以对多个数据透视表进行筛选，从而实现从不同角度观察数据的分析结果，如图 1-7 所示。

	A	B	C	D	E	F	G	H
1	年份	2014			年份	2014		年份
2								
3	产品规格	销售数量	销售额		用户名称	销售数量	销售额	2014
4	SX-D-128	40	7038000		黑龙江	4	583000	2015
5	SX-D-192	20	3296000		辽宁	3	750000	2016
6	SX-D-256	20	3962800		吉林	7	1820000	
7	总计	80	14296800		总计	14	3153000	
9	年份	2014			年份	2014		
10								
11	销售额	用户名称			用户名称	销售数量	销售额	
12	销售人员	广东	四川		河北	1	260000	
13	侯士杰		220000		江苏	2	278000	
14	李立新	515000	368000		山东	1	90000	
15	总计	515000	588000		总计	4	628000	

图 1-7　使用"切片器"多角度观察数据分析结果

 习题

1. 微软公司从 1982 年开始对电子表格进行研发，1985 年第一款只用于（　　　）系统的 Excel 诞生。

2. Excel 2010 改进了排序、筛选、数据透视表等多项数据分析功能，并首次在数据透视表中加入了（　　　）功能。

3. 可以借助 Excel 中的（　　　）功能，限制只能输入指定类型的数据。

4. Excel 的主要功能主要包括哪几种？

5. 世界上第一款电子表格软件是哪一年开发出来的？

6. 使用 Excel 中的哪种功能，能够对数据快速实现求和、极值、平均值等计算，而无需输入任何公式？

第 2 章

Excel 2010 工作环境
与基本操作

　　本章介绍 Excel 2010 的工作环境与基本操作。通过本章的学习，读者可以了解 Excel 的文件概念和文件类型，以及工作簿和工作表的关系；同时学习启动 Excel 的多种方法，认识 Excel 的工作区和功能区。

2.1　Excel 文件的概念与文件类型

2.1.1　文件的概念

使用计算机的用户，几乎每时每刻都在与文件打交道。按照计算机专业的术语来说，"文件"就是"存储在磁盘上的信息实体"。如果把计算机比作一个书橱，不同类型的文件就好比是书橱中不同种类的图书。在 Windows 操作系统中，不同类型的文件通常会显示为不同的图标，以便于用户直观地进行区分，如图 2-1 所示。

除了图标之外，用于区别文件类型的另一个重要依据就是文件的"扩展名"。扩展名也被称为后缀名，或者后缀。在 Windows 系统中，文件的扩展名默认不会显示，所以容易被人忽视。

在 Windows 10 操作系统中，要显示并查看文件扩展名，可以按 <Win+E> 组合键打开文件资源管理器，单击【查看】选项卡，勾选【文件扩展名】复选框，如图 2-2 所示。

图 2-1　以不同的图标显示不同类型的文件

图 2-2　显示文件扩展名

如果用户使用的是 Windows 7 操作系统，可以按 <Win+E> 组合键打开资源管理器，依次单击【组织】→【文件夹和搜索选项】，在弹出的【文件夹选项】对话框中选择【查看】选项卡，然后去掉【隐藏已知文件类型的扩展名】复选框的勾选，如图 2-3 所示。

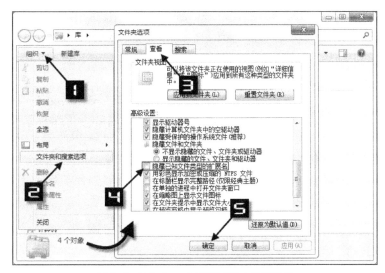

图 2-3　Windows 7 系统显示文件扩展名

设置显示文件扩展名之后，就可以看到所有文件都显示出了完整的扩展名，如图2-4所示。

图2-4　显示扩展名的文件

以"订单记录.xlsx"为例，文件名中"."之后的"xlsx"就是该文件的扩展名，标识了这个文件的类型，这也是Excel表格最常见的文件类型。

2.1.2　Excel的文件

通常情况下，Excel文件是指Excel的工作簿文件，即扩展名为".xlsx"的文件。除此之外，Excel程序还可以根据用户需要创建、保存为不同类型的文件，常用的Excel文件类型包括以下几种。

1. 启用宏的工作簿（.xlsm）

该文件格式用于存储包含VBA宏代码或是Excel 4.0宏表的工作簿。

2. 模板文件（.xltx或是.xltm）

模板是用来创建具有相同特征的工作簿或者工作表的模型。通过模板文件，能够使用户创建的工作簿或工作表具有自定义的颜色、文字样式、表格样式以及显示设置等。模板文件的扩展名为".xltx"，如果用户需要将VBA宏代码或是Excel 4.0宏表存储在模板中，则需要保存为启用宏的模板文件类型，扩展名为".xltm"。

3. 加载宏文件（.xlam）

加载宏是一些包含了Excel扩展功能的程序，可以包含Excel自带的分析工具库、规划求解等加载宏，也可以包含用户创建的自定义函数等加载宏程序。加载宏文件就是包含了这些程序的文件，通过移植加载宏文件，用户可以在不同电脑上使用加载宏程序。

4. 工作区文件（.xlw）

在处理较为复杂的Excel工作时，往往会同时打开多个工作簿文件。如果希望下一次继续该工作时，还需要再次打开之前的这些工作簿，可以通过使用保存工作区的功能来实现。能够保存用户当前打开工作簿状态的文件就是工作区文件（.xlw）。

5. 网页文件（.mht或是.htm）

Excel可以从网页获取数据，也可以将包含数据的表格保存为网页格式发布。Excel保存的网页文件分为单个文件的网页（.mht）和普通的网页（.htm），这些由Excel创建的网页与普通的网页并不完全相同，其中包含了很多与Excel格式相关的信息。

识别这些不同类型的文件，除了通过扩展名之外，还可以根据文件图标，如图2-5所示。

图2-5　不同类型Excel文件的图标

2.2 理解Excel工作簿和工作表

工作簿文件是Excel操作的主要对象和载体。用户创建Excel表格、在表格中编辑以及编辑后保存等一系列操作过程，大都是在工作簿中完成的。

如果把工作簿看作是书本，那么工作表就类似于书本中的书页，工作表是工作簿的组成部分。一个工作簿可以包含一个或多个工作表，用户可以根据需要添加、删除或是移动工作表，但是至少要包含一个可视工作表。

2.3 启动Excel程序

在系统中安装Microsoft Office 2010后，可以通过以下几种常用方法启动Excel程序。

2.3.1 通过开始菜单启动

依次单击桌面左下角的Windows徽标→【所有应用】→【Microsoft Office】→【Microsoft Excel 2010】，即可启动Excel 2010程序，如图2-6所示。

图2-6　通过开始菜单启动Excel程序

2.3.2 通过桌面快捷方式启动

为了便于操作，可以通过开始菜单创建Microsoft Excel 2010的桌面快捷方式。依次单击桌面左下角的Windows徽标→【所有应用】→【Microsoft Office】，光标指向Microsoft Excel 2010，按住鼠标左键不放，拖动到桌面，如图2-7所示。

双击桌面上的快捷方式，即可启动Excel程序。

图2-7　通过开始菜单创建桌面快捷方式

2.3.3　通过已存在的Excel工作簿启动

　　双击已经存在的Excel工作簿，即可启动Excel程序并且同时打开此
工作簿文件，如图2-8所示。

图2-8　已存在的Excel工作簿

2.4　认识Excel的工作窗口

　　Excel 2010使用功能区（Ribbon）界面风格，早期版本的传统风格菜单和工具栏被多页选项卡功能面板取代。此外，在窗口界面中还设置了很多便捷的工具栏和按钮，如【快速访问工具栏】、【录制宏】按钮、【视图切换】按钮和【显示比例】滑动条等，图2-9展示了Excel 2010的工作窗口界面。

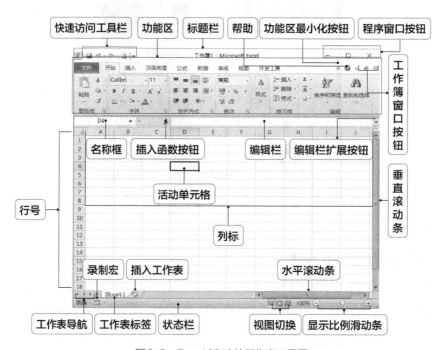

图2-9　Excel 2010的工作窗口界面

2.5 认识Excel的功能区

功能区是Excel窗口中的重要元素，由一组选项卡面板组成，单击不同的选项卡标签，可以切换到不同的选项卡功能面板。每个选项卡中包含了多个命令组，每个命令组由一些密切相关的命令所组成，如图2-10所示。

认识 Excel 的选项卡

图2-10　Excel功能区

2.5.1 功能区中的常规选项卡

在Excel功能区中，包括【文件】【开始】【插入】【页面布局】【公式】【数据】【审阅】【视图】和【开发工具】选项卡。选项卡可以随Excel窗口的大小自动更改尺寸和样式，以适应显示空间的要求。在Excel窗口宽度足够大时，会尽可能显示更多的命令按钮，而在Excel窗口宽度较小时，则以小图标代替大图标，甚至改变原有控件的类型，以求在有限的空间里显示更多的命令按钮，如图2-11所示。

【文件】选项卡由一组纵向的菜单列表组成，其中包括文件的创建、打开、保存、打印以及Excel的选项设置等功能，如图2-12所示。

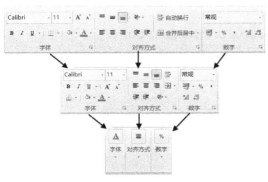

图2-11　不同窗口宽度的选项卡命令组

图2-12　【文件】选项卡

【开始】选项卡包含一些最常用的命令，包括剪贴板命令、字体格式化、单元格对齐方式、单元格格式和样式、条件格式、单元格和行列插入删除命令以及数据编辑命令，如图2-13所示。

【插入】选项卡能够插入工作表中各种对象，主要包括图表、图片、图形、剪贴画、SmartArt图形、艺术字、符号、文本框、超链接和数学公式编辑器。也可以在此选项卡中插入数据透视表和"表格"。除此之外，还可以插入迷你图和用于数据透视表的切片器，新增的屏幕截图也在此选项卡中，如图2-10所示。

图2-13 【开始】选项卡

【页面布局】选项卡包含了影响工作表外观的命令，包括主题设置、图形对象排列位置，以及页面设置和工作表缩放比例等，如图2-14所示。

图2-14 【页面布局】选项卡

【公式】选项卡包含了插入函数、名称管理器、公式审核以及计算选项等与函数公式有关的命令，如图2-15所示。

图2-15 【公式】选项卡

【数据】选项卡包含了外部数据管理、排序和筛选、数据工具和分级显示等与数据处理相关的命令，如图2-16所示。

图2-16 【数据】选项卡

【审阅】选项卡包括拼写检查、翻译文字、批注管理以及工作簿和工作表权限管理等，如图2-17所示。

图2-17 【审阅】选项卡

【视图】选项卡包含视图切换、网格线与编辑栏等窗口元素的显示与隐藏、显示比例调整、窗口命令和录制宏命令，如图2-18所示。

【开发工具】选项卡主要包含使用VBA进行程序开发时用到的各种命令，如图2-19所示。

默认情况下，【开发工具】选项卡不会在功能区中显示，如果需要显示【开发工具】选项卡，可参考2.5.3小节的步骤设置。

图2-18 【视图】选项卡

图2-19 【开发工具】选项卡

2.5.2 智能的上下文选项卡

除了以上的常规选项卡之外，当在Excel中进行某些操作时，会在功能区自动显示与之有关的选项卡，因此也称为"上下文选项卡"。如图2-20所示，当在工作表中选中要插入的图片对象时，功能区自动显示出【图片工具】选项卡，在【格式】子选项卡中，包含了与图片操作有关的命令。

图2-20 上下文选项卡

除了【图片工具】选项卡，常见的上下文选项卡还包括以下几种。

1. 图表工具

当选中图表对象时，在功能区中会显示【图表工具】选项卡。在【设计】【布局】和【格式】三个子选项卡中，包含了与图表操作有关的命令，如图2-21所示。

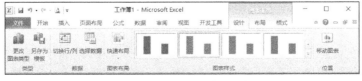

图2-21 【图表工具】选项卡

2. 绘图工具

当选中图形对象时，功能区中会显示【绘图工具】选项卡。在【格式】子选项卡中，包含与图形操作有关的命令，如图2-22所示。

图2-22 【绘图工具】选项卡

3. 页眉和页脚工具

在工作表中插入页眉页脚并对其进行操作时，功能区中会显示【页眉和页脚工具】选项卡。在【设计】子选项卡中，包含与页眉和页脚有关的命令，如图2-23所示。

图2-23 【页眉和页脚工具】选项卡

4. 数据透视表工具

在工作表中插入数据透视表并对其进行操作时，在功能区中会显示【数据透视表工具】选项卡。在【选项】和【设计】子选项卡中，包含与数据透视表有关的命令，如图2-24所示。

图2-24 【数据透视表工具】选项卡

5. 数据透视图工具

在工作表中插入数据透视图并对其进行操作时，在功能区中会显示【数据透视图工具】选项卡，包括【设计】【布局】【格式】【分析】四个子选项卡，包含与数据透视图有关的命令，如图2-25所示。

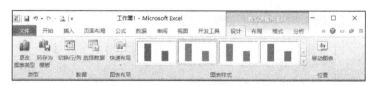

图2-25 【数据透视图工具】选项卡

6. 表格工具

在【插入】选项卡下单击【表格】按钮，会将活动单元格所在区域转换为"表格"（Table），这里的"表格"是一种特殊的数据编辑处理工具，与一般意义上的Excel电子表格有所不同。在对"表格"进行操作时，在功能区中会显示【表格工具】选项卡，其中包括【设计】子选项卡，包含与"表格"操作有关的命令，如图2-26所示。

图2-26 【表格工具】选项卡

7. SmartArt工具

在工作表中插入SmartArt对象并对其进行操作时，在功能区中会显示【SmartArt工具】选项卡，其中包括【设计】和【格式】两个子选项卡，包含与SmartArt对象操作有关的命令，如图2-27所示。

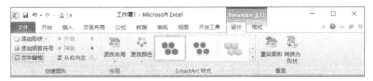

图2-27 【SmartArt工具】选项卡

2.5.3 可定制的自定义选项卡

Excel允许用户根据自己的需要和使用习惯，对选项卡和命令组进行显示或是隐藏，以及显示次序的调整。

1. 显示选项卡

以显示【开发工具】选项卡为例，依次单击【文件】→【选项】，打开【Excel选项】对话框。切换到【自定义功能区】选项卡，在右侧的【自定义功能区】列表中，勾选【开发工具】复选框，单击【确定】按钮即可，如图2-28所示。

图2-28 隐藏或显示主选项卡

2. 新建选项卡

在【Excel选项】对话框中，选中【自定义功能区】选项卡，单击右侧下方的【新建选项卡】命令，自定义功能区列表中会显示新创建的自定义选项卡。

用户可以对新建的选项卡和其下的命令组重命名，并通过左侧的常用命令列表，向右侧命令组中添加用户个人常用命令，如图2-29所示。

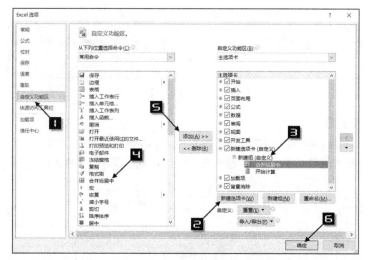

图2-29　添加自定义选项卡和添加命令

3. 删除或重命名选项卡

如需删除自定义的选项卡，可以在选项卡列表中选中该选项卡，再单击左侧的【删除】按钮。

Excel不允许用户删除内置的选项卡，但是可以对所有选项卡重命名。在选项卡列表中选中需要重命名的选项卡，单击右下角的【重命名】按钮，在弹出的【重命名】对话框中输入显示名称，依次单击【确定】按钮，关闭【重命名】对话框和【Excel选项】对话框，如图2-30所示。

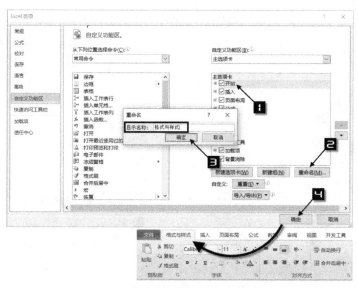

图2-30　重命名选项卡

4. 调整选项卡显示次序

用户可以根据需要，调整选项卡在功能区中的显示次序。选中待调整的选项卡，单击【主选项卡】列表右侧的微调按钮。或是选中待调整的选项卡，按住鼠标左键直接拖动到需要移动的位置，松开鼠标左键即可。

如果用户需要恢复Excel程序默认的选项卡设置，可以单击右侧下方的【自定义】下拉列表中的【重置所有自定义项】，或是单击【仅重置所选功能区选项卡】，对所选定的选项卡进行重置操作，如图2-31所示。

图2-31　重置所有自定义项

2.5.4　可定制的快速访问工具栏

快速访问工具栏包括几个常用的命令快捷按钮，通常显示在Excel【文件】选项卡的上方，默认包括【保存】【撤销】和【恢复】三个命令按钮，快速访问工具栏里的命令按钮不会因为功能选项卡的切换而隐藏，使用时会更加方便，如图2-32所示。

单击快速访问工具栏右侧的下拉箭头，可以在下拉菜单中显示更多的常用命令按钮。通过勾选，即可将常用命令添加到快速访问工具栏，如图2-33所示。

图2-32　快速访问工具栏

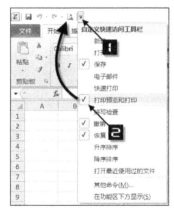

图2-33　自定义快速访问工具栏

在图2-33所示的【自定义快速访问工具栏】下拉菜单中，如果勾选【在功能区下方显示】，可更改快速访问工具栏的显示位置。

除了【自定义快速访问工具栏】下拉菜单中的几项常用命令，用户也可以根据需要将其他命令添加到此工具栏。

以添加【数据透视表和数据透视图向导】命令按钮为例，操作步骤如下：

步骤1　单击快速访问工具栏右侧的下拉箭头，在下拉菜单中单击【其他命令】，弹出【Excel选项】对话框，并且自动切换到【快速访问工具栏】选项卡。

步骤2 在左侧【从下列位置选择命令】下拉列表中选择【所有命令】选项。然后在命令列表中找到【数据透视表和数据透视图向导】命令并选中，再单击中间的【添加】按钮，最后单击【确定】按钮，关闭【Excel选项】对话框，如图2-34所示。

需要删除快速访问工具栏上的命令时，只需右键单击命令按钮，在下拉菜单中单击【从快速访问工具栏删除】命令即可，如图2-35所示。

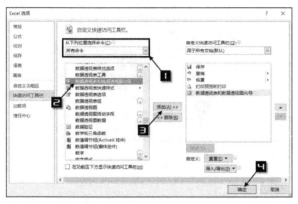

图2-34　在快速访问工具栏上添加命令

图2-35　删除快速访问工具栏上的命令

2.6　右键快捷菜单

部分常用命令除了可以通过功能区选项卡进行选择执行之外，还可以在快捷菜单中选择执行。选中某个单元格或是操作对象时，单击鼠标右键就可以显示针对该项操作的快捷菜单。选中的对象类型不同，快捷菜单所显示的内容也不一样，使用快捷菜单可以更加快速有效地选择命令。

例如，在选中一个单元格后单击鼠标右键，在快捷菜单中会出现单元格操作的常用命令。显示在单元格上方的菜单栏称为"浮动工具栏"，主要包括设置单元格格式的一些基本命令，如图2-36所示。

图2-36　单元格对象右键快捷菜单

 习题

1. 启动Excel的方法主要包括（　　）、（　　）和（　　）。

2. 在Excel功能区中，包括（　　）选项卡、（　　）选项卡、（　　）选项卡、（　　）选项卡、（　　）选项卡、（　　）选项卡、（　　）选项卡和（　　）选项卡。

3. 要打开文件资源管理器，需要使用的快捷键是（　　）。

4. 除了图标外，用于区别文件类型的另一个重要依据就是文件的（　　）。

5. 除了以上的常规选项之外，当在Excel中进行某些操作时，会在功能区自动显示与之有关的选项卡，因此也称为"（　　）选项卡"。

6. 有哪几种方法可以设置打印页边距？

7. 常用的Excel文件类型包括哪几种？

8. 简述显示【开发工具】选项卡的步骤。

9. 简述恢复Excel默认功能区的步骤。

 上机实验

1. 熟悉Excel 2010窗口界面，并依次指出名称框、编辑栏和视图切换按钮以及工作表导航按钮的位置。

2. 在Excel功能区中添加一个自定义选项卡，并命名为"我的选项卡"。在"我的选项卡"下添加"我的命令组"，在命令组中添加【数据透视表和数据透视图向导】命令，调整"我的选项卡"位置到【公式】选项卡右侧，效果如图2-37所示。

3. 在快速访问工具栏内添加"添加页码"命令。

4. 请设置在功能区中显示【开发工具】选项卡。

5. 请在快速访问工具栏中添加"打印预览和打印"命令。

图2-37　添加自定义选项卡效果

第 3 章

工作簿和工作表操作

本章主要介绍工作簿的创建、保存，以及工作表的创建、移动、复制与删除等基本操作。通过本章的学习，读者能熟悉工作簿和工作表的基础操作，为后续进一步学习 Excel 的其他操作打好基础。

3.1 创建与保存工作簿

3.1.1 Excel 2010文件格式

在Excel中，用来储存并处理工作数据的文件叫作工作簿。每个工作簿包含有一个或是多个工作表。在Excel 2010中，每个工作簿可容纳的最大工作表数与可用内存有关，但是一般情况下，为了便于文件管理和检索，一个工作簿内不要包含太多的工作表。

当对新建的Excel工作簿进行保存时，在【另存为】对话框的【保存类型】下拉菜单中可以选择所需要的Excel文件格式，如图3-1所示。

Excel 2010默认保存为".xlsx"格式，当工作簿中包含宏代码时，则需要保存为启用宏的工作簿".xlsm"格式。

图3-1　Excel 2010可选择的文件格式

3.1.2 创建工作簿

使用以下几种方法可以创建一个新的工作簿。

方法 1 在Excel工作窗口中创建

利用系统左下角的【开始】按钮或是桌面快捷方式启动Excel。启动后的Excel就会自动创建一个名为"工作簿1"的空白工作簿。如果重复启动Excel，工作簿名称中的编号会依次增加。

也可以在已经打开的Excel窗口中，依次单击【文件】→【新建】，在可用模板列表中选择【空白工作簿】，单击右侧的【创建】按钮创建一个新工作簿，如图3-2所示。

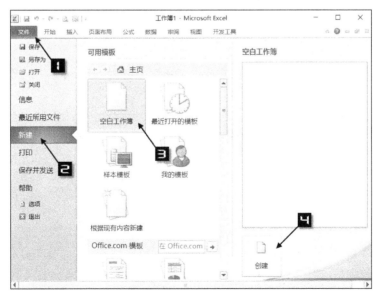

图3-2　创建新工作簿

在已经打开的Excel窗口中，按<Ctrl+N>组合键，也可以快速创建一个新工作簿。

以上方法创建的工作簿，在用户没有保存之前只存在于内存中，没有实体文件存在。

方法2 在系统中创建工作簿文件

在Windows桌面或是文件夹窗口的空白处单击鼠标右键，在弹出的快捷菜单中单击【新建】→【Microsoft Excel工作表】，可在当前位置创建一个新的Excel工作簿文件，并处于重命名状态，如图3-3所示。

图3-3 通过右键快捷菜单创建工作簿

使用该命令创建的新Excel工作簿文件是一个存在于系统磁盘内的实体文件。

3.1.3 保存工作簿

用户新建工作簿或是对已有工作簿文件重新编辑后，要经过保存才能存储到磁盘空间，用于以后的编辑和读取。在使用Excel过程中，必须要养成良好的保存文件的习惯，经常性的保存可以避免系统崩溃或是突然断电造成的损失，对于新建工作簿，一定要先保存，再进行数据编辑录入。

保存工作簿的方法有以下几种：

方法1 单击快速访问工具栏的【保存】按钮 。

方法2 依次单击功能区的【文件】→【保存】按钮或【另存为】按钮。

方法3 按<Ctrl+S>组合键，或是按<Shift+F12>组合键。

当工作簿编辑修改后，如果未经保存就被关闭，Excel会弹出提示信息，询问用户是否进行保存，单击【保存】按钮就可以保存对该工作簿的更改，如图3-4所示。

新建工作簿在第一次保存时，会弹出【另存为】对话框，在【另存为】对话框左侧列表框中选择文件保存的路径。单击【新建文件夹】按钮，可以在当前路径中创建一个新的文件夹。用户可以在【文件名】文本框中为工作簿命名，在【保存类型】对话框中选择文件保存的类型，单击【保存】按钮关闭【另存为】对话框，如图3-5所示。

图3-4 Excel提示对话框

图3-5 【另存为】对话框

提示

　　"保存"和"另存为"的名字和作用接近，但在实际使用时有一定的区别。

　　新建工作簿在首次保存时，【保存】和【另存为】命令的作用完全相同。对于之前已经保存过的现有工作簿，再次执行保存操作时，【保存】命令直接将编辑修改后的内容保存到当前工作簿中，工作簿的文件名和保存路径不会有任何变化。【另存为】命令则会打开【另存为】对话框，允许用户对文件名和保存路径重新进行设置，得到当前工作簿的副本。

3.1.4 设置自动保存的间隔时间

　　Excel 具有自动保存功能。当新建工作簿并进行首次保存之后，Excel默认每隔10分钟对所做的编辑修改进行自动保存，可以降低因为程序意外崩溃或是断电等原因造成的数据损失。

　　用户可以对自动保存间隔时间进行调整设置，在Excel功能区中依次单击【文件】→【选项】，打开【Excel选项】对话框，切换到【保存】选项卡，调整【保存自动恢复信息时间间隔】右侧的微调按钮，可设置的时间区间为1~120分钟，单击【确定】按钮保存设置，如图3-6所示。

　　在工作簿文档的编辑修改过程中，Excel会根据保存间隔时间的设定自动生成备份副本，单击【文件】选项卡，可以查看到通过自动保存产生的副本版本信息，如图3-7所示。

图3-6　自动保存选项设置

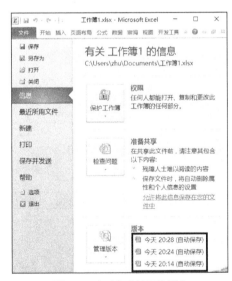

图3-7　自动生成的备份副本

3.1.5 关闭工作簿和Excel程序

　　当用户结束Excel工作簿的编辑与查看之后，可以关闭工作簿以释放计算机内存，使用以下几种方法可以关闭当前工作簿。

方法1 依次单击功能区【文件】→【关闭】。

方法2 按<Ctrl+W>组合键。

方法3 单击工作簿窗口的【关闭窗口】按钮。

以上方法只是关闭了当前工作簿，并没有退出Excel程序。使用以下几种方法可以退出Excel程序。

方法1 依次单击功能区【文件】→【退出】。

方法2 按<Alt+F4>组合键。

方法3 单击工作簿窗口的【关闭】按钮。

方法4 单击当前Excel工作窗口快速访问工具栏左侧的Excel程序图标。

3.2 工作表操作

3.2.1 插入和删除工作表

Excel 2010在创建新工作簿时，会自动包含三个工作表，并依次命名为"Sheet1""Sheet2"和"Sheet3"。用户可以根据需要，在Excel功能区中单击【文件】→【选项】，打开【Excel选项】对话框，在【常规】选项卡中可以设置新建工作簿时包含的工作表数目，如图3-8所示。

多数情况下，工作簿中没有保留大量工作表的必要，过多的空白工作表不便于数据的管理和查询，在需要时可以随时插入新工作表。使用以下几种方法都可以在当前工作簿中插入新的工作表。

方法1 在【开始】选项卡下，单击【插入】下拉按钮，在下拉菜单中单击【插入工作表】，会在当前工作表之前插入一个新的工作表，如图3-9所示。

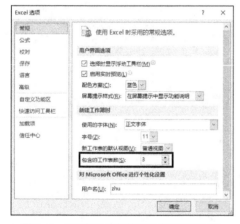

图3-8 设置新建工作簿时包含的工作表数

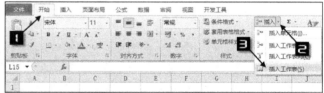

图3-9 在功能区插入新工作表

方法2 右键单击当前工作表标签，在弹出的快捷菜单中单击【插入】，打开【插入】对话框。单击选中"工作表"，最后单击【确定】按钮，如图3-10所示。

图3-10 通过右键快捷菜单插入新工作表

方法 3 单击工作表标签右侧的【插入工作表】按钮，会在工作表的最后插入新工作表，如图3-11所示。

方法 4 按<Shift+F11>组合键，可在当前工作表之前插入一个新的工作表。

图3-11　使用【插入工作表】按钮插入新工作表

3.2.2 切换工作表

在Excel操作过程中，始终会有一个"当前工作表"作为用户输入和编辑等操作的对象和目标。在工作表标签区域，"当前工作表"标签会以反白显示，可以直接单击任意一个工作表标签，切换为当前工作表。

如果同一个工作簿内有较多的工作表，标签栏将无法显示全部的工作表标签。若要查看工作表标签，可以单击工作表标签左侧的工作表导航按钮，滚动显示工作表标签。

需要在多个工作表之间切换时，可以在工作表导航栏单击鼠标右键，在弹出的工作表标签列表中单击工作表名称，就可以快速切换到相应的工作表，如图3-12所示。

图3-12　工作表标签列表

3.2.3 工作表的复制和移动

用户可以根据需要在当前工作簿中调整各个工作表的位置，也可以在当前工作簿或是新建工作簿中创建工作表的副本。

方法 1 在当前工作表标签上单击鼠标右键，在弹出的快捷菜单中单击【移动或复制】命令，弹出【移动或复制工作表】对话框。在【工作簿】下拉列表中选择目标工作簿，默认为当前工作簿，也可以选择已经打开的其他工作簿或是新建工作簿。

在工作表列表框中，显示了指定工作簿中包含的所有工作表名称，单击工作表名称，选择移动/复制工作表的目标排列位置。

如果勾选【建立副本】复选框，则建立一个与原工作表内容、格式、页面设置等完全一致的工作表，并自动重命名。单击【确定】按钮，完成移动/复制工作表操作，如图3-13所示。如果原工作表名称为"Sheet1"，则复制后的工作表被命名为"Sheet1(2)"。

方法 2 单击【开始】选项卡中的【格式】下拉按钮，在下拉菜单中选择【移动或复制工作表】命令，弹出【移动或复制工作表】对话框。在对话框内选择目标位置后，单击【确定】按钮，如图3-14所示。

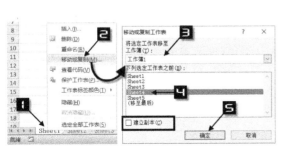

图3-13　移动或复制工作表

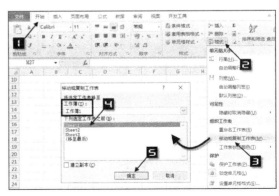

图3-14　在选项卡中选择移动或复制工作表命令

除此之外，还可以直接拖动工作表标签快速移动或复制工作表。

将光标移动到需要移动的工作表标签上，按下鼠标左键，鼠标指针显示出文档的图标，拖动鼠标将工作表移动到其他位置。

如图3-15所示，拖动Sheet2工作表标签至Sheet1工作表标签上方时，Sheet1工作表标签前会出现黑色三角箭头，表示工作表的移动插入位置，此时松开鼠标左键，即可把Sheet2工作表移动到Sheet1工作表之前。

如果在按住鼠标左键的同时再按<Ctrl>键，则执行"复制"操作，鼠标指针下的文档图标会添加一个"+"号，以此来表示当前操作方式为"复制"，松开鼠标时，即可复制一个当前工作表的副本，并自动在工作表名称后加上带括号的序号，如图3-16所示。

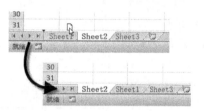

图3-15　拖动工作表标签移动工作表

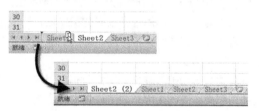

图3-16　拖动工作表标签复制工作表

使用以下两种方法，可以将工作表删除。

方法 1 单击【开始】选项卡中的【删除】下拉按钮，在快捷菜单中选择【删除工作表】命令，即可删除当前工作表，如图3-17所示。

方法 2 右键单击工作表标签，在快捷菜单中单击【删除】命令，可以删除选定的工作表，如图3-18所示。

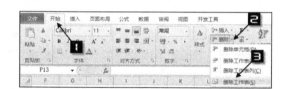

图3-17　在选项卡中选择删除工作表命令

图3-18　在右键快捷菜单中删除工作表

工作簿中至少要包含一个可视工作表。当工作簿中只剩下一个工作表时，将无法删除该工作表。

注意

　　删除工作表的操作是不可撤销的。如果用户不慎删除了工作表时，可以马上关闭工作簿，在弹出的"是否保存对工作簿的更改？"对话框中，选择【不保存】，然后重新打开工作簿。

3.2.4 ｜ 重命名工作表

Excel工作表名称默认使用"Sheet+序号"的形式。在实际工作中，为了便于数据的管理维护，多数情况下需要重命名为能够概括该工作表内容主题的工作表名称，如"工资表""销售费用表""员工信息表"

等。使用以下三种方法可以对工作表重命名。

方法 1 单击【开始】选项卡中的【格式】下拉按钮,在下拉菜单中选择【重命名工作表】命令,此时工作表名称显示黑色背景,输入新的工作表名称即可,如图3-19所示。

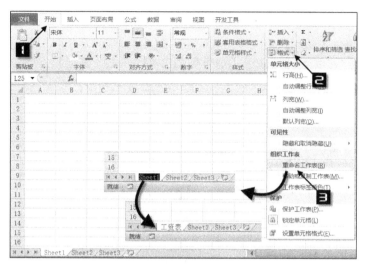

图3-19 在选项卡中选择重命名工作表命令

方法 2 右键单击工作表标签,在快捷菜单中单击【重命名】命令。

方法 3 双击工作表标签,直接输入新工作表名称。

3.2.5 显示和隐藏工作表

对于一些比较重要的数据,可以使用工作表的隐藏功能,使工作表不可见。可以使用以下两种方法隐藏工作表。

方法 1 在【开始】选项卡中依次单击【格式】→【隐藏和取消隐藏】→【隐藏工作表】,如图3-20所示。

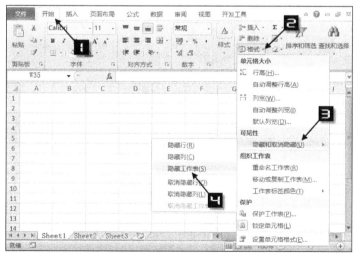

图3-20 在功能区中选择隐藏工作表命令

方法 2 右键单击工作表标签,在快捷菜单中选择【隐藏】命令,如图3-21所示。

一个工作簿内的工作表不能全部隐藏，要至少保留一个可见工作表。如果用户需要取消工作表隐藏，可以使用以下两种方法。

方法1 在【开始】选项卡中依次单击【格式】→【隐藏和取消隐藏】→【取消隐藏工作表】，在弹出的【取消隐藏】对话框中，选择要取消隐藏的工作表，单击【确定】按钮，如图3-22所示。

方法2 鼠标右键单击工作表标签，在快捷菜单中选择【取消隐藏】命令，在弹出的【取消隐藏】对话框中，选择要取消隐藏的工作表，单击【确定】按钮，如图3-23所示。

图3-21 通过右键快捷菜单隐藏工作表

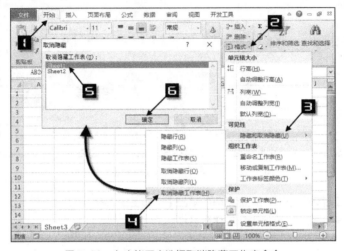

图3-22 在功能区中选择取消隐藏工作表命令

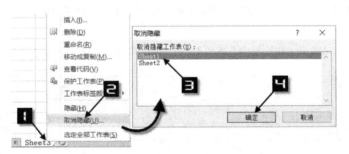

图3-23 在右键快捷菜单中选择取消隐藏工作表命令

3.2.6 使用冻结窗格实现区域固定显示

素材所在位置为：
光盘：\素材\第3章 工作簿和工作表操作\3.2.6使用冻结窗格实现区域固定显示.xlsx

对于一些数据量比较大的表格，往往需要拖动滚动条查看数据。使用冻结窗格功能，可以在拖动滚动条浏览数据时，始终显示表格的标题行或是标题列。

如图3-24所示，需要冻结第1行的列标题以及销售年月、订单级别（即A、B列）两列。单击位于A、B列之后和第一行之下的C2单元格，在【视图】选项卡中，依次单击【冻结窗格】→【冻结拆分窗格】命令，此时会在C2单元格的左边框和上边框的方向出现两条黑色的冻结线，如图3-24所示。

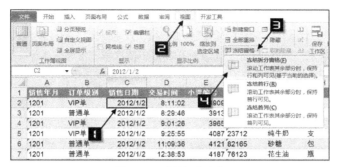

图3-24　冻结拆分窗格

冻结拆分窗格操作完成后，沿水平方向拖动滚动条浏览表格内容时，A、B列冻结区域始终显示。沿垂直方向拖动滚动条浏览表格内容时，第1行始终显示。

要取消工作表的冻结窗格状态，可以依次单击【视图】选项卡的【冻结窗格】→【取消冻结窗格】命令。

在使用【冻结拆分窗格】命令后，如需变换冻结窗格位置，需要先取消冻结窗格，再执行一次冻结拆分窗格操作。

用户可以根据需要在【冻结窗格】的下拉菜单中选择【冻结首行】或是【冻结首列】命令，实现对表格首行或首列的冻结。

3.2.7 | 认识行、列及单元格区域

在Excel工作表中，由浅灰色横线间隔出来的区域称为"行"，由浅灰色竖线间隔出来的区域称为"列"。行列交叉形成的一个个的格子叫作"单元格"。

在Excel窗口左侧的一组垂直标签中的数字，被称为"行号"。在Excel窗口上部的一组水平标签中的字母，被称为"列标"。行号类似于二维坐标中的纵坐标轴，列标类似于二维坐标中的横坐标轴，单元格就相当于二维坐标轴中的某个坐标点，如图3-25所示。

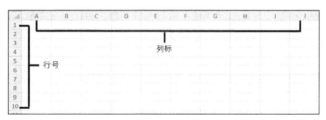

图3-25　行号标签和列标标签

Excel 2010的工作表的行号按数字升序排列，最大行号是1048576。列标是按A~Z、AA~AZ……的顺序排列，最大列标是XFD，即16384列。单元格是工作表中存储数据的最小单位，工作表中的行列交叉虚线仅用于快速标记单元格的位置，不会被打印出来。

以数字为行号、字母为列标的标记方式命名单元格的样式，称为"A1引用样式"，工作表中的任意一个单元格都会以其所在列的字母序号加上所在行的数字序号作为该单元格的位置标记，例如"A2"表示A列第2行的单元格，"C15"表示C列第15行的单元格。

在Excel中，使用"左上角单元格地址＋半角冒号＋右下角单元格地址"的样式表示一个某个单元格区域，例如"B3:E6"，则表示B列第3行到E列第6行的连续区域，如图3-26所示。

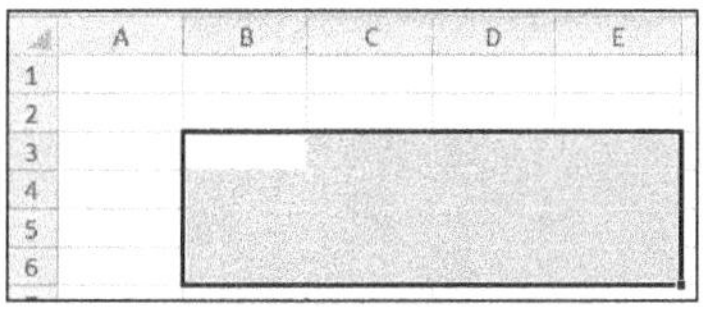

Excel中还有一种引用样式称为"R1C1引用样式"，以"字母R+行

图3-26　连续的单元格区域

号数字+字母C+列号数字"的样式标记单元格位置。其中的"R"是Row的缩写，表示行。"C"是Column的缩写，表示列。例如"R2C4"，即表示第2行第4列的单元格，相当于"A1引用样式"的D2单元格。

启用"R1C1引用样式"的方法是，在Excel功能区中依次单击【文件】→【选项】，打开【Excel选项】对话框。在【公式】选项卡中，勾选"R1C1引用样式"复选框，单击【确定】按钮。启用"R1C1引用样式"后，工作表列标的字母会显示为数字，如图3-27所示。

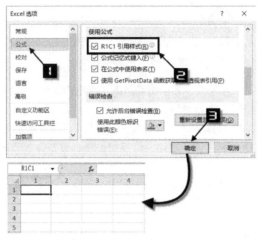

图3-27　启用"R1C1引用样式"

3.2.8　选中整行或者整列

鼠标单击某个行号标签或者列号标签时，可以选中对应的整行或整列。当选中某行时，该行的行号标签以及所有的列号标签会高亮显示，所选区域的单元格也会加亮显示，表示处于选中状态。同样，当选中某列时，也会有类似的显示效果。

如果需要选中相邻的连续多行，可以单击某行的行号标签后，按住鼠标左键不放，向上或是向下拖动，即可选中与该行相邻的连续多行。选取相邻的连续多列时，单击某列的列号标签，按住鼠标左键向右或是向左拖动即可。

拖动鼠标时，行号或者列号标签旁会出现一个带有数字和字母的提示框，显示当前选中的区域中包含多少行或多少列。如图3-28所示，第5行下方的提示框内容显示"3R"，表示当前选中的是3行。D列右侧的提示框内容显示"2C"，表示当前选中的是两列。

如果需要选择不连续的多行，可以先选中行号标签，同时按住<Ctrl>键不放，再单击其他行号标签，然后松开<Ctrl>键，即可选中不连续的多行。选定不相邻多列的方法与之类似。

单击行列标签交叉处的全选按钮，可以选中所有行和所有列，即全选工作表，如图3-29所示。

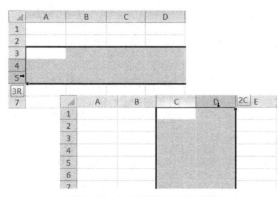

图3-28　选中连续的多行和多列

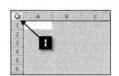

图3-29　全选工作表

3.2.9 设置行高和列宽

用户可以根据需要，在一定范围内调整Excel中的行高和列宽。

方法 1 选中行标签，再依次单击【开始】→【格式】→【行高】，弹出【行高】对话框。在"行高"编辑框内可输入0~409的数值，如图3-30所示。

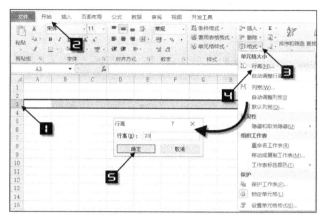

图3-30 调整行高

方法 2 光标靠近两个行标签之间的位置，当光标变为"↕"时，按下鼠标左键拖动，即可调整行高，如图3-31所示。

方法 3 光标靠近两个行标签之间的位置，当光标变为"↕"时，双击鼠标左键，可根据单元格中的内容自动调整为最适合行高。

在调整行高时，如果同时选中多个行标签，所作调整可应用到全部所选行。调整列宽的方法与之类似，列宽的可调整范围为0~255。

图3-31 拖动调整行高

3.2.10 插入和删除行、列

素材所在位置为：

光盘：\素材\第3章 工作簿和工作表操作\3.2.10 插入和删除行、列.xlsx

使用以下三种方法，都可以在选中行的上一行插入一个空白行。

方法 1 选中行标签，再依次单击【开始】选项卡下的【插入】命令按钮，如图3-32所示。

方法 2 选中行标签后，单击鼠标右键，在快捷菜单中选择【插入】命令，如图3-33所示。

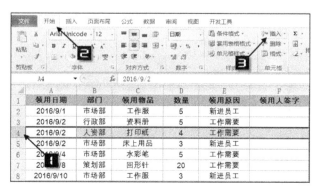

图3-32 插入行

图3-33 使用右键菜单插入行

方法3 选中单元格，单击【开始】选项卡下的【插入】下拉按钮，在下拉菜单中选择【插入工作表行】，如图3-34所示。

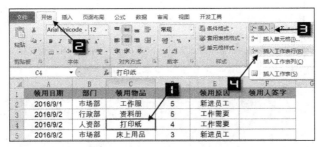

图3-34　插入工作表行

插入列的方法与之类似。

如需删除现有工作表中的一行或多行，可以使用以下三种方法。

方法1 选中行标签，再依次单击【开始】→【删除】命令按钮，如图3-35所示。

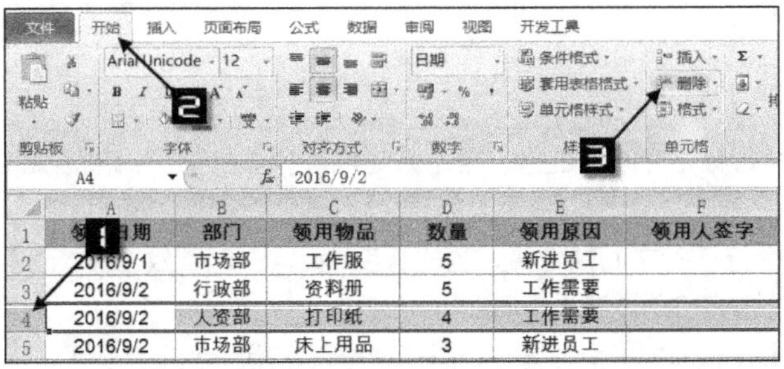

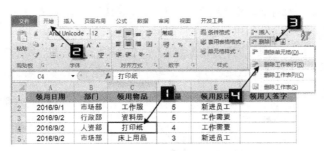

图3-35　删除行

方法2 选中行标签后，单击鼠标右键，在快捷菜单中选择【删除】命令。

方法3 选中单元格，再依次单击【开始】→【删除】下拉按钮，在下拉菜单中选择【删除工作表行】命令，如图3-36所示。

图3-36　删除工作表行

删除列的方法与之类似。

3.2.11 移动和复制行、列

素材所在位置为：

光盘：\素材\第3章 工作簿和工作表操作\3.2.11移动和复制行、列.xlsx

1. 移动工作表行、列

如需调整工作表行列位置，可以使用以下方法完成。

方法 1 选中要移动行的行标签，在【开始】选项卡下单击【剪切】按钮，或是在右键快捷菜单上选择【剪切】命令，也可以按<Ctrl+X>组合键，此时选定的行会显示虚线边框。

再单击要移动的目标位置行的下一行行标签或是该行第一个单元格，单击【开始】选项卡下的【插入】下拉按钮，在下拉菜单中选择【插入剪切的单元格】，也可在右键菜单上选择【插入剪切的单元格】，如图3-37所示。

图3-37 移动行位置

经过图3-37的操作，原第四行的次序调整到第六行，第四行的原有位置将被自动清除。移动列的方法与之类似。

方法 2 相比使用菜单操作移动行列，使用鼠标拖动的方法更为方便。

单击需要移动行的行标签，选中整行，光标移动至选定行的黑色加粗边框上，当鼠标指针显示为黑色十字箭头时，按住<Shift>键不放，拖动鼠标，可以看到出现一条"工"字形虚线，显示移动行的目标插入位置。拖动鼠标至"工"字形虚线位于需要移动的目标位置，松开<Shift>键，释放鼠标，即可完成选定行的移动，如图3-38所示。

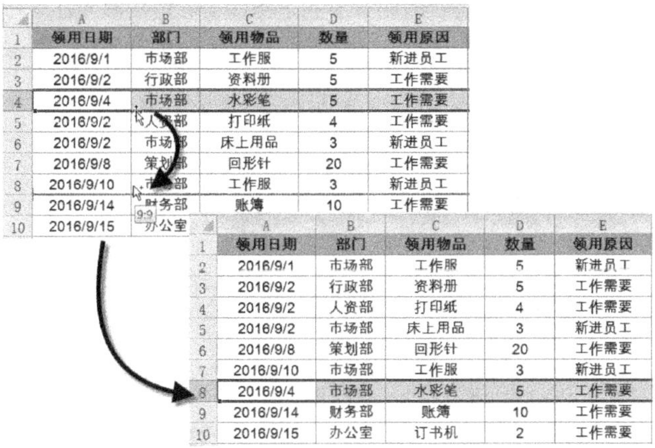

图3-38 拖动鼠标实现移动行位置

鼠标拖动移动列的操作与之类似。

2. 复制工作表行、列

复制行列与移动行列的操作方法十分相似，两者的结果区别在于前者保留了原有行列对象，后者则是清除了原有对象。

方法1 选中要复制行的行标签，单击【开始】选项卡下的【复制】命令按钮，也可在右键快捷菜单中选择【复制】命令，或是按<Ctrl+C>组合键，此时选中行会显示虚线边框。

选中目标行的行标签，单击【开始】选项卡下的【插入】下拉按钮，在下拉菜单中选择【插入复制的单元格】，或是在右键快捷菜单中选择【插入复制的单元格】命令，如图3-39所示。

如果选中目标位置后，单击【开始】→【粘贴】命令按钮，或是在右键菜单上选择【粘贴】命令，或是按<Ctrl+V>组合键，目标行的内容都会被覆盖替换。

方法2 选定数据行之后，按住<Ctrl+Shift>组合键不放拖动鼠标，目标位置会显示"工"字形虚线，表示复制的数据将插入虚线所在位置，松开组合键并释放鼠标，可完成复制并插入行的操作，如图3-40所示。

图3-39 复制工作表行 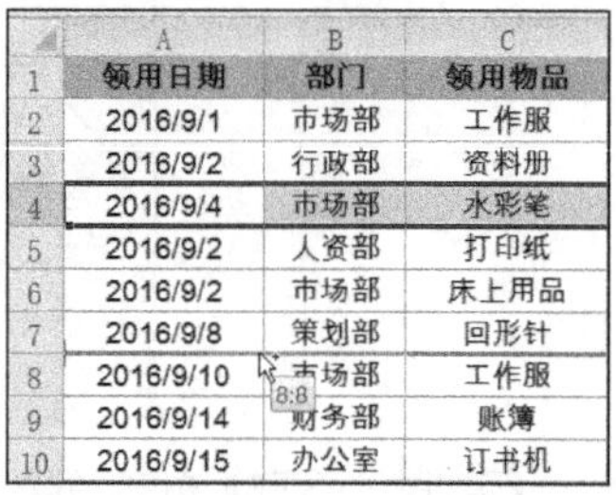   图3-40 拖动鼠标复制工作表行

如果拖动鼠标时仅按住<Ctrl>键，复制的数据将覆盖目标区域中的数据。

复制工作表列的操作与之类似。

3.2.12 隐藏与显示行、列

如需对现有表格部分的行进行隐藏，可以使用以下方法实现。

选中要隐藏行的行标签，单击【开始】选项卡下的【格式】下拉按钮，在下拉菜单中依次单击【隐藏和取消隐藏】→【隐藏行】命令。或是在右键快捷菜单中选择【隐藏】命令，隐藏行操作完成后，工作表行号不再连续显示，如图3-41所示。

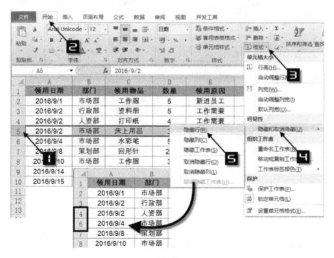

图3-41 隐藏工作表行

如需取消隐藏的工作表行，可以先选中与隐藏行相邻的上下两行的行标签，按图3-41所示步骤，单击【开始】选项卡下的【格式】下拉按钮，在下拉菜单中依次单击【隐藏和取消隐藏】→【取消隐藏行】命令，或是在右键快捷菜单中选择【取消隐藏】命令。

隐藏与显示工作表列的操作与之类似。

也可以参考3.2.9所示方法，设置行高列宽为0，可以将选定行列隐藏。反之，将行高列宽设置为大于0，则可将隐藏的行列变为可见。

3.2.13 单元格区域的选取

在工作表中选择区域后，可以对区域内所有单元格同时执行命令操作，例如设置单元格格式、复制粘贴、清除内容等等。在选择区域时，总是包含一个活动单元格，活动单元格的地址会在名称框中显示。选中的单元格区域会以加亮突出显示，而活动单元格仍然保持正常显示，以此标识活动单元格的位置。在选中C3:E8单元格区域时，活动单元格为该区域左上角的C3单元格，如图3-42所示。

1. 选取连续的单元格区域

单击任意单元格，按下鼠标左键不放拖动，即可选取与之相邻的多个单元格。也可以单击任意单元格，按住<Shift>键不放，再按键盘上的方向键，选取连续的单元格区域。选取单元格区域时，首个选中的单元格即是活动单元格，如图3-43所示。

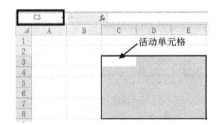

图3-42　活动单元格

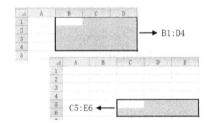

图3-43　选取连续的单元格区域

在Excel中，用所选区域首行的行号和最后一行的行号，并且使用半角冒号"："隔开的形式表示整行范围，例如"1:5"，即表示第1行到第5行的所有行。

同样，用所选区域首列的列标字母和最后一列的列标字母，并且使用半角冒号"："隔开的形式表示整列范围，例如"A:E"，即表示A列~E列的所有列。

2. 不连续区域的选取

先选中一个单元格或是一个连续的单元格区域，然后按住<Ctrl>键不放，依次单击其他单元格或是依次拖动选取单元格区域，即可选中不连续的单元格区域，如图3-44所示。

也可以按<Shift+F8>组合键，此时工作表状态栏左侧显示为"添加到所选内容"，依次单击其他单元格或是依次拖动选取单元格区域，选中不连续的单元格区域，如图3-45所示。

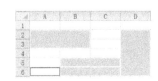

图3-44　选取不连续的单元格区域

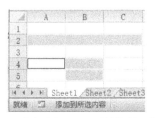

图3-45　按组合键选取不连续的单元格区域

 习题

1. Excel 2010工作表的默认格式是（   ）。
2. 创建新工作簿有哪两种方法？
3. 在一个工作簿内，能够隐藏全部工作表吗？
4. 能够熟练完成移动和复制工作表行列的操作。
5. 简述冻结窗格操作的步骤，能够熟练完成冻结窗格操作。
6. 重命名工作表的方法有哪几种？
7. 在选中D5:G10单元格区域时，活动单元格是哪个？
8. 选取不连续单元格区域的方法有哪几种？
9. "保存"和"另存为"命令的区别是？
10. 保存工作簿的方法有哪几种？
11. 请将Excel 2010新建工作簿时包含的工作表数目修改为两个。
12. 简述设置自动保存间隔时间的步骤。
13. 简述关闭工作簿和Excel程序的几种方法。

 上机实验

1. 新建一个工作簿，插入一个新的工作表Sheet4。将Sheet4工作表移动到Sheet2之前，删除Sheet3工作表，将Sheet4工作表重命名为"我的工作表"。设置该工作表1~3行的行高为90，A~D列的列宽为30，最后隐藏该工作表。
2. 有几种方法可以在当前工作簿中插入新的工作表？
3. 对于一些比较重要的数据，可以使用工作表的隐藏功能，使工作表不可见，但是一个工作簿内至少要保留（   ）个可见工作表。
4. 在使用【冻结拆分窗格】命令后，如需变换冻结窗格位置，需要先（   ），再（   ）。
5. Excel中的引用样式包括"A1引用样式"和（   ）。
6. 设置行高有哪几种方法？

第 4 章

输入和编辑数据

　　合理输入和编辑数据，对后续的数据处理与分析具有非常重要的意义。本章主要介绍Excel中的各种数据类型，以及在Excel中输入和编辑不同类型数据的方法。

4.1 认识不同的数据类型

Excel中的数据类型主要包括数值类型、日期和时间类型、文本类型、公式以及逻辑值和错误值。

4.1.1 数值

数值是指所有代表数量的数字形式，例如：考试的成绩、身高和体重、企业的产值等能够进行计算的数字。Excel保存和存储的数字可以最大精确到15位有效数字，超过15位之后的部分会自动变为0。

对于一些较大或较小的数值，Excel会自动以科学计数法来表示，例如输入123456789123456，会以科学计数法表示为1.23457E+14，即1.23457×10^{14}。如果输入0.00000000185，则以科学计数法表示为1.85E-09，即1.85×10^{-9}。

4.1.2 时间和日期

在Excel中，日期和时间以一种特殊的数值形式进行存储，被称为"序列值"。Windows系统所使用的Excel版本中，日期系统默认为"1900日期系统"，即以1900年1月1日作为序列值1，以后的日期均以其距基准日期的天数作为序列值。例如，1900年1月15日的序列值是15，2017年1月15日的序列值是42750。

Excel中可表示的最大日期是9999年12月31日，序列值为2958465。因此，日期可以看作是介于1~2958465的数值。

日期也具有运算功能，例如要计算两个日期之间的天数，可以在不同单元格中输入两个日期，然后用减法运算的公式来计算。

日期序列值是一个整数，一天的数值单位为1，1小时可以表示为1/24天，一分钟可以表示为1/（24*60）天，一天中的每一个时刻都可以用小数形式的序列值来表示。例如12:00的序列值为0.5，也就是12/24的小数形式。时间序列值0.45对应的时间为10:48。

将小数表示的时间序列值和整数表示的日期序列值结合起来，可以表示一个完整的日期时间点，例如2017年1月9日14:30，其序列值近似为42744.6041666667。

提示

对于不包含日期的时间值，例如12:33这样的形式，Excel会以1900年1月0日这样一个实际上并不存在的日期作为其日期序列值。

1900年是平年，但是为了与早期的电子表格软件lotus 1-2-3兼容，在日期序列中还保留了另一个不存在的日期1900年2月29日，其序列值为60。

4.1.3 文本

文本型数据通常指具有描述性的文字和符号等，例如人员姓名、部门名称等等。除此之外，一些不需要计算的数字也可以保存为文本格式，例如股票代码、身份证号码等。文字不能用于数据计算，但是在公式计算时可以比较文本字符的大小。

4.1.4 公式

Excel中强大的计算功能，多数依赖于公式来实现。公式通常是以等号"="开头，内容可以是简单的数学公式，还可以包括内置函数设置时用户自定义的函数。当在单元格中输入公式后，默认情况下会在单元格内直接显示公式的运算结果。

4.1.5 逻辑值

逻辑值通常表示对一个条件的判定结果，包括TRUE和FALSE两种类型，例如在单元格中输入公式"=1>2"，会返回逻辑值FALSE，表示否。

如果在逻辑值之间进行四则运算或是使用逻辑值与数值进行计算时，TRUE相当于1，FALSE相当于0。例如公式"=TRUE+FALSE"，结果等于1。公式"=TRUE+1"，结果等于2。

虽然逻辑值与数值之间允许互相转换，但是逻辑值与数值有本质的区别，它们之间没有绝对等同的关系。例如单元格中输入公式"=TRUE>100"，则返回逻辑值TRUE，这是因为在Excel中，不同类型数据的比较规则从小到大依次是：负数、0、正数、文本、FALSE、TRUE。

4.1.6 错误值

在使用Excel的过程中，经常会看到一些错误值信息，如#N/A!、#VALUE!、#DIV/O!等，主要是由于公式不能正确计算而返回的结果。例如，在需要数字的公式中使用了文本，或是删除了被公式引用的单元格等。不同错误值产生的原因也不一样，Excel常见错误值及出现的原因，如图4-1所示。

	A	B	C
1	公式	错误值	产生错误值的原因
2	=15/0	#DIV/0!	公式被零除
3	=5+"合格"	#VALUE!	数值和文本相加，错误的运算对象类型
4	=Sheet2!D5	#REF!	工作簿中没有Sheet2工作表，单元格引用无效
5	=合格	#NAME?	公式中使用了Excel不能识别的自定义名称
6	=SMALL(C2:C7,3)	#NUM!	C列是文本内容，没有可用于提取的数值
7	=VLOOKUP(A3,C:D,2,0)	#N/A	查找类函数找不到正确的查询结果

图4-1 常见错误值及出现的原因

4.2 在工作表中输入数据

如需在Excel单元格中输入数据，可以先选中目标单元格，然后直接输入内容即可，输入完毕按<Enter>键或是按<Tab>键确认完成输入，也可单击其他任意单元格完成输入。输入完毕按<Enter>键，活动单元格将下移一个单元格位置，按<Tab>键时，活动单元格右移一个单元格位置，按<Esc>键则退出输入状态。

在工作表中输入数据

单元格输入过程中，编辑栏左侧会增加"×"和"√"两个按钮，单击"√"确认完成输入，单击"×"取消输入，如图4-2所示。

如需修改单元格中已有的数据，可以单击该单元格输入新的内容，新输入的内容会覆盖原有数据。如果只想对其中的部分内容进行修改，可以使用以下几种方法。

方法1 双击单元格进入编辑状态，此时光标变成闪烁的竖线，在单元格

图4-2 编辑栏的两个按钮

内容中的不同位置单击鼠标左键，可在光标位置插入新的内容。

方法2 单击单元格，按<F2>键进入编辑状态进行修改。

方法3 单击单元格，在编辑栏内选中对单元格原有内容进行编辑修改。

4.2.1 日期和时间内容的输入规范

在Excel中，系统把日期和时间数据作为一类特殊的数值表现形式。通过将包含日期或时间的单元格设置为"常规"格式，可以查看以序列值显示的日期和以小数值显示的时间。

默认情况下，年月日之间的间隔符号包括"/"和"–"两种，二者可以混合使用。如输入"2017/5-12"，Excel能自动转化为"2017年5月12日"。

使用其他间隔符号将无法正确识别为有效的日期格式，如使用小数点"."和反斜杠"\"作间隔符输入的"2015.6.12"和"2015\6\12"，将被Excel识别为文本字符串。除此之外，在中文操作系统下使用部分英语国家所习惯的月份日期在前、年份在后的日期形式，如"4/5/2017"等，Excel也无法正确识别。

在中文操作系统下，文本字符"年""月""日"可以作为日期数据的单位被正确识别，如A1单元格输入"2017年2月16日"，将该单元格设置为常规格式后，可以转换为2017年2月16日的日期序列值42782。

Excel可以识别以英文单词或英文缩写形式表示月份的日期，如单元格输入"May-15"，Excel会识别为系统当前年份的5月15日。

当单击日期所在单元格时，无论使用了哪种日期格式，编辑栏都会以系统默认的短日期格式显示，如图4-3所示。

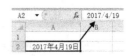

图4-3　输入中文日期

Excel中的日期可以使用四位数值作为年份，例如"1999-2-14"。也可以使用两位数值作为年份，例如"99-2-14"。以两位数字作为年份时，Excel将0~29之间的数字解释为2000~2029年，将30~99之间的数字解释为1930~1999年。为了避免系统自动识别产生的错误理解，输入日期时建议使用四位数字表示年份。

在时间数据中，使用半角冒号":"作为分隔符，例如"21:55:32"。Excel允许省略秒的时间数据输入，如"21时29分"或"21:29"。

使用中文字符作为时间单位时，表示方式为"0时0分0秒"。表述小时单位的"时"不能以日常习惯中的"点"代替，例如输入"21时29分32秒"，Excel会自动转化为时间格式，而输入"21点29分32秒"则会被识别为文本字符串。

4.2.2 在多行多列内快速输入数据

素材所在位置为：

光盘：\素材\第4章 输入和编辑数据\4.2.2 在多行多列内快速输入数据.xlsx

如图4-4所示，需要在B2:F5单元格区域内依次输入员工信息。

单击B2单元格，输入内容后按<Tab>键，活动单元格跳转到C2单元格。输入内容后继续按<Tab>键，活动单元格跳转到D2单元格。直到在F2单元格中输入内容后，按<Enter>键，此时活动单元格会自动跳转到B3单元格，也就是内容输入区域最左侧列的下一行。

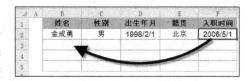

图4-4　输入员工信息

再重复上述步骤输入内容，可以在多行多列内快速输入数据，而不必反复调整活动单元格的位置。

4.2.3 单元格内强制换行

素材所在位置为：

光盘：\素材\第4章 输入和编辑数据\4.2.3 单元格内强制换行.xlsx

在制作工作表的表头或是在同一单元格中输入较多的内容时，将单元格设置为自动换行，可以使同一单元格的内容显示为多行，以便使工作表看起来更加美观。

单击目标单元格，如E2，再单击【开始】→【自动换行】命令按钮，如图4-5所示。

使用该方法会在单元格列宽增加时影响显示效果，因此有一定的局限性。用强制换行的方法，也可以使同一单元格内的数据分为多行显示，并且在单元格列宽增加时不影响显示效果，使用更加灵活。

双击E2单元格进入编辑状态，光标定位到字符"合计"之前，按<Alt+Enter>组合键，即可将单元格内容从字符"合计"之前断开，强制显示为两行，如图4-6所示。

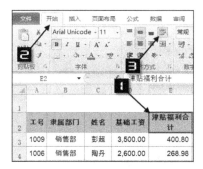

图4-5 单元格自动换行

图4-6 单元格强制换行

4.2.4 在多个单元格中同时输入相同数据

当需要在多个单元格输入相同的数据时，可同时选中需要输入数据的多个单元格区域，输入完成后，按<Ctrl+Enter>组合键确认输入，此时在选定的单元格内就会同时输入相同的内容，如图4-7所示。

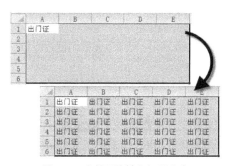

图4-7 多单元格输入相同内容

4.2.5 在多个工作表中同时输入相同数据

素材所在位置为：

光盘：\素材\第4章 输入和编辑数据\4.2.5 在多个工作表中同时输入相同数据.xlsx

如需在多个工作表中同时输入相同的数据，可单击工作表标签，然后按住<Ctrl>键不放，再依次单击其他要输入数据的工作表标签。或是单击最左侧工作表标签后按住<Shift>键不放，再单击最右侧工作表标签选中所有工作表，此时工作簿名称后会自动添加"［工作组］"字样。

在"［工作组］"状态下，所有内容编辑、格式设置等操作都会应用到选中的多个工作表中，如图4-8所示。

输入数据后，右键单击工作表标签，在弹出的快捷菜单中选择【取消组合工作表】，即可在选中的工作表内输入相同的内容，如图4-9所示。

图4-8　选中工作组

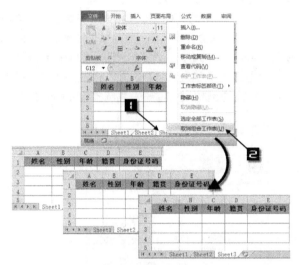

图4-9　多个工作表内输入相同的内容

4.2.6　输入分数和指数上标

素材所在位置为：

光盘：\素材\第4章 输入和编辑数据\4.2.6 输入分数和指数上标.xlsx

要在单元格中输入分数形式的数据，应先输入"0"和一个空格，然后再输入分数，否则Excel会把分数当作日期处理。例如在单元格中输入分数"2/3"的步骤是：先输入"0"，再输入一个空格，然后接着输入"2/3"，按<Enter>键。

如果输入分数的分子大于分母，例如14/3，Excel会自动进行进位换算，将分数显示为"整数＋真分数"的样式，如图4-10中的B2单元格所示。

Excel还会自动对输入的分数进行约分处理，转换为最简形式，例如输入4/24，则显示为1/6，如图4-10中的B4单元格所示。

在工程、数学等应用中，经常会需要输入带有指数上标的数字或者符号单位，例如10^2、m^3等，可以通过设置单元格格式的方法来改变指数在单元格中的显示效果。以输入10^2为例，先单击C2单元格，再依次单击【开始】选项卡下的【数字格式】下拉按钮，将单元格格式设置为文本，如图4-11所示。

	A	B
1	输入	显示
2	0 14/3	4 2/3
3	0 3/4	3/4
4	0 4/24	1/6

图4-10　输入分数

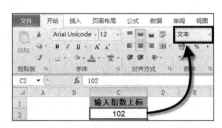

图4-11　设置单元格为文本格式

双击C2单元格进入编辑模式，拖动鼠标选中"2"，然后按<Ctrl+1>组合键打开【设置单元格格式】对话框，勾选【上标】复选框，最后单击【确定】按钮完成操作，如图4-12所示。

以此种方法输入的数字，其实质已经转换为文本，不再具有计算功能。

Excel中的自动填充功能非常强大，使用该功能可以快速复制数据，而且能够根据数据类型自动匹配不同的序列形式进行填充，可以帮助用户提高基础数据录入的效率。

如图4-13所示，在A1单元格输入字符"出门证"后，光标靠近A1单元格右下角，会出现一个黑色的"十"字形的填充柄，按下鼠标左键拖动到目标单元格释放鼠标，即可将A1单元格的内容填充到其他单元格。

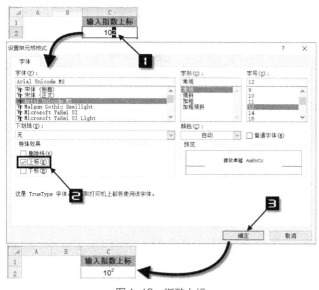

图4-12 指数上标

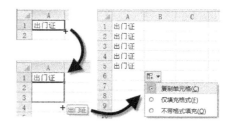

图4-13 自动填充

操作完成后，填充区域的右下角会显示【填充选项】按钮，将鼠标移至按钮上，在其快捷菜单中可显示更多的填充选项，不同数据类型的填充选项也不一样。

如果在A1单元格中输入字符"1月1日"，使用自动填充功能后，单击【填充选项】按钮，可以在快捷菜单中选择以工作日填充、以月填充、以年填充等选项，如图4-14所示。

除此之外，在Excel中输入某些可以实现自动填充的"顺序"数据，也可以实现快速填充。例如在单元格中输入字符"甲"，拖动填充柄，可以自动填充"甲、乙、丙、丁……"的序列，如图4-15所示。

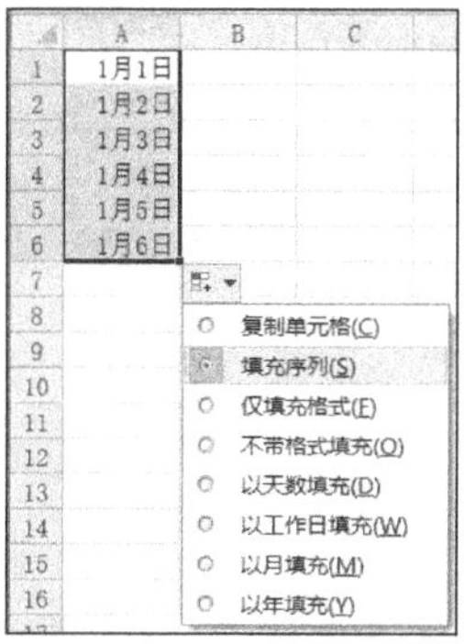

图4-14 日期填充

图4-15 序列填充

用户可以在Excel的选项设置中查看哪些序列可以被自动填充。在【Excel选项】对话框中，切换到

【高级】选项卡，单击【编辑自定义列表】按钮，打开【自定义序列】对话框，如图4-16所示。

图4-16　Excel内置序列及自定义序列

　　【自定义序列】对话框左侧的列表中显示了当前Excel中可以被识别的序列（所有的数值型、日期型数据都是可以被自动填充的序列，不再显示于列表中），用户也可以在右侧的【输入序列】文本框中手动添加新的数据序列作为自定义序列，或者引用表格中已经存在的数据列表作为自定义序列进行导入。

4.2.7　使用记忆式输入

　　如果输入的数据中包含较多的重复性文字，可以借助Excel提供的"记忆式键入"功能，简化输入过程。

　　如图4-17所示，在学历字段的前两行输入过信息以后，当在接下来的第3条记录中再次输入"大"时（按<Enter>键确认之前），Excel会从上面的已有信息中找到"大"字开头的一条记录"大学本科"，然后自动显示在单元格中，此时只要按<Enter>键，就可以将"大学本科"完整地输入到当前的单元格中。如果"记忆式键入"的匹配项目不是用户需要的内容，只要继续输入其他文字即可。

　　如果输入的第一个文字在已有信息中存在多条对应记录，则必须增加文字信息，一直到能够仅与一条单独信息匹配为止。

　　如图4-18所示，当在C5单元格中输入文字"大"时，由于之前分别有"大学本科"和"大专学历"两条记录都与之对应，所以Excel的"记忆式键入"功能无法提供唯一的建议键入项。直到输入第二个字，如键入"大学"时，Excel才能找到唯一匹配项"大学本科"，并显示在单元格中。

	A	B	C
1	姓名	性别	学历
2	蒋琳娜	女	大学本科
3	林之韵	女	中专学历
4	欧程智	男	大学本科
5	程雅茹	女	
6	江翰洋	男	
7	汪晓韩	男	

图4-17　记忆式键入1

	A	B	C
1	姓名	性别	学历
2	蒋琳娜	女	大学本科
3	林之韵	女	中专学历
4	欧程智	男	大专学历
5	程雅茹	女	大学本科
6	江翰洋	男	
7	汪晓韩	男	

图4-18　记忆式键入2

"记忆式键入"功能只适用于文本型数据，并且只能匹配同一列中已输入的内容。输入内容的单元格到原有数据间不能存在空行，否则Excel只会在空行以下的范围内查找匹配项。

4.2.8 为单元格添加批注

素材所在位置为：

光盘：\素材\第4章 输入和编辑数据\4.2.8 为单元格添加批注.xlsx

除了可以在单元格中输入数据内容以外，还可以为单元格添加批注，对单元格的内容进行注释或者说明，方便自己或者其他用户理解单元格中的内容含义，如图4-19所示。

有以下几种等效方式可以为单元格添加批注。

方法1 选定单元格，在【审阅】选项卡上单击【新建批注】按钮。

方法2 选定单元格，单击鼠标右键，在弹出的快捷菜单中选择【插入批注】命令。

方法3 选定单元格，按<Shift+F2>组合键。

插入批注后，在目标单元格的右上角出现红色三角符号，表示当前单元格中包含批注。右侧的文本框通过引导箭头与红色标识符相连，用户可以在此输入批注内容。

完成批注内容的输入后，鼠标单击其他单元格即完成添加批注的操作，此时批注内容呈现隐藏状态，只显示出红色标识符。

光标移至包含标识符的目标单元格时，批注内容会自动显示。也可以在包含批注的单元格上单击鼠标右键，在弹出的快捷菜单中选择【显示/隐藏批注】命令，使得批注内容取消隐藏状态，固定显示在表格上方。或者单击【审阅】选项卡下的【显示/隐藏批注】切换按钮，切换批注的显示和隐藏状态，如图4-20所示。

如需对现有单元格的批注内容进行编辑修改，首先选定包含批注的单元格，在【审阅】选项卡上单击【编辑批注】按钮，或是在右键快捷菜单中选择【编辑批注】命令，也可以按<Shift+F2>组合键进入批注编辑状态。

图4-19 单元格批注

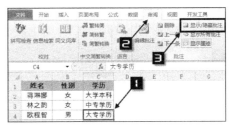
图4-20 显示/隐藏批注

要删除已有的批注，可以先选中包含批注的单元格区域，在【审阅】选项卡上单击【删除】按钮，也可以在右键快捷菜单中选择【删除批注】命令。

注意

使用常规方法无法提取Excel批注中的内容，批注中的数据也无法进行汇总统计，因此在工作表中应尽量少使用批注功能。更不能将批注功能作为单元格使用，承载太多的信息。

4.3 查找与替换功能

素材所在位置为：
光盘：\素材\第4章 输入和编辑数据\4.3 查找与替换功能.xlsx

Excel 中的查找
替换

4.3.1 利用查找功能快速查询数据

Excel中的查找功能可以帮助用户在工作表中快速查询数据。单击【开始】选项
卡下的【查找和选择】下拉按钮，在下拉菜单中单击【查找】按钮。或是按<Ctrl+F>
组合键调出【查找和替换】对话框，并自动切换到【查找】选项卡。在【查找内容】编辑框中输入要查询
的内容，单击【查找下一个】按钮，可快速定位到查询数据所在的单元格，如图4-21所示。

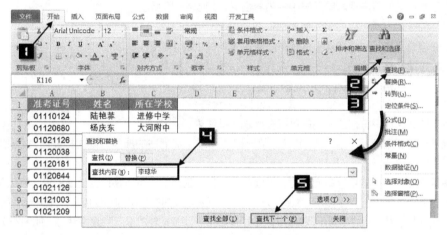

图4-21 【查找和替换】对话框

如果在【查找和替换】对话框中单击【查找全部】按钮，会在对话框下方显示出所有符合条件的列表，
单击其中一项，可定位到该数据所在的单元格，如图4-22所示。

单击【查找和替换】对话框中的【选项】按钮，能够展开更多查找有关的选项，除了可以选择区分大
小写、单元格匹配、区分全/半角等，还可以选择范围、搜索顺序和查找的类型，如图4-23所示。

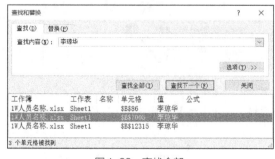

图4-22 查找全部

图4-23 更多查找选项

如果勾选了"区分大小写"复选框，在查找字符串"Excel"时，不会在结果中出现内容为"excel"
的单元格。

如果勾选了"单元格匹配"复选框，在查找字符串"Excel"时，不会在结果中出现内容为"ExcelHome"的单元格。

如果勾选了"区分全/半角"复选框，在查找字符串"Excel"时，不会在结果中出现内容为"Excel"的单元格。

除了以上选项外，还可以单击【查找和替换】对话框中的【格式】下拉按钮，在下拉菜单中单击【格式】按钮，对查找对象的格式进行设定。或是单击【从单元格选择格式】按钮，以现有单元格的格式作为查找条件，便在查找时只返回包含特定格式的单元格，如图4-24所示。

图4-24　查找指定格式的内容

4.3.2　使用替换功能快速更改数据内容

使用替换功能，可以快速更改表格中的符合指定条件的数据内容。单击【开始】选项卡下的【查找和选择】下拉按钮，在下拉菜单中单击【替换】按钮，或是按<Ctrl+H>组合键调出【查找和替换】对话框，并自动切换到【替换】选项卡。在【查找内容】编辑框中输入要查询的内容，在【替换为】编辑框中输入要替换的内容，单击【全部替换】按钮，可快速将所有符合查找条件的单元格替换为指定的内容，如图4-25所示。

与查找功能类似，替换功能也有多种选项供用户选择，并且可以指定查找内容和替换内容的格式，如图4-26所示。

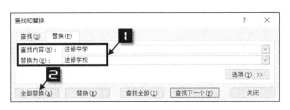

图4-25　替换对话框

图4-26　丰富的替换选项

4.3.3　使用通配符实现模糊查找

Excel支持的通配符包括星号"*"和半角问号"?"。星号"*"可替代任意数目的字符，可以是单个字符，也可以是多个字符。半角问号"?"可替代任意单个字符。

使用包含通配符的模糊查找方式，可以完成更为复杂的查找需求。

例如要查找以字母"E"开头，并且以字母"l"结尾的内容，可以在【查找内容】编辑框中输入"E*l"，此时表格中包含"Excel""Email""Eternal"等单词的单元格都会被查找到。假如需要查找以"E"开头、以"l"结尾的五个字母的单词，则可以在【查找内容】编辑框中输入"E???l"，三个问号"?"表示任意三个字符，此时的查找结果就会在以上三个单词中仅返回"Excel"和"Email"。

提示

如果要查找星号"*"和半角问号"?"本身，而不是它代表的通配符，则需要在字符前加上波浪线符号"~"，例如"~*"。如果要查找字符"~"，需要使用两个连续的波浪线"~~"表示。

Excel中的定位功能是一种选定单元格的特殊方式，可以快速选定符合指定条件规则的单元格或区域，提高数据处理的准确性。

单击【开始】→【查找和选择】下拉按钮，在下拉菜单中单击【定位条件】按钮，在弹出的【定位条件】对话框中，可以勾选批注、常量、公式、空值、对象、可见单元格等复选框，最后单击【确定】按钮，即可选定工作表中所有符合规则的单元格或区域，如图4-27所示。

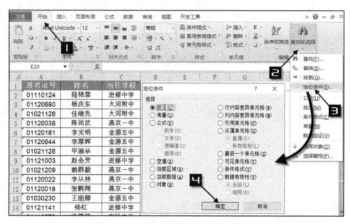

图4-27 打开【定位条件】对话框

除了在选项卡中打开【定位条件】对话框，也可以按<Ctrl+G>组合键或是按<F5>键，在打开的【定位】对话框中，单击【定位条件】按钮，即可打开【定位条件】对话框，如图4-28所示。

图4-28 使用组合键打开【定位条件】对话框

示例 4-1 快速删除工作表内的空行

素材所在位置为：

光盘：\素材\第4章 输入和编辑数据\示例4-1快速删除工作表内的空行.xlsx

在图4-29所示的员工信息表中，包含不规则的空行。为了使工作表更加美观，需要将工作表内的空行批量删除。

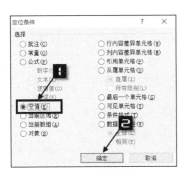

图4-29　删除员工信息表中的空行

首先选中B1:F17单元格区域，按<F5>键，在弹出的【定位】对话框中单击【定位条件】按钮，打开【定位条件】对话框。选择【空值】复选框，单击【确定】按钮，选中数据区域中的全部空白单元格，如图4-30所示。

在活动单元格上单击鼠标右键，在弹出的快捷菜单中选择【删除】命令，弹出【删除】对话框。选择【整行】单选钮，最后单击【确定】按钮，所有包含空值的行将被全部删除，如图4-31所示。

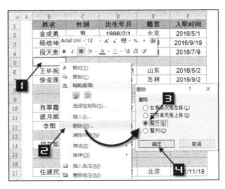

图4-30　定位空值　　　　　　　　　　图4-31　删除整行

4.4　移动和复制数据

4.4.1　使用剪贴板复制数据

素材所在位置为：

光盘：\素材\第4章 输入和编辑数据\4.4.1 移动和复制数据.xlsx

Office剪贴板是用来临时存放交换信息的临时存储区域，它可以看作是信息的中转站，能够在不同单元格或是不同工作表之间进行数据的移动或复制。

单击【开始】选项卡下【剪贴板】命令组中的对话框启动器按钮，打开"剪贴板"任务窗格。依次选定要复制的数据，按<Ctrl+C>组合键复制，所选数据被存放在Office剪贴板中。单击需要粘贴数据的目标单元格，再单击剪贴板中的内容，即可将数据复制到目标单元格中，如图4-32所示。

如果要删除Office剪贴板中的某项数据，可以将光标指向该项目，在右侧会自动显示下拉按钮。单击下拉按钮，在下拉菜单中选择【删除】命令即可，如图4-33所示。单击"剪贴板"任务窗格顶部的【全部清空】按钮，将删除剪贴板中的全部项目。

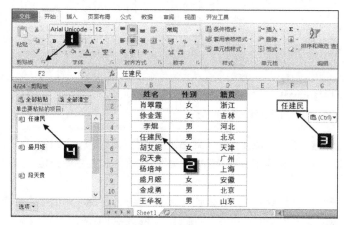

图4-32　使用剪贴板复制数据

图4-33　删除剪贴板项目

4.4.2 使用鼠标移动或复制单元格

素材所在位置为：

光盘：\素材\第4章 输入和编辑数据\4.4.2 使用鼠标移动或复制单元格.xlsx

在日常表格编辑处理过程中，用鼠标移动或复制单元格区域的方法比使用菜单操作更加快捷。如图4-34所示，首先选中B2:D4单元格区域，光标移动至选定区域的黑色加粗边框上，当指针显示为黑色十字箭头时，拖动鼠标可以看到出现一条矩形虚线，显示目标插入位置。拖动鼠标至目标位置，释放鼠标，即可完成选定区域的移动操作。

图4-34　使用鼠标移动单元格

使用鼠标复制单元格的方法与之类似，只要在拖动鼠标时按住<Ctrl>键不放，即可将选定的单元格区域复制到其他位置。使用此方法时，如果目标位置包含其他数据，则会被覆盖掉。

如果在拖动鼠标时按住<Ctrl+Shift>组合键不放，可将选定单元格区域以插入方式复制到其他位置，目标区域已有的数据会自动下移。

4.4.3 认识选择性粘贴

素材所在位置为：

光盘：\素材\第4章 输入和编辑数据\4.4.3 认识选择性粘贴.xlsx

认识选择性粘贴

使用常规的复制粘贴操作，粘贴后的内容不仅包含被复制的字符，还会包括被复制内容的字体、字号、单元格边框和底纹等全部属性。如果在复制内容后，仅需要粘贴其中的特定属性，则可以使用选择性粘贴功能。

如图 4-35 所示，选中 A2:C11 单元格区域，按 <Ctrl+C> 组合键复制，单击要粘贴的目标单元格 A13，然后单击【开始】选项卡下的【粘贴】下拉按钮。在粘贴选项列表中，Excel 提供了多种选项供用户选择。当鼠标在不同粘贴选项之间移动时，在粘贴目标单元格区域会显示当前选项的效果预览。

在粘贴选项列表中单击【转置】命令按钮，即可实现表格行列位置的互换。

当对一个单元格或是单元格区域执行复制命令后，在右键菜单中也可以快捷地选择常用粘贴选项，单击右键菜单中的【选择性粘贴】命令时，会看到与功能区相同的粘贴选项列表，如图 4-36 所示。

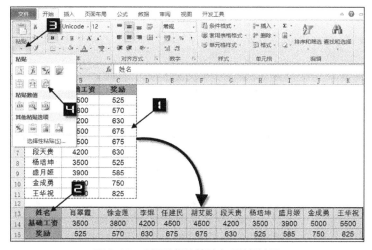

图 4-35　利用选择性粘贴实现数据转置　　　　　　　　图 4-36　右键菜单中的粘贴选项

日常工作中，将带有公式的 Excel 表格传给其他人时，出于保密的考虑，往往不希望其他人看到相应的公式结构。可以通过选择性粘贴，快速将公式结果转换为数值。

如图 4-37 所示，选中带有公式的 C2:C11 单元格区域，按 <Ctrl+C> 复制，单击鼠标右键，在快捷菜单中的粘贴选项下，单击"值"按钮。

对一个单元格或是单元格区域执行复制命令后，在【开始】开始选项卡下，单击【粘贴】下拉按钮，在粘贴选项列表中单击【选择性粘贴】命令，或是在右键快捷菜单中单击【选择性粘贴】命令，会弹出【选择性粘贴】对话框，在该对话框中，包含更多的粘贴选项，如图 4-38 所示。

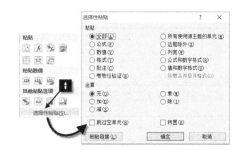

图 4-37　选择性粘贴为数值　　　　　　　　　　图 4-38　【选择性粘贴】对话框

示例 4-2　奖励金额全部增加 100

素材所在位置为：

光盘：\素材\第 4 章 输入和编辑数据\示例 4-2 奖励金额全部增加 100.xlsx

在【选择性粘贴】对话框中，除了可以选择不同的粘贴方式之外，还可以使用简单的加减乘除运算功能。

如图4-39所示，需要将C列的奖励额在现有基础上，统一增加100。

选中E2单元格，按<Ctrl+C>组合键复制，选中C2:C11单元格区域的奖励金额，单击鼠标右键，在快捷菜单中单击【选择性粘贴】，弹出【选择性粘贴】对话框，在【运算】命令组中，选中【加】复选框，单击【确定】按钮，如图4-40所示。

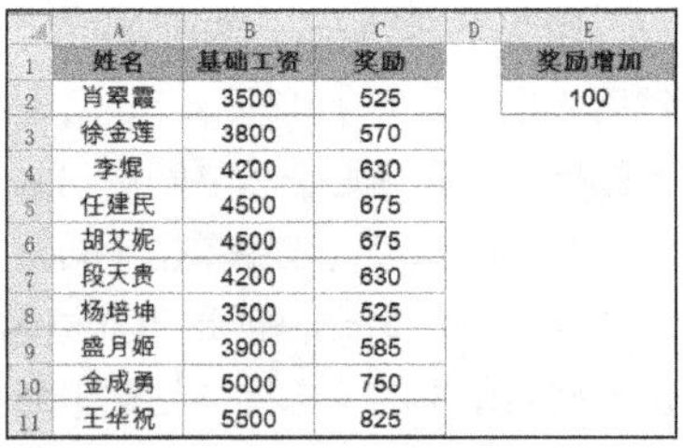

	A	B	C	D	E
1	姓名	基础工资	奖励		奖励增加
2	肖翠霞	3500	525		100
3	徐金莲	3800	570		
4	李焜	4200	630		
5	任建民	4500	675		
6	胡艾妮	4500	675		
7	段天贵	4200	630		
8	杨培坤	3500	525		
9	盛月姬	3900	585		
10	金成勇	5000	750		
11	王华祝	5500	825		

图4-39　奖励金额增加100

操作完成后，C2:C11单元格区域的数值全部增加了100，如图4-41所示。

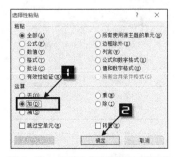

图4-40　提供选择性粘贴执行运算

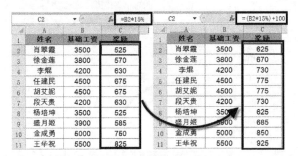

C2　=B2*15%

	A	B	C
1	姓名	基础工资	奖励
2	肖翠霞	3500	525
3	徐金莲	3800	570
4	李焜	4200	630
5	任建民	4500	675
6	胡艾妮	4500	675
7	段天贵	4200	630
8	杨培坤	3500	525
9	盛月姬	3900	585
10	金成勇	6000	760
11	王华祝	5500	825

C2　=(B2*15%)+100

	A	B	C
1	姓名	基础工资	奖励
2	肖翠霞	3500	625
3	徐金莲	3800	670
4	李焜	4200	730
5	任建民	4500	775
6	胡艾妮	4500	775
7	段天贵	4200	730
8	杨培坤	3500	625
9	盛月姬	3900	685
10	金成勇	5000	850
11	王华祝	5500	925

图4-41　奖励金额全部增加100

示例结束

4.5 单元格和区域的锁定

如果将单元格设置为“锁定”状态，并且当前工作表执行了【保护工作表】命令，设置为“锁定”状态的单元格将不允许被编辑修改。

单元格和区域的锁定

示例 4-3　禁止编辑表格中的关键数据

素材所在位置为：

光盘：\素材\第4章 输入和编辑数据\示例 4-3 禁止编辑表格中的关键数据.xlsx

图4-42所示是某建筑单位的一份工程量清单，为了数据安全，需要将记录工程量的D列数据设置为禁止编辑。

单击行号列标交叉处的全选按钮，选择整个工作表，如图4-43所示。

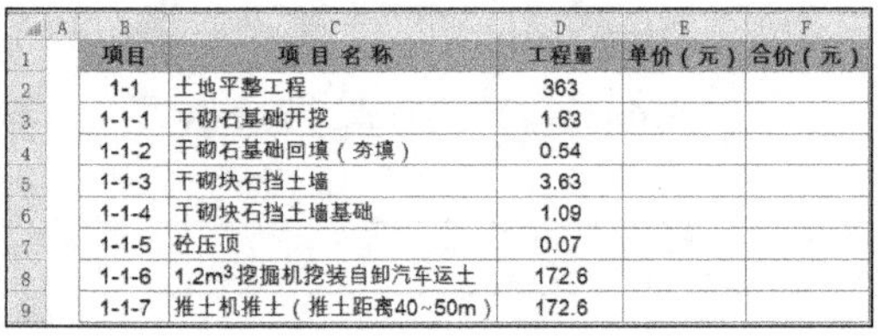

	B	C	D	E	F
1	项目	项目名称	工程量	单价（元）	合价（元）
2	1-1	土地平整工程	363		
3	1-1-1	干砌石基础开挖	1.63		
4	1-1-2	干砌石基础回填（夯填）	0.54		
5	1-1-3	干砌块石挡土墙	3.63		
6	1-1-4	干砌块石挡土墙基础	1.09		
7	1-1-5	砼压顶	0.07		
8	1-1-6	1.2m³挖掘机挖装自卸汽车运土	172.6		
9	1-1-7	推土机推土（推土距离40~50m）	172.6		

图4-42　工程量清单

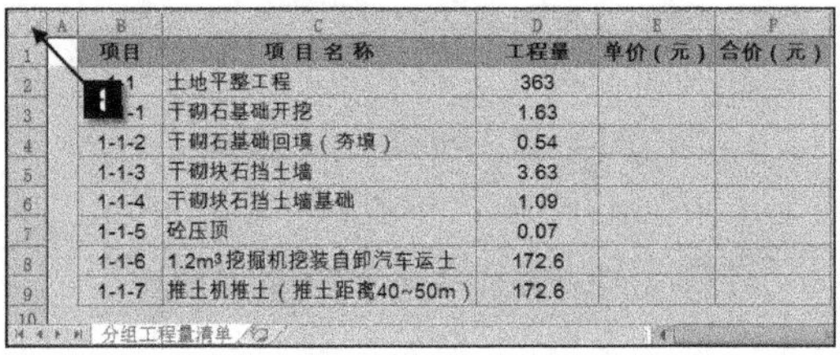

	B	C	D	E	F
1	项目	项目名称	工程量	单价（元）	合价（元）
2	-1	土地平整工程	363		
3	-1	干砌石基础开挖	1.63		
4	1-1-2	干砌石基础回填（夯填）	0.54		
5	1-1-3	干砌块石挡土墙	3.63		
6	1-1-4	干砌块石挡土墙基础	1.09		
7	1-1-5	砼压顶	0.07		
8	1-1-6	1.2m³挖掘机挖装自卸汽车运土	172.6		
9	1-1-7	推土机推土（推土距离40~50m）	172.6		

图4-43　全选工作表

按<Ctrl+1>组合键，在弹出的【单元格格式】对话框中，切换到【保护】选项卡，取消勾选【锁定】

复选框，单击【确定】按钮，如图4-44所示。

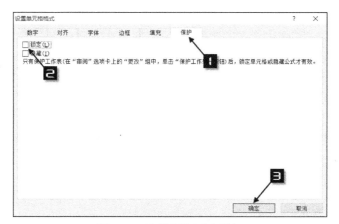

图4-44　取消【锁定】复选框

选中要设置禁止编辑的D2:D9单元格区域，按<Ctrl+1>组合键，在弹出的【单元格格式】对话框中，切换到【保护】选项卡，勾选【锁定】复选框，单击【确定】按钮。

单击【审阅】选项卡中的【保护工作表】按钮，在弹出的【保护工作表】对话框中，输入保护密码后，单击【确定】按钮，在【确认密码】对话框中，再次输入密码确认后，单击【确定】按钮，完成对工作表的保护操作，如图4-45所示。

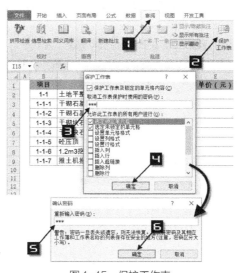

图4-45　保护工作表

操作完成后，如果再对D2:D9单元格区域进行编辑，Excel会弹出警告对话框，并拒绝修改，工作表中的其他区域则仍然可以正常编辑，如图4-46所示。

图4-46　Excel拒绝编辑已锁定的单元格

示例结束

 **习题**

1. Excel可以保存和存储的数字最大精确到（　　）位有效数字，超过（　　）之后的部分会自动变为（　　）。

2. Windows系统所使用的Excel版本中，日期系统默认为（　　），即以1900年1月1日作为序列值1。

3. 逻辑值通常表示对一个条件的判定结果，包括（　　）和（　　）两种类型。

4. 在Excel中，不同类型数据的比较规则从小到大依次是:（　　）、（　　）、（　　）、（　　）、（　　）、（　　）。

5. 单元格内强制换行的方法是，双击单元格进入编辑状态，光标定位到需要换行的字符之前，按（　　）组合键，即可将单元格中的内容强制显示为两行。

6. 在使用查找功能时，如果要查找以E开头且字符长度为5位的内容，需要在【查找】编辑框中输入（　　）。

7. Excel中的数据类型主要包括哪几种？

8. Excel中可表示的最小日期和最大日期分别是哪一天？

9. 如果只想对单元格中的部分内容进行修改，可以使用哪几种方法？

10. 假如在单元格中输入日期"30-2-1"，会被识别为哪一天？

11. 熟悉使用组合键可以提高操作效率，请分别说出查找、替换和定位功能的组合键。

12. 简述设置单元格区域锁定的步骤。

13. Windows系统所使用的Excel版本中，日期系统默认为"（　　）日期系统"，即以（　　）年（　　）月（　　）日作为序列值1，以后的日期均以其距基准日期的天数作为序列值。

14. 如果只想对其中的部分内容进行修改，可以使用哪几种方法？

15. 简述在多个工作表中同时输入相同的数据的主要步骤。

16. 要在单元格中输入分数形式的数据，应先输入（　　），然后再输入分数，否则Excel会把分数当作日期处理。

17. 要为单元格添加批注，可以使用哪几种方式？

18. Excel支持的通配符包括星号"*"和半角问号"?"，星号"*"可替代（　　）个字符，半角问号"?"可替代（　　）个字符。

 **上机实验**

1. 请在A1:D6单元格中同时输入"我很棒"。

2. 请将"作业4-1.xlsx"中的"燕京一中"，全部替换为"燕京一中附中"。

1. 请在 A1:D6 单元格中同时输入"我很棒"。
2. 请将"作业 4-1.xlsx"中的"燕京一中"，全部替换为"燕京一中附中"。

	A 准考证号	B 姓名	C 所在学校
8	01021126	毕淑华	金源五中
9	01121003	赵会芳	进修中学
10	01021209	赖群毅	燕京一中
11	01120022	李丛林	燕京一中
12	01120018	张鹤翔	燕京一中
13	01030230	王丽卿	金源五中
14	01121141	杨红	进修中学
15	01110270	徐翠芬	实验中学
16	01030230	纳红	金源五中

3. 利用定位功能，将"作业 4-2.xlsx"中的"进修中学"所有数据复制到新工作表内。

	A 准考证号	B 姓名	C 所在学校
2	01110124	陆艳菲	进修中学
9	01121003	赵会芳	进修中学
14	01121141	杨红	进修中学
20	01030230	杨启	进修中学
21	01021182	向建荣	进修中学
30	01120092	梁应珍	进修中学
35	01120029	葛宝云	进修中学
38	01120074	代云峰	进修中学
41	01120016	王爱华	进修中学
42	01120675	杨文兴	进修中学
43	01120040	王竹蓉	进修中学

第 5 章

格式化工作表

在工作表中输入基础数据后，还需要对工作表进行必要的美化。Excel 中包含丰富的格式化命令和方法。利用这些命令和方法，能够对工作表布局和数据进行格式化，使得表格更加美观，数据更加清晰易于阅读。

5.1 Excel的内置数字格式

单元格的样式外观主要包括数据显示格式、字体样式、文字对齐方式、边框样式以及单元格底纹颜色等。对于单元格格式的设置和修改，可以通过功能区命令组、悬浮工具栏以及"设置单元格格式"对话框等多种方法来操作。

5.1.1 功能区中的命令组

在【开始】选项卡中，包括【字体】【对齐方式】【数字】【样式】等多个命令组用于设置单元格格式，如图5-1所示。

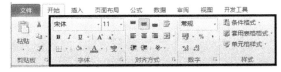

图5-1　用于设置单元格格式的命令组

【字体】命令组中包括字体、字号、加粗、倾斜、下划线、填充色、字体颜色等命令。

【对齐方式】命令组中是针对设置单元格对齐方式的命令，包括顶端对齐、垂直居中、底端对齐、左对齐、居中、右对齐以及方向、调整缩进量、自动换行、合并居中等。

【数字】命令组中包括对数字进行格式化的各种命令。

【样式】命令组中包括条件格式、套用表格格式、单元格样式等命令。

5.1.2 浮动工具栏

如果选中单元格时单击鼠标右键，会弹出快捷菜单和【浮动工具栏】，包括了常用的单元格格式设置命令，如图5-2所示。

图5-2　浮动工具栏

5.1.3 【设置单元格格式】对话框

除了功能区命令组和浮动工具栏，还可以通过【设置单元格格式】对话框来设置单元格格式。以下几种方法，都可以打开【设置单元格格式】对话框。

　　选中要处理的单元格，在【开始】选项卡中单击【字体】【对齐方式】【数字】等命令组右下角的【对话框启动器】按钮。也可以在右键快捷菜单中单击【设置单元格格式】命令或是按<Ctrl+1>组合键，打开【设置单元格格式】对话框，如图5-3所示。

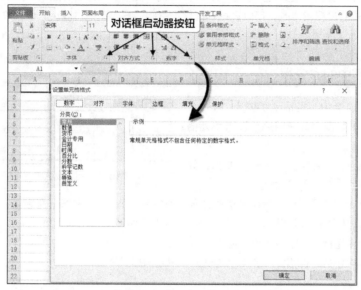

图5-3　使用对话框启动器打开【设置单元格格式】对话框

　　单击【开始】选项卡下的【格式】下拉按钮，在下拉菜单中选择【设置单元格格式】命令，也可以打开【设置单元格格式】对话框，如图5-4所示。

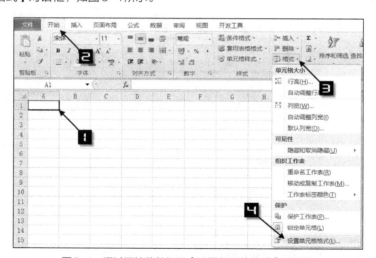

图5-4　通过下拉菜单打开【设置单元格格式】对话框

　　【设置单元格格式】对话框的【对齐】选项卡，主要用于设置单元格文本的对齐方式，此外还可以对文本方向、文字方向以及文本控制等内容进行相关设置。

示例 5-1　设置单元格文本缩进

　　素材所在位置为：

　　光盘：\ 素材 \ 示例 5-1 设置单元格文本缩进 .xlsx

如图5-5所示，需要将费用表中的二级费用名称设置为缩进对齐，使显示更加直观清晰。

选中A2:A4单元格区域，按住<Ctrl>键不放，再拖动鼠标选中A6:A8单元格区域，在【开始】选项卡下单击【对齐方式】命令组右下角的【对话框启动器】按钮，弹出【设置单元格格式】对话框。

在【对齐】选项卡下，设置水平对齐方式为"靠左（缩进）"，缩进量调整为"2"，单击【确定】按钮，如图5-6所示。

图5-5　缩进对齐

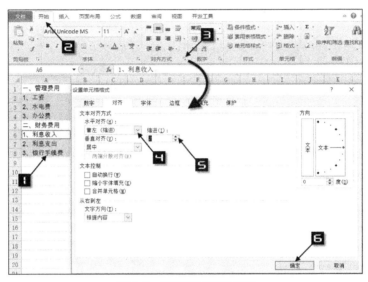

图5-6　设置单元格缩进对齐

示例结束

在设置文本对齐的同时，还可以对文本进行输出控制，包括【自动换行】【缩小字体填充】和【合并单元格】选项。

当文本内容长度超出单元格宽度时，可勾选【自动换行】复选框，使文本内容分为多行显示。此时如果调整单元格宽度，文本内容的换行位置也随之调整。

勾选【缩小字体填充】复选框，能够使文本内容自动缩小显示，以适应单元格的宽度大小。

"合并单元格"就是将两个或两个以上的单元格，合并成占有两个或多个单元格空间的更大的单元格。Excel提供了三种合并单元格的方式，包括合并后居中、跨越合并和合并单元格，如图5-7所示。

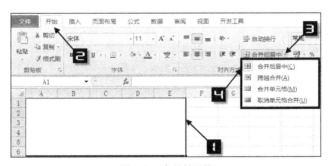

图5-7　合并单元格

合并后居中，就是将选取的多个单元格进行合并，并将单元格内容在水平和垂直两个方向上居中。

跨越合并，就是在选取多行多列的单元格区域后，将所选区域的每行进行合并，形成单列多行的单元格区域。

合并单元格，就是将所选单元格区域进行合并，并沿用该区域起始单元格的格式。

不同合并单元格方式的效果如图5-8所示。

图5-8　不同合并单元格方式的效果

提示

使用了合并单元格的表格，会影响数据的排序、筛选等操作，而且会对数据的汇总分析有一定影响。因此在一般情况下，工作表内尽量不要使用合并单元格。

5.1.4　字体设置

单元格字体格式包括字体、字号、颜色、背景图案等。Excel 2010中文版的默认字体为"宋体"、字号为11号。

除了在【开始】选项卡的【字体】命令组中选择常用的字体格式命令，还可以按<Ctrl+1>组合键打开【单元格格式】对话框，在【字体】选项卡下，通过更改相应设置来调整单元格内容的格式，如图5-9所示。

图5-9　设置字体格式

5.1.5　设置单元格边框

单元格边框常用于划分表格区域，增加单元格的视觉效果。

1. 在功能区设置边框

在【开始】选项卡的【字体】命令组中，单击【下框线】下拉按钮，在下拉列表中可以选择多种边框设置方案以及绘制和擦除边框命令，同时可以选择线条颜色和线型等设置选项，如图5-10所示。

2. 在【设置单元格格式】对话框中设置

在【设置单元格格式】对话框的【边框】选项卡下，可以对边框进行更加细致的设置，如图5-11所示，首先在样式组中选择第7种边框样式，然后单击【颜色】下拉按钮，在主题颜色面板中选择蓝色，再依次单击【外边框】和【内部】按钮，最后单击【确定】按钮，即可将所选单元格区域全部设置为蓝色边框。

图5-10　边框设置

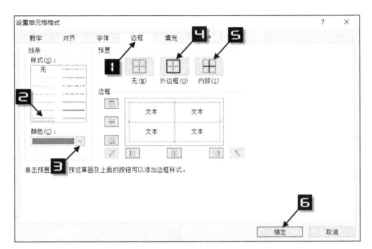

图5-11　【边框】选项卡

5.1.6 | 复制格式

　　素材所在位置为：

　　光盘：\素材\第5章 格式化工作表\5.1.6 复制格式.xlsx

　　如果需要将现有的单元格格式复制到其他单元格区域，常用的方法有以下几种：

方法 1　复制带有特定格式的单元格或单元格区域，单击【开始】选项卡下的【粘贴】下拉按钮，在下拉选项中选择【格式】，如图5-12所示。

方法 2　使用【格式刷】命令，可以更方便快捷地复制单元格格式。首先选中带有特定格式的单元格或单元格区域，单击【开始】选项卡中的【格式刷】按钮。光标移动到目标单元格区域，此时光标变为🖌，单击鼠标左键，将格式复制到目标单元格区域，如图5-13所示。

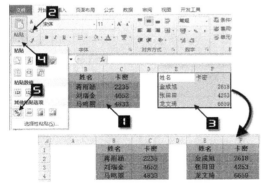

图5-12　复制格式

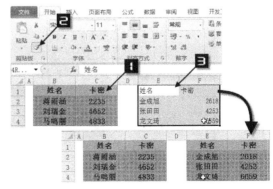

图5-13　使用格式刷复制格式

双击【格式刷】命令按钮，可以将现有格式复制到多个不连续的单元格区域，操作完成后，再次单击【格式刷】按钮或是按<Ctrl+S>组合键保存即可。

5.1.7 了解自定义格式

"自定义"类型允许用户创建和使用符合一定规则的数字格式，应用于数值或文本数据时，可以改变数据的显示方式。

选中要设置自定义格式的单元格区域，按<Ctrl+1>组合键打开【设置单元格格式】对话框，单击左侧分类列表中的"自定义"，在右侧【类型】编辑框中输入自定义格式代码后，会在上方显示当前格式代码的效果预览，如图5-14所示。

常用自定义格式代码如表5-1所示。

认识自定义格式

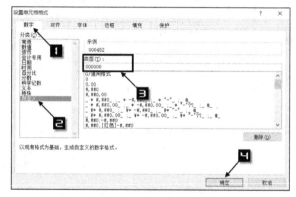

图5-14　设置自定义格式

表5-1　　　　　　　　　　　常用自定义格式代码

格式代码	作用	说明	代码举例	单元格输入	显示为
0	数字占位符	如果数值内容长度大于占位符，则显示实际值。如果小于占位符的长度，则用无意义的0补足，一个0占一位。	00000	123456	123456
				123	00123
		占位符0作用于小数时，小数位数多于0的部分，自动四舍五入至0的数位。小数位数不足的部分，以0占位。	0.00	12.4532	12.45
				12.4	12.40
			0天	12	12天
#	数字占位符	只显示有意义的零。	#	12.1515	12
				0	
		占位符#作用于小数时，小数位数多于#的部分，自动四舍五入至#的数位。	##.#	12.15	12.2
@	文本占位符	引用原始文本。	华宇集团@	生产部	华宇集团生产部
			@@	你好	你好你好
*	重复显示	重复下一次字符，直到充满列宽。	**	123	**********
aaaa	日期显示为星期		aaaa	2017-2-16	星期四

续表

格式代码	作用	说明	代码举例	单元格输入	显示为
e	日期显示为年份		e年 或 yyyy年	2017-2-16	2017年
y			yy年	2017-2-16	17年
m	日期显示为月份		m月	2017-2-16	2月
			mm月	2017-2-16	02月
h	时间显示为小时		h	8:16:26	8
s	时间显示为秒		s	8:16:26	26
m	时间显示为分	与代码h或s一起使用时，时间显示为分	h时m分s秒	2017/2/16 8:16:26	8时16分26秒

完整的自定义格式代码分为4个区段，并且以半角分号";"间隔，每个区段中的代码可以对相应类型的数值产生作用：

大于条件值；小于条件值；等于条件值；文本

用户可以在前两个区段中使用运算符代码表示条件值，第3个区段自动以"除此以外"的情况作为其条件值。例如要设定">10的数值显示为绿色，<5的数值显示为红色，其他为蓝色"时，可以使用以下格式代码：

[绿色][>10]G/通用格式；[红色][<5]G/通用格式；[蓝色]G/通用格式

实际应用中，不需要严格按照4个区段来编写格式代码，不同区段格式代码结构的变化如表5-2所示。

表5-2　　　　　　　　　　　　　　　不同区段格式代码结构

区段数	Excel代码结构	代码举例	显示说明
1	格式代码作用于所有类型的数值。	[红色]G/通用格式	单元格文字全部显示为红色
2	第1区段作用于正数和零值； 第2区段作用于负数。	大于等于!0;小于!0	输入-2时，显示"小于0"； 输入2时，显示"大于等于0"。 因为0在格式代码中有占位的特殊作用，加上感叹号的作用是显示0本身。
3	第1区段作用于正数； 第2区段作用于负数； 第3区段作用于零值。	正;负;零	输入2时，显示"正"； 输入0时，显示"零"； 输入-2时，显示"负"。

示例 5-2　以不同颜色的箭头展示数据差异

素材所在位置为：

光盘：\素材\第5章 格式化工作表\示例 5-2 以不同颜色的箭头展示数据差异.xlsx

图5-15所示是一组模拟的销售数据，C列是每个月的销售额与销售平均值的比较情况。

设置自定义格式后，工作表中的箭头朝向和字体颜色可以随着数据变化自动改变。负数表示低于平均值，文字显示为红色，并且添加下箭头。正数表示高于平均值，文字显示为蓝色，并且添加上箭头。

如图5-16所示，首先选中C2:C13单元格区域，按<Ctrl+1>组合键，在弹出的【设置单元格格式】对话框中单击【自定义】选项卡，在格式编辑框中输入以下格式代码，单击【确定】按钮。

[蓝色]↑0.0%;[红色]↓0.0%;0.0%

经典教程（微课版）

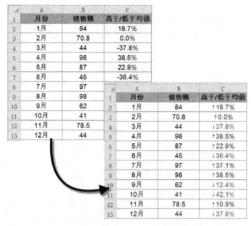

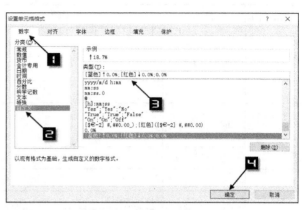

图5-15 使用自定义格式展示增减状况　　　　　　图5-16 设置自定义格式

格式分为三部分，用半角分号隔开，第一部分是对大于0的值设置格式：

[蓝色]↑0.0%

表示字体颜色为蓝色，显示上箭头↑，百分数保留一位小数位。

第二部分是对小于0的值设置格式：

[红色]↓0.0%

表示字体颜色为红色，显示下箭头↓，百分数保留一位小数位。

第三部分是对等于0的值设置格式：

0.0%

表示百分数保留一位小数位。

自定义格式中的颜色代码部分，可以使用以下几种：

[黑色]、[蓝色]、[蓝绿色]、[绿色]、[洋红色]、[红色]、[白色]、[黄色]

除此之外，还可以用"[颜色n]"来表示，其中n为1~56的整数，表示56种不同的颜色，例如橙色的格式代码可以表示为"[颜色46]"，青色的格式代码可以表示为"[颜色14]"。

应用自定义格式的单元格并不会改变其本身的内容，只改变显示方式。使用剪贴板的方法，可以将自定义格式转换为单元格中的实际值。

示例 5-3　自定义格式转换为单元格中的实际值

素材所在位置为：

光盘：\素材\第5章 格式化工作表\示例5-3 自定义格式转换为单元格中的实际值.xlsx

图5-17所示的信息表中，为了简化输入，A列中的部门名称使用了自定义格式"盛泰实业@"，需要将这些自定义格式的显示效果转换为单元格中的实际值。

操作步骤如下：

步骤1 选中A1:A8单元格区域，按<Ctrl+C>组合键复制。

步骤2 在【开始】选项卡下，单击【剪贴板】右下角的【对话框启动器】按钮，打开"剪贴板"任务窗格，如图5-18所示。

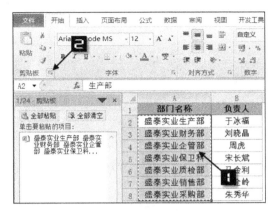

图5-17 自定义格式　　　　　　　　　　　　　图5-18 打开剪贴板

步骤3 单击剪贴板中已复制的项目，将剪贴板中的内容粘贴到A1:A8单元格区域，如图5-19所示。

步骤4 保持A1:A8单元格区域的选中粘贴，在【开始】选项卡下单击【数字格式】下拉按钮，在格式列表中选择【常规】。最后关闭"剪贴板"任务窗格，完成转换，如图5-20所示。

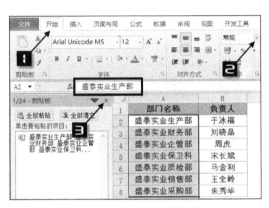

图5-19 粘贴项目　　　　　　　　　　　　　　图5-20 设置为常规格式

示例结束

5.2 套用表格格式和应用主题

使用【套用表格格式】命令，可以对现有表格实现快速格式化，使数据表更加美观，而且便于阅读。Excel 2010的【套用表格格式】功能提供了数十种表格格式供用户选择。

5.2.1 套用表格格式快速格式化数据表

如图5-21所示，单击数据区域中的任意单元格，单击【开始】选项卡下的【套用表格格式】下拉按钮，在展开的下拉列表中，单击一种表样式，弹出【套用表格式】对话框。

在【表数据的来源】编辑框中，Excel自动扩展选中光标所在的数据区域，保留【表包含标题】的勾选，单击【确定】按钮。

套用表格格式后的表格效果如图5-22所示。

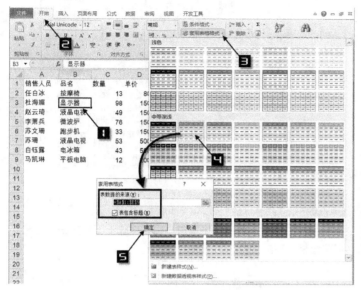

图5-21　套用表格格式

	A	B	C	D	E
1	销售人员	品名	数量	单价	销售金额
2	任白冰	按摩椅	13	800	10400
3	杜海媚	显示器	98	1500	147000
4	赵云琦	液晶电视	49	1500	73500
5	李萧兵	微波炉	76	1500	114000
6	苏文珊	跑步机	33	1500	49500
7	苏珊	液晶电视	53	5000	265000
8	白钰露	电冰箱	43	5000	215000
9	马凯琳	平板电脑	12	2000	24000

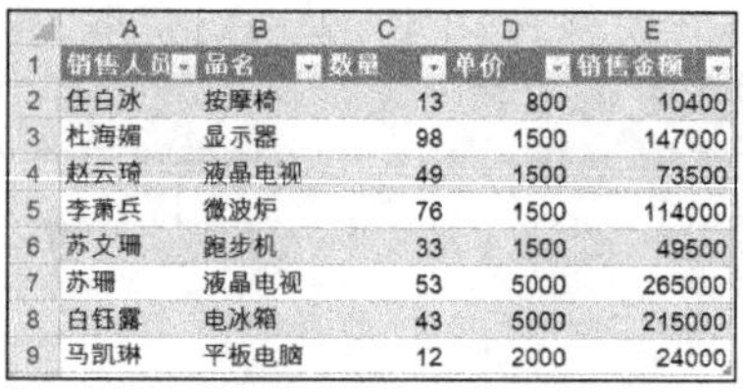

图5-22　套用表格格式的表格

5.2.2　单元格样式

素材所在位置为：

光盘：\素材\第5章 格式化工作表\5.2.2 单元格样式.xlsx

单元格样式是指一组特定单元格格式的组合，可以快速对单元格或单元格区域进行格式化，使工作表格式规范统一。

首先选定需要套用单元格格式的单元格或单元格区域，单击【开始】选项卡下的【单元格样式】下拉按钮，在弹出的列表中选择一种单元格样式，如图5-23所示。

图5-24是应用了不同单元格样式的表格效果。

图5-23　单元格样式

	A	B	C	D	E
1	销售人员	品名	数量	单价	销售金额
2	任白冰	按摩椅	13	800	10400
3	杜海媚	显示器	98	1500	147000
4	赵云琦	液晶电视	49	1500	73500
5	李萧兵	微波炉	76	1500	114000
6	苏文珊	跑步机	33	1500	49500
7	苏珊	液晶电视	53	5000	265000
8	白钰露	电冰箱	43	5000	215000
9	马凯琳	平板电脑	12	2000	24000
10	合计		377		898400

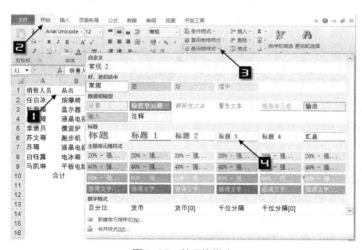

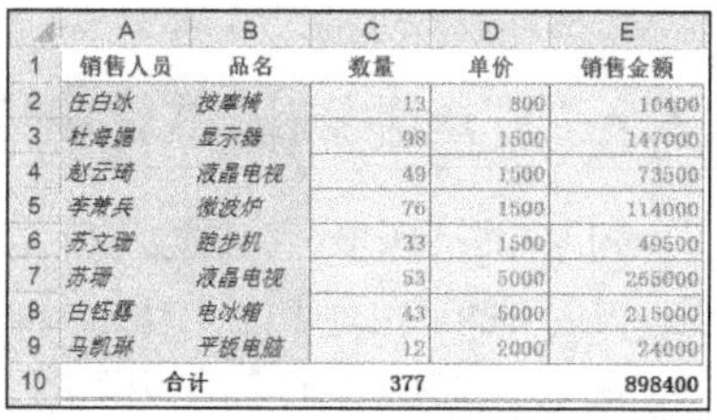

图5-24　应用了不同单元格样式的表格

5.2.3 应用主题格式化工作表

素材所在位置为：

光盘：\素材\第5章 格式化工作表\5.2.3 应用主题格式化工作表.xlsx

主题是一组格式选项组合，包括主题颜色、主题字体和主题效果。通过应用文档主题，可以使文档快速具有统一的外观。

用户可以针对不同的数据内容选择不同的主题，也可以按自己对颜色、字体、效果等的喜好来选择不同的主题。一旦选定某一主题，有关颜色的设置，如颜色面板、套用表格式、单元格样式等中的颜色均使用这一主题的颜色系列。

在【页面布局】选项卡中单击【主题】命令，在展开的下拉列表库中，可以选择使用内置的主题，也可以自定义主题颜色、字体和效果，如图5-25所示。

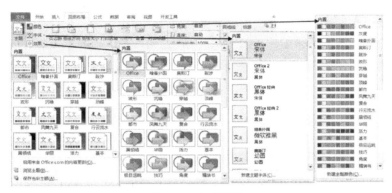

图5-25 设置主题

如需通过选择不同的"主题"对工作表进行快速格式化，操作步骤如下。

步骤 1 根据5.2.1小节所列的步骤套用表格样式，快速格式化数据表，效果如图5-26所示。

步骤 2 选中数据表中的任意单元格，依次单击【页面布局】→【主题】命令，在展开的主题库中选择【都市】，数据表外观会立即发生变化，如图5-27所示。

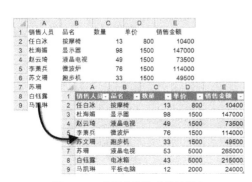

图5-26 套用表格格式的数据表

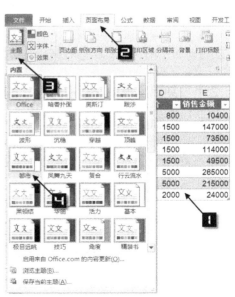

图5-27 应用主题

如果希望将自定义的主题用于更多的工作簿，则可以将当前的主题保存为主题文件，保存的主题文件格式扩展名为".thmx"。保存后的主题会自动添加到自定义主题列表中，如图5-28所示。

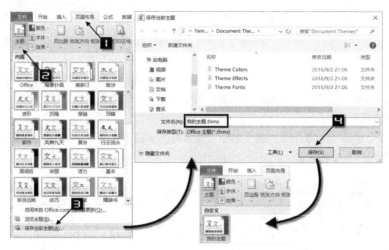

图5-28 保存自定义主题

通常情况下，同一个工作表内使用的颜色不要超过三种，太多的颜色会使工作表看起来比较凌乱。

5.3 认识Excel中的条件格式

Excel的条件格式功能能够快速对特定条件的单元格进行突出标识，使数据更加直观易读。用户可以预置一种单元格格式或是单元格内的图形效果，在符合指定的条件时，自动应用于目标单元格。可预置的单元格格式包括边框、底纹、字体颜色等，单元格图形效果包括数据条、色阶和图标集三种类型。

Excel内置了多种基于特征值设置的条件格式，例如可以按大于、小于、日期、重复值等特征突出显示单元格，也可以按大于或小于前10项或10%、高于或低于平均值等项目要求突出显示单元格。

认识 Excel 中的条件格式 1

认识 Excel 中的条件格式 2

5.3.1 突出显示单元格规则

单击【开始】选项卡下的【条件格式】下拉按钮，在下拉菜单中单击【突出显示单元格规则】命令，可以看到Excel内置的突出显示单元格规则，包括"大于""小于""介于""等于""文本包含""发生日期"和"重复值"等，方便用户设置规则，如图5-29所示。

图5-29 突出显示单元格规则

5.3.2 | 项目选取规则

在【条件格式】下拉菜单中单击【项目选取规则】命令，会看到Excel内置的项目选取规则，包括
"值最大的10项""值最大的10%项""值最小的10项""值最小的10%项""高于平均值""低于平均值"
等，规则中的"10"和"10%"可以由用户自定义，如图5-30所示。

图5-30　项目选取规则

5.3.3 | 突出显示重复数据

素材所在位置为：

光盘：\素材\第5章 格式化工作表\5.3.3 突出显示重复数据.xlsx

图5-31所示的名单中，包含部分重复的姓名，设置条件格式后可以将重复姓名以指定的格式突出
显示。

选中B2:B12单元格区域，在【开始】选项卡下单击【条件格式】下拉按钮，在下拉菜单中依次单击
【突出显示单元格规则】→【重复值】，弹出【重复值】对话框。单击"设置为"右侧的下拉按钮，选择一
种格式，单击【确定】按钮，如图5-32所示。

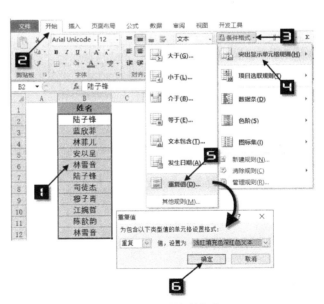

图5-31　突出显示重复姓名　　　　　　　　　　　图5-32　设置条件格式

5.3.4　使用数据条和图标集展示数据变化

"数据条"在外观上分为"渐变填充"和"实心填充"两类，并且允许用户自定义显示效果。借助图形展示数据变化，效果比数字更加清晰直观。

┌───┐
│ **示例 5-4　用盈亏图进行差异分析** │
└───┘

素材所在位置为：

光盘：\素材\第5章 格式化工作表\示例 5-4 用盈亏图进行差异分析.xlsx

图 5-33 所示是某公司销售数据表，B 列和 C 列分别是两个年份同期的销售数据。D 列是用公式计算出的两组数据差异情况，但是无法直观看出数据的差异变化。在 E 列中使用了条件格式后，以数据条的形式展示数据变化，效果更加直观。

操作步骤如下：

步骤 1　在 E2 单元格输入公式"=D2"，光标靠近 E2 单元格右下角的填充柄，拖动填充柄复制公式到 E13 单元格，如图 5-34 所示。

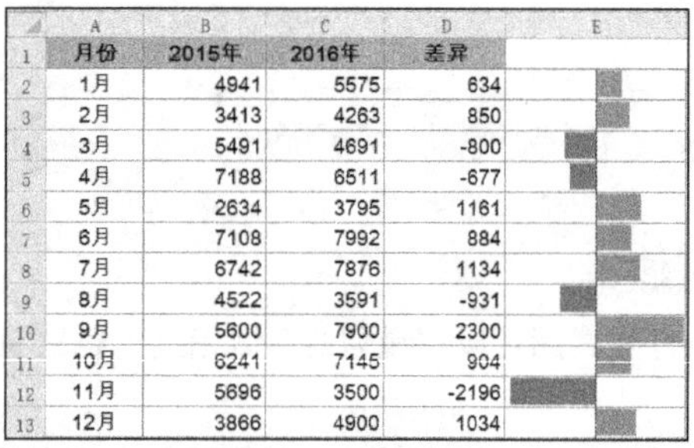

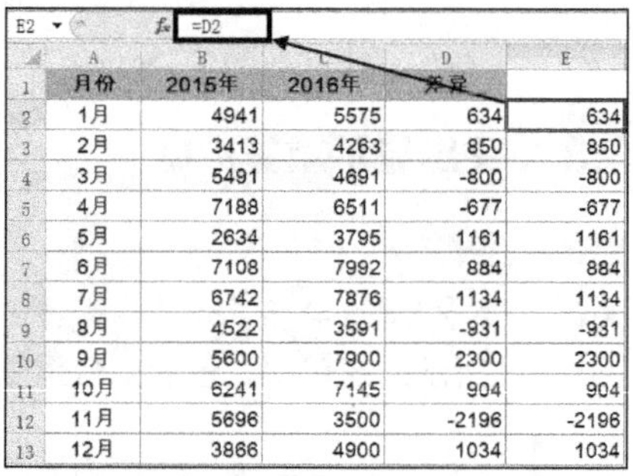

图 5-33　销售数据表　　　图 5-34　建立辅助列

步骤 2　选中 E2:E13 单元格区域，依次单击【开始】→【条件格式】下拉按钮，在弹出的下拉菜单中依次单击【数据条】→【其他规则】，如图 5-35 所示。

图 5-35　设置条件格式 1

步骤 3　在弹出的【新建格式规则】对话框中，勾选【仅显示数据条】，然后选择条形图外观颜色为绿色。

步骤 4　单击【负值和坐标轴】按钮，打开【负值和坐标轴设置】对话框，设置负值条形图填充颜色为红色，坐标轴设置选择【单元格中点值】单选钮，依次单击【确定】按钮，关闭对话框，如图5-36所示。

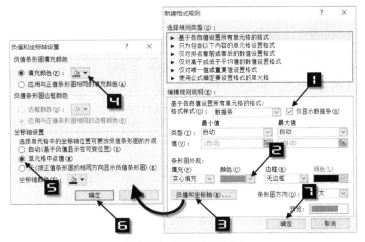

图5-36　设置条件格式2

使用条件格式中的图标集功能，可以在单元格内加上不同样式的图标，形象地表示状态或是数值大小。

示例 5-5　使用图标集展示成绩区间

素材所在位置为：

光盘：\素材\第5章 格式化工作表\示例 5-5 使用图标集展示成绩区间.xlsx

图5-37所示为某学校学生成绩表的部分内容，通过设置条件格式添加"图标"，能够直观展示学生成绩所在区间。

选中需要设置条件格式的B2:D9单元格区域，在【开始】选项卡下单击【条件格式】下拉按钮，在下拉菜单中依次选择【图标集】→【四色交通灯】，如图5-38所示。

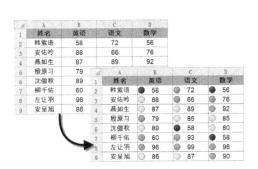

图5-37　学生成绩表

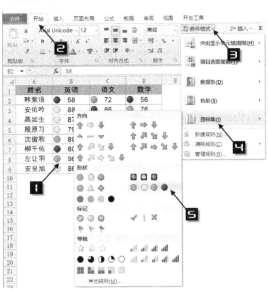

图5-38　设置【图标集】条件格式样式

默认的图标集规则是按照"百分比"对数据进行分组，该规则的计算过程是先计算出数据区域中最大值与最小值之差，再乘以条件格式设置中规定的比例，最后加上最小值。

用户可以根据需要对规则进行调整。

步骤1 选定B2:C13单元格区域的任一单元格，依次单击开始选项卡下的【条件格式】→【管理规则】按钮，打开【条件格式规则管理器】，单击【编辑规则】按钮，如图5-39所示。

步骤2 在弹出的【编辑格式规则】对话框中，对"根据以下规则显示各个图标"区域进行设置：【类型】下拉列表选择"数字"，【值】编辑框中依次输入分段区间值90、80、60，依次单击【确定】按钮，关闭对话框，如图5-40所示。

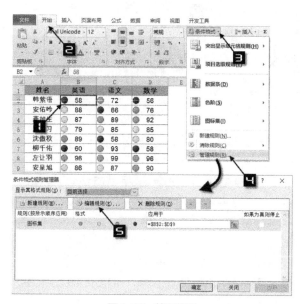

图5-39 管理规则

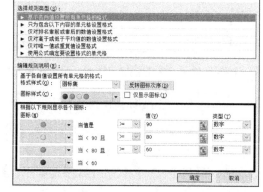

图5-40 编辑格式规则

调整后的图标可以直观地反映分数情况：90分及以上显示图标为"绿色交通灯"，80~90分（含80分）显示图标为"黄色交通灯"，60~80分（含60分）显示图标为"红色交通灯"，60分以下显示图标为"黑色交通灯"。

示例结束

5.3.5 使用色阶展示数据

条件格式中的"色阶"功能可以通过色彩直观地反映数据的大小，形成"热图"效果。

示例 5-6 使用色阶制作热图

素材所在位置为：

光盘：\素材\第5章 格式化工作表\示例5-6 使用色阶制作热图.xlsx

图5-41所示为部分城市各月份的最低平均气温，使用"色阶"可以更容易地显现数据规律。

首先选中需要设置条件格式的B2:M5单元格区域，在【开始】选项卡下依次单击【条件格式】→【色阶】，在展开的样式列表中选取一种样式，例如【红-白-蓝色阶】，如图5-42所示。

图5-41 使用色阶展示各月最低平均气温

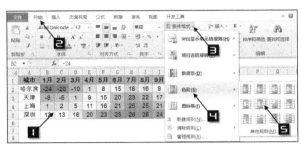

图5-42 设置色阶

完成操作后，数据区域中会显示出不同颜色、不同深浅，并根据数值的大小依次按照红色→白色→蓝色的顺序显示过渡渐变。通过这些颜色的显示，可以直观展现数据的分布和规律，了解到深圳的夏季温度和持续时间明显高于和长于其他城市。

示例结束

5.3.6 自定义条件格式规则

除了内置的条件格式规则，用户还可以通过自定义规则和显示效果的方式，来创建符合自己需要的条件格式。当自定义规则的计算结果为逻辑值TRUE，或是为不等于0的数值时，Excel对条件格式作用区域执行预先设置的格式。

示例5-7 任务完成时自动高亮显示

素材所在位置为：

光盘：\素材\第5章 格式化工作表\示例 5-7 任务完成时自动高亮显示.xlsx

图5-43所示是某公司业务部的销售计划完成情况表，D列标记计划是否已经完成。通过设置条件格式，如果D列中输入"是"，则该行数据全部填充灰色单元格底纹。

操作步骤如下：

步骤1 选中A2:D9单元格区域，在【开始】选项卡下单击【条件格式】下拉按钮，在下拉列表中单击【新建规则】命令，如图5-44所示。

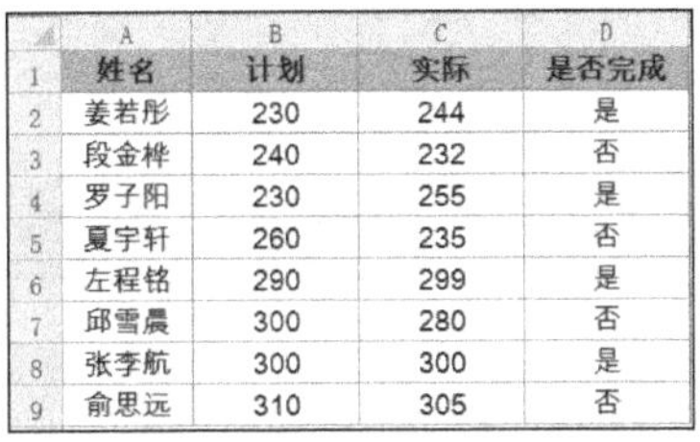

	A	B	C	D
1	姓名	计划	实际	是否完成
2	姜若彤	230	244	是
3	段金桦	240	232	否
4	罗子阳	230	255	是
5	夏宇轩	260	235	否
6	左程铭	290	299	是
7	邱雪晨	300	280	否
8	张李航	300	300	是
9	俞思远	310	305	否

图5-43 销售计划完成情况表

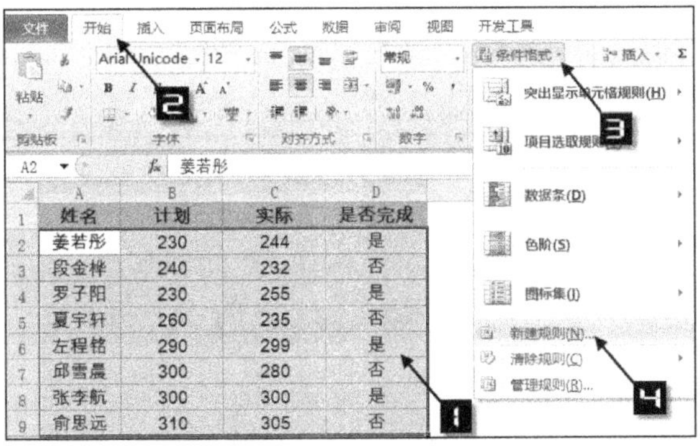

图5-44 设置条件格式规则

步骤2 在弹出的【新建格式规则】对话框中，单击【使用公式确定要设置格式的单元格】，在【编辑规则说明】下的【为符合此公式的值设置格式】编辑框中输入以下公式，单击【格式】按钮，如图5-45所示。

=$D2="是"

步骤3 单击【格式】按钮后，会弹出【设置单元格格式】对话框，用户可以在此处设置数字、字体、边框和填充等格式类型。切换到【填充】选项卡，选择一种背景颜色，如灰色，单击【确定】按钮返回【新建格式规则】对话框。再次单击【确定】按钮，完成设置，如图5-46所示。

设置了条件格式后的表格，如果修改D列单元格内的"是"或"否"，表格的填充颜色会自动发生变化，如图5-47所示。

图5-45 【新建格式规则】对话框

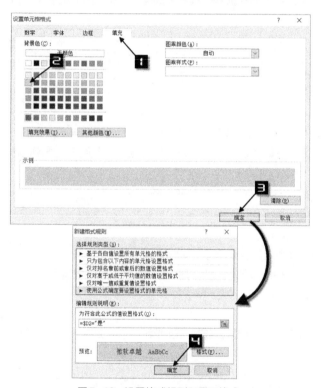

图5-46 设置格式规则和显示格式

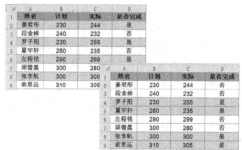

图5-47 自动更新的条件格式显示效果

示例结束

5.4 管理条件格式规则优先级

Excel允许对同一个单元格区域设置多个条件格式，当两个或更多条件格式规则应用于一个单元格区域时，将按其在【条件格式规则管理器】对话框中列出的优先级顺序执行这些规则。

5.4.1 调整条件格式优先级

素材所在位置为：

光盘：\素材\第5章 格式化工作表\5.4.1 调整条件格式优先级.xlsx

在【开始】选项卡下依次单击【条件格式】→【管理规则】，打开【条件格式规则管理器】对话框。在列表中越是位于上方的规则，其优先级越高。默认情况下，新规则总是添加到列表的顶部，因此最后添加的规则具有最高的优先级。可以使用对话框中的"上移"和"下移"箭头调整优先级顺序，如图5-48所示。

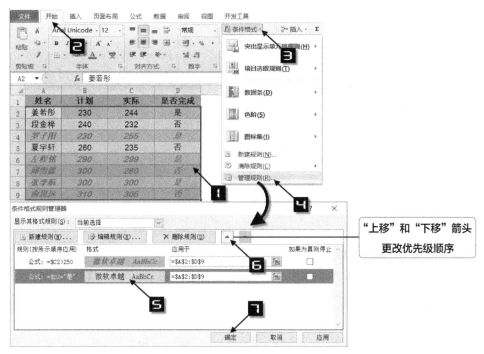

图5-48 条件格式规则管理器

当同一单元格存在多个条件格式规则时，如果规则之间没有冲突，则全部规则都有效。例如，一个规则是设置了字体为"宋体"，而另一个规则将该单元格的底纹设置为"茶色"，则该单元格在符合指定条件时，会将格式应用为"宋体"字体且单元格底纹为"茶色"。因为这两种格式间没有冲突，所以两个规则都能够得到应用。

如果规则之间有冲突，则只执行优先级高的规则。例如，一个规则将单元格字体颜色设置为"蓝色"，而另一个规则将单元格字体颜色设置为"黑色"，两个规则有冲突，所有只执行优先级较高的规则。

5.4.2 应用"如果为真则停止"规则

在图5-48所示的【条件格式规则管理器】对话框中，可以勾选【如果为真则停止】选项。当同时存在多个条件格式规则时，优先级高的规则先执行，次一级规则后执行，逐条执行直至所有规则执行完毕。在这一过程中，如果应用"如果为真则停止"规则，当优先级较高的规则符合后，则不再执行其优先级之下的规则。

5.4.3 清除条件格式规则

如果需要删除已经设置好的条件格式，可以按以下步骤操作。

步骤1 如果要清除所选单元格的条件格式，可以先选中相关单元格区域；如果是清除整个工作表中所有单元格区域的条件格式，则可以任意选中一个单元格。

步骤2 在【开始】选项卡下单击【条件格式】下拉按钮，在展开的下拉菜单中，单击【清除所选单元格的规则】命令项，则清除所选单元格的条件格式；如果单击【清除整个工作表的规则】命令项，则清除当前工作表中所有单元格区域中的条件格式；如果对当前工作表中的"表格"或是数据透视表应用了条件格式，可以单击【清除此表的规则】或【清除此数据透视表的规则】命令项取消"表格"或是数据透视表中的条件格式，如图5-49所示。

图5-49 清除条件格式规则

 提示

"表格"是指执行【套用表格格式】命令，或是执行【插入】→【表格】命令后，生成的具有某些特殊功能的数据列表。

 **练习**

1. 以下说法正确的是（ ）。
   A. 自定义格式仅影响数据的显示，不会影响单元格的实际内容。
   B. 自定义格式不但影响数据的显示，而且影响单元格的实际内容。
   C. 同一单元格只允许设置一个条件格式规则。
   D. 同一单元格允许设置多个条件格式规则。
2. 复制单元格格式的两种方法分别是（ ）和（ ）。

3. 双击格式刷的作用是（　　　）。

4. 要打开【设置单元格格式】对话框，通常有几种方法？

5. 如果要使文本内容自动缩小显示以适应单元格的宽度大小，应该使用哪个命令？

6. 单元格样式的主要作用是什么？

7. 合并后居中、跨越合并和合并单元格，三种合并单元格的方式有什么不同？

8. 在使用条件格式功能时，可预置的单元格格式主要包括哪几种？单元格图形效果包括哪几种类型？

9. 当两个或更多条件格式规则应用于一个单元格区域时，如何调整这些规则的优先级？

10. 简述清除条件格式规则的步骤。

11. 要打开【设置单元格格式】对话框，可以哪几种方法？

12. 完整的自定义格式代码分为（　　　）个区段，并且以（　　　）间隔。

13. Excel的（　　　）功能能够快速对特定条件的单元格进行突出标识，使数据更加直观易读。

14. 默认的图标集规则是按照"百分比"对数据进行分组，该规则的计算过程是（　　　）。

15. 当自定义规则的计算结果为（　　　）时，Excel对条件格式作用区域执行预先设置的格式。

16. 简述调整条件格式优先级的步骤。

上机实验

1. 设置自定义格式，使单元格输入"技术"时，显示为"天润有限公司技术部"。

2. 请将第4题中设置的自定义格式转换为单元格内的实际值。

3. 设置自定义格式，使单元格输入"2017-5-1"时，显示为"今天是2017年5月1日 星期一"

4. 设置一个自己喜欢的主题，并保存为"我的主题"。

5. 打开"练习5-1.xlsx"，设置条件格式，使低于80的成绩高亮显示，如图5-50所示。

6. 手工模拟一组数据，使用条件格式突出显示前3个最大值。

图5-50　条件格式练习

第6章

打印文件

在Excel表格中输入内容并且设置格式后，多数情况下还需要将表格打印输出，最终形成纸质的文档。本章重点介绍Excel文档的页面设置及打印设置调整等知识点。通过本章的学习，读者能够掌握打印输出的设置技巧，使得打印输出的文档版式更加美观。

6.1 页面设置

页面设置包括纸张大小、纸张方向、页边距和页眉页脚等。通常情况下，如果制作的Excel表格需要打印输出，在录入数据之前就要先进行页面设置，以免在数据录入后，因为调整页面设置而破坏表格整体结构。

Excel 文档
打印设置

6.1.1 设置纸张方向和纸张大小

在【页面布局】选项卡下，包含了三组常用的与页面设置有关的命令，如图6-1所示。

图6-1 页面布局

在【页面设置】命令组中，单击【纸张大小】下拉按钮，可以在列表中选择纸张的尺寸，默认大小为"A4"，如图6-2所示。

图6-2 纸张大小选项

单击【纸张方向】下拉按钮，在下拉列表中可以选择纸张的方向为"横向"或是"纵向"，如图6-3所示。

单击【页边距】下拉按钮，在下拉列表中包括内置的普通、宽、窄三种选项，并且会保留用户最近一次的自定义页边距设置，如图6-4所示。

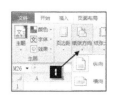

图6-3 设置纸张方向

图6-4 页边距选项

6.1.2 设置打印区域

默认情况下，执行打印命令后，Excel会打印表格内所有包含数据或是设置了底纹、边框等格式的单元格区域，在处理某些数据量比较多的表格时，也可以通过设置打印区域，只打印表格中的局部内容。

示例 6-1 按班组打印数据

素材所在位置为：

光盘：\素材\第6章 打印文件\示例 6-1 按班组打印数据.xlsx

图6-5所示是某公司的产品指标记录表，包含不同班次的指标信息。由于实际数据量比较多，因此在打印时，需要有选择地打印其中的部分数据。

	A	B	C	D	E	F	G
1	班次	样品编号	水 分	杂 质	粗蛋白	NSI	粗脂肪
2	甲班	20101129-2-1	7.63	0.01	55.3	71.2	0.7
3	甲班	20101130-2-1	10	0.01	55.4	79.1	0.56
4	甲班	20101210-2-1	8.81	0.01	54.6	79.8	0.79
5	甲班	20101211-2-1	8.18	0.01	55.9	81	0.55
6	甲班	20101212-2-1	10	0.01	56.2	73	0.92
7	甲班	20101212-2-1	9.94	0.01	55.9	77.3	0.81
8	甲班	20101213-2-1	8.15	0.01	55.4	82.4	0.83
9	乙班	20101129-1-2	8.57	0.01	55.7	78.6	0.59
10	乙班	20101130-2-2	8.69	0.01	55.4	81.9	0.59
11	乙班	20101201-2-2	7.2	0.01	55.1	76.9	0.57
12	乙班	20101203-2-2	8.07	0.01	55.9	76.2	0.64

图6-5 产品指标记录表

步骤1 选中A1:G23单元格区域，在【页面布局】选项卡下依次单击【打印区域】→【设置打印区域】，然后单击【页面设置】命令组右下角的【对话框启动器】按钮，如图6-6所示。

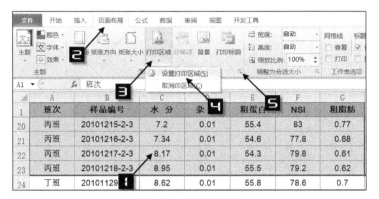

图6-6 设置打印区域

步骤2 在弹出的【页面设置】对话框中，包括【页面】【页边距】【页眉/页脚】以及【工作表】四个选项卡。在【页面】选项卡中，设置纸张大小为"B5"，如图6-7所示。

步骤3 切换到【页边距】选项卡，勾选居中方式下的【水平】复选框，可以使打印内容在纸张的左右方向居中。然后单击页边距调节框右侧的微调按钮，或是在调节框中直接输入页边距的数值，如图6-8所示。

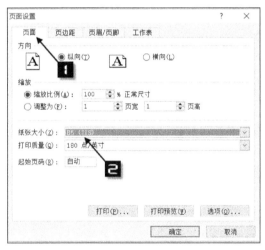

图6-7 设置纸张大小

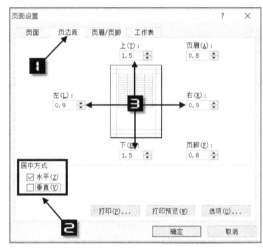

图6-8 设置页边距

步骤4 切换到【页眉/页脚】选项卡，单击【自定义页脚】按钮，弹出【页脚】对话框。在【页脚】对话框中，可以插入页码、页数、日期、时间、文件路径、文件名和数据表名称以及图片等，还可以进一步对插入的文字和图片设置格式。

单击【中】编辑框，再单击【插入页码】按钮，最后单击【确定】按钮关闭【页脚】对话框，返回【页面设置】对话框，如图6-9所示。

步骤5 在【页面设置】对话框的【页眉/页脚】选项卡中，单击【打印预览】按钮，可以预览打印的最终效果，在打印预览窗口中，设置需要打印的份数，最后单击【打印】按钮即可，如果对预览效果不满意，还可以单击底部的【页面设置】按钮，重新对页面进行调整，如图6-10所示。

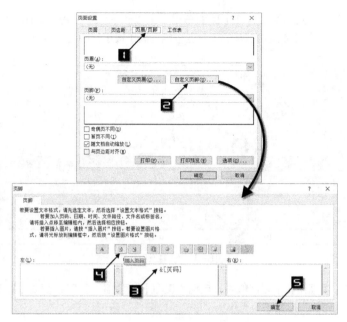

图6-9　设置自定义页脚

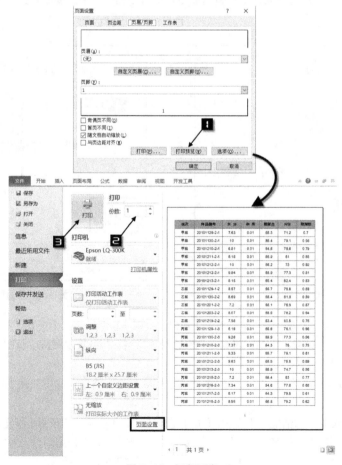

图6-10　打印预览

设置打印区域后，用户还可以根据需要扩展打印范围。如图6-11所示，选中需要添加的打印区域，在【页面布局】选项卡下依次单击【打印区域】→【添加到打印区域】即可。

如需取消已经设置的打印区域，可以在【页面布局】选项卡下，依次单击【打印区域】→【取消（打）印区域】按钮，如图6-12所示。

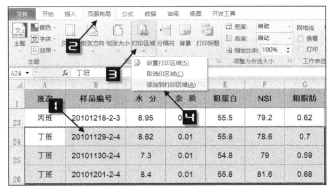

图6-11　添加打印区域

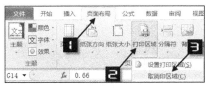

图6-12　取消打印区域

示例结束

6.1.3　设置顶端标题行，多页表格打印统一的标题

在打印内容较多的表格时，通过设置可以将标题行和标题列重复打印在每个页面上，使打印出的表格每页都有相同的标题行或是标题列。

示例 6-2　为表格设置顶端标题行

素材所在位置为：

光盘：\素材\第6章 打印文件\示例 6-2 为表格设置顶端标题行.xlsx

图6-13所示是某公司的员工岗位表，需要对其设置顶端标题行，以保证打印效果。

步骤 1 根据6.1.1小节所列的步骤，设置纸张大小和页边距。

步骤 2 在【页面布局】选项卡下单击【打印标题】命令，弹出【页面设置】对话框，并且自动切换到【工作表】选项卡。

单击【顶端标题行】右侧的折叠按钮，光标移动到第一行的行号位置，单击选中整行，然后单击【页面设置－顶端标题行：】折叠按钮，返回【页面设置】对话框。最后单击【确定】按钮完成设置，如图6-14所示。

	A	B	C	D	E
1	序号	岗位	姓名	最高学历	入职时间
2	1	中层管理	史学国	本科	2012/5/1
3	2	中层管理	于冰福	大专	2001/6/1
4	3	中层管理	侯建军	大专	2003/6/1
5	4	中层管理	魏寿恩	本科	2004/8/1
6	5	中层管理	马万明	硕士	2002/11/1
7	6	中层管理	蒙传旭	大专	2009/12/1
8	7	技术维修	钱风广	本科	2008/7/1
9	8	技术维修	卢泰然	本科	2006/9/1
10	9	技术维修	商洪胜	研究生	2011/1/1

图6-13　员工岗位表

步骤 3 按<Ctrl+P>组合键，打开打印预览窗口，单击右下角的切换按钮，可以看到每一页都设置了相同的顶端标题行，如图6-15所示。

图6-14 设置顶端标题行

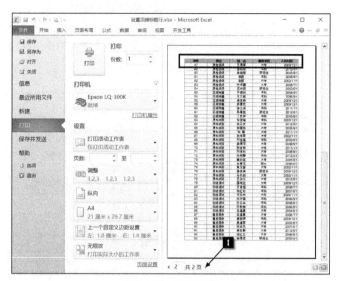

图6-15 打印预览

6.2 插入分页符，自定义页面大小

Excel中的分页符可以起到强制分页的作用，为了打印需要，可以在Excel工作表中手工插入分页符。

示例6-3 插入分页符，自定义页面大小

素材所在位置为：

光盘：\素材\第6章 打印文件\示例6-3 插入分页符，自定义页面大小.xlsx

图6-16所示是某单位5月的员工工资表，工作表中的第1~5行是用于打印的工资表封面。需要对页面设置进行必要的处理后，才能执行打印操作。

插入分页符，自定义页面大小

图6-16 工资表

步骤 1 参考6.1.1小节所列的步骤,将纸张方向设置为"横向",并且调整好页边距。

步骤 2 单击第6行的首列,也就是A6单元格,在【页面布局】选项卡下单击【分隔符】下拉按钮,在下拉菜单中单击【插入分页符】命令,如图6-17所示。

步骤 3 在【页面布局】选项卡下单击【打印标题】按钮,弹出【页面设置】对话框。设置顶端标题行为"$6:$6",单击【打印预览】按钮,如图6-18所示。

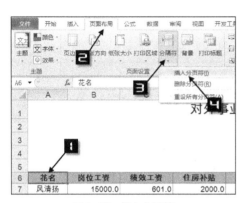

图6-17 插入分页符

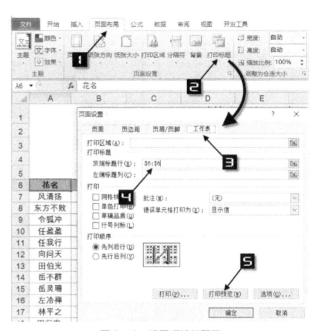

图6-18 设置顶端标题行

设置完成后的打印预览效果如图6-19所示。

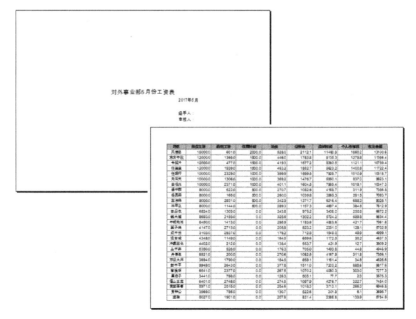

图6-19 打印预览效果

如需删除工作表内的分页符，可以在【页面布局】选项卡下单击【分隔符】下拉按钮，在下拉菜单中单击【删除分页符】或【重设所有分页符】命令，如图6-20所示。

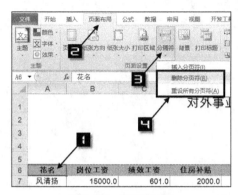

图6-20　删除分页符

示例结束

6.3　打印整个工作簿

如果要打印当前工作簿中的全部工作表，可以按<Ctrl+P>组合键打开打印预览窗口，在左侧的【设置】区域中，将"打印活动工作表"更改为"打印整个工作簿"即可，如图6-21所示。

图6-21　打印整个工作簿

 习题

1. 简述设置打印区域的步骤。
2. 常用的与页面设置有关命令在（　　　）选项卡下。
3. 如果制作的Excel表格需要打印输出，页面设置应在录入数据之前还是在数据录入后处理？

4. 在【页边距】下拉列表中，包括内置的（　　　）、（　　　）、（　　　）三种选项，并且会保留用户最近一次设置的自定义页边距设置。

5. 如果只需要打印表格中的局部内容，可以通过设置（　　　）来实现。

6. 请说出四种以上在自定义页眉/页脚中可以插入的项目。

7. 如果需要使打印出的表格每页都有相同的标题行或是标题列，可以使用（　　　）功能来实现。

8. Excel 中的分页符可以起到（　　　）的作用。

9. 如果打印当前工作簿中的全部工作表，可以按（　　　）组合键打开打印预览窗口，在左侧的【设置】区域中，将"打印活动工作表"更改为（　　　）。

 上机实验

1. 将"练习 6-1.xlsx"设置纸张为"B5"，纸张方向为"横向"。

2. 设置左右页边距分别为"1.5"，上下页边距分别为"1.9"和"1.4"。

3. 在自定义页脚中添加页码。

4. 为该工作表设置顶端标题行。

第7章

认识公式和单元格引用

　　理解并掌握Excel函数与公式的基础概念，对于进一步学习和运用函数与公式解决问题将起到重要的作用。通过本章的学习，读者可了解公式的组成与常规使用方法，认识不同运算符和计算优先级，熟悉单元格的引用方式。

7.1　认识公式

7.1.1　公式的概念和组成要素

Excel公式是指以等号"="为引导，通过运算符、函数、参数等按照一定的顺序组合进行数据运算处理的等式。

输入到单元格的公式包含以下5种元素：

（1）运算符：是指一些符号，如加（+）、减（−）、乘（*）、除（/）等。

（2）单元格引用：可以是当前工作表中的单元格，也可以是当前工作簿其他工作表中的单元格或是其他工作簿中的单元格。

（3）值或字符串：比如数字8或字符"A"。

（4）工作表函数和参数：例如SUM函数以及它的参数。

（5）括号：控制着公式中各表达式的计算顺序。

7.1.2　公式的输入、编辑和删除

当以等号"="开始在单元格输入内容时，Excel将自动切换为输入公式状态，当以加号"+"、减号"−"作为开始输入时，系统会自动在其前面加上等号变为输入公式状态。

在单元格中输入公式可以使用手工输入和单元格引用两种方式。

1．手工方式输入公式

激活一个单元格，然后输入一个等号"="，再键入公式。输入公式后按<Enter>键，单元格会显示公式的计算结果。

2．使用单元格引用方式输入公式

输入公式的另一种方法需要手工输入一些运算符，但是指定的单元格引用可以通过鼠标选取，而不需要用手工输入的方式来完成。例如，在A3单元格输入公式"=A1+A2"，可以执行下列步骤：

单击目标单元格A3，输入等号"="，再单击A1单元格，然后输入加号"+"，接下来单击A2单元格，最后按<Enter>键结束公式输入。

7.1.3　公式的复制与填充

当在工作表中需要使用相同的计算方法时，可以通过复制公式的方法实现，而不必逐个单元格编辑公式。

示例 7−1　使用公式计算配件金额

素材所在位置为：

光盘：\素材\第7章 认识公式和单元格引用\示例7−1 使用公式计算配件金额.xlsx

图7−1所示是某维修单位的配件更换清单，金额所在列的计算规则是"单价*数量"，D2单元格公式为"=B2*C2"。

采用以下5种方法，可以将D2单元格的公式应用到计算规则相同D3:D10单元格区域。

方法 1　拖曳填充柄。

单击D2单元格，指向该单元格右下角，当鼠标指针变为黑色"+"字形填充柄时，按住鼠标左键向下拖曳至D10单元格。

方法 2 双击填充柄。

单击D2单元格，双击D2单元格右下角的填充柄，公式将向下填充到当前单元格所位于的不间断区域的最后一行，此例中即D10单元格。

方法 3 填充公式。

选中D2:D10单元格区域，按<Ctrl+D>组合键或单击【开始】选项卡的【填充】下拉按钮，在下拉菜单中单击【向下】按钮，如图7-2所示。

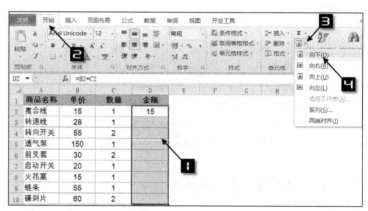

图7-1 配件更换清单　　　　　　　　图7-2 使用填充功能

方法 4 粘贴公式。

单击D2单元格，单击【开始】选项卡的【复制】按钮或按<Ctrl+C>组合键复制。选中D3:D10单元格区域，单击【开始】选项卡的【粘贴】下拉按钮，在快捷菜单中单击【公式】按钮，或按<Ctrl+V>组合键粘贴。

方法 5 多单元格同时输入。

单击D2单元格，按住<Shift>键，单击需要填充公式的单元格区域右下角单元格（如D10），接下来单击编辑栏中的公式，最后按<Ctrl+Enter>组合键，则D2:D10单元格中将输入相同的公式。

使用5种方法复制公式的区别在于：

（1）方法1、方法2、方法3和方法4中按<Ctrl+V>组合键粘贴是复制单元格操作，起始单元格的格式属性将被覆盖到填充区域。方法4中选择性粘贴公式的操作和方法5不会改变填充区域的单元格属性。

（2）方法5可用于不连续单元格区域的公式输入。

示例结束

7.2 常用运算符

运算符是构成公式的基本元素之一，每个运算符分别代表一种运算方式。

7.2.1 认识运算符

Excel包含4种类型的运算符：算术运算符、比较运算符、文本运算符和引用运算符。

（1）算术运算符：主要包括了加、减、乘、除、百分比以及乘幂等各种常规的算术运算。

Excel 中的运算符和计算优先级

（2）比较运算符：用于比较数据的大小，包括对文本或数值的比较。

（3）文本运算符：主要用于将字符或字符串进行连接与合并。

（4）引用运算符：这是Excel特有的运算符，主要用于产生单元格引用。

各种运算符的符号、说明及实例如表7-1所示。

表7-1　　　　　　　　　　　　　　公式中的运算符

符号	说明	实例
−	算术运算符：负号	=8*-5
%	算术运算符：百分号	=60*5%
^	算术运算符：乘幂	=3^2
*和/	算术运算符：乘和除	=3*2/4
+和−	算术运算符：加和减	=3+2-5
=、<> >、< >=、<=	比较运算符：等于、不等于、大于、小于、大于等于和小于等于	=(A1=A2) 判断A1和A2相等 =(B1<>"ABC") 判断B1不等于"ABC" =C1>=5 判断C1大于等于5
&	文本运算符：连接文本	="Excel" & "Home"，返回结果为"ExcelHome"
:（冒号）	区域运算符，引用运算符的一种。生成对两个引用之间的所有单元格的引用。	=SUM(A1:B10) 引用冒号左侧单元格为左上角，冒号右侧为右下角的矩形单元格区域
（空格）	交叉运算符，引用运算符的一种。生成对两个引用的共同部分的单元格引用	=SUM(A1:B5 A4:D9) 引用A1:B5与A4:D9的交叉区域，公式相当于=SUM(A4:B5)
,（逗号）	联合运算符，引用运算符的一种，将多个引用合并为一个引用	=SUM(A1:A10,C1:C10) 引用A1:A10和C1:C10两个不连续的单元格区域

7.2.2　运算符的优先顺序

当公式中使用多个运算符时，Excel将根据各个运算符的优先级顺序进行运算，对于同一级次的运算符，则按从左到右的顺序运算，如表7-2所示。

表7-2　　　　　　　　　　　　　Excel公式中的运算优先级

顺序	符号	说明
1	:（空格），	引用运算符：冒号、单个空格和逗号
2	−	算术运算符：负号（取得与原值正负号相反的值）
3	%	算术运算符：百分比
4	^	算术运算符：乘幂
5	*和/	算术运算符：乘和除（注意区别数学中的 ×、÷）
6	+和−	算术运算符：加和减
7	&	文本运算符：连接文本
8	=,<,>,<=,>=,<>	比较运算符：比较两个值（注意区别数学中的 ≠、≤、≥）

7.2.3　不同数据比较大小的原则

Excel中的数据可以分为文本、数值、日期和时间、逻辑值、错误值等几种类型。不同数据类型进行比较时将按照以下规则：

数值小于文本，文本小于逻辑值FALSE，逻辑值TRUE最大，错误值不参与排序。

文本值之间比较时，是按照字符串从左至右的顺序对每个字符依次比较，如a1、a2、……a10这10个字符串，先比较首位的字符"a"，再比较第二位的数字，因此升序排列为a1、a10、a2、……a9。

7.3 认识单元格引用

单元格是工作表的最小组成元素，在公式中使用行列坐标方式表示单元格在工作表中的"地址"，实现对存储于单元格中的数据的调用，这种方法称为单元格引用。

7.3.1 A1引用样式和R1C1引用样式

Excel中的引用方式包括A1引用样式和R1C1引用样式两种。

1. A1引用样式

在默认情况下，Excel使用A1引用样式，即使用字母A~XFD表示列标，用数字1 ~ 1048576表示行号。通过单元格所在的列标和行号可以准确地定位一个单元格，单元格地址由列标和行号组合而成，列标在前，行号在后。例如，A1即指该单元格位于A列第1行，是A列和第1行交叉处的单元格。

如果要引用单元格区域，可顺序输入区域左上角单元格的引用、冒号（：）和区域右下角单元格的引用。不同A1引用样式的示例如表7-3所示。

表7-3   A1引用样式示例

表达式	引用
C5	C列第5行的单元格
D15:D20	D列第15行到D列第20行的单元格区域
B2:D2	B列第2行到D列第2行的单元格区域
C3:E5	C列第3行到E列第5行的单元格区域
9:9	第9行的所有单元格
9:10	第9行到第10行的所有单元格
C:C	C列的所有单元格
C:D	C列到D列的所有单元格

2. R1C1引用样式

除了A1引用样式之外，还有一种R1C1样式。如图7-3所示，依次单击【文件】→【选项】按钮，在【公式】选项卡下勾选【R1C1引用样式】复选框，可以启用R1C1引用样式。

在R1C1引用样式中，Excel使用字母"R"加行数字和字母"C"加列数字的方式，指示单元格的位置。

与A1引用样式不同，使用R1C1引用样式时，行号在前，列号在后。R1C1即指该单元格位于工作表中的第1行第1列，如果选择第2行和第3列交叉处位置，在名称框中即显示为R2C3。

其中，字母"R""C"分别是英文"Row""Column"（行、列）的首字母，其后的数字则表示相应的行号列号。R3C2也就是A1引用样式中的B3单元格，如图7-4所示。

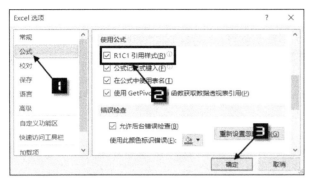

图7-3　启用R1C1引用样式

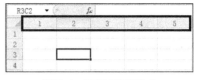

图7-4　R1C1引用样式

7.3.2 | 相对引用、绝对引用和混合引用

在公式中，如果A1单元格公式为"=B1"，那么A1就是B1的引用单元格，B1就是A1的从属单元格。从属单元格与引用单元格之间的位置关系称为单元格引用的相对性，可分为3种不同的引用方式，即相对引用、绝对引用和混合引用。不同引用方式之间用美元符号"$"进行区别。

认识 Excel 中
的引用方式

1. 相对引用

当复制公式到其他单元格时，Excel保持从属单元格与引用单元格的相对位置不变，称为相对引用。

例如在B2单元格输入公式：=A1，当向右复制公式时，将依次变为：=B1、=C1、=D1……，当向下复制公式时，将依次变为：=A2、=A3、=A4……，始终保持引用公式所在单元格的左侧1列、上方1行位置的单元格。

2. 绝对引用

当复制公式到其他单元格时，Excel保持公式所引用的单元格绝对位置不变，称为绝对引用。

如果希望复制公式时能够固定引用某个单元格地址，需要在行号或列标前使用绝对引用符号"$"。例如在B2单元格输入公式：=$A$1，当向右复制公式或向下复制公式时，始终为=$A$1，保持引用A1单元格不变。

示例 7-2 计算预计收入

素材所在位置为：

光盘：\素材\第7章 认识公式和单元格引用\示例 7-2 计算预计收入 .xlsx

图7-5展示的是某企业各销售部门的销售数据，需要根据2016年的收入合计和2017年的预计增长率计算出预计收入。

在B9单元格输入以下公式，向右复制到E9单元格。

=B8*$C$2

B8是销售部门2016年的收入合计，每个销售部门的合计数不同，因此使用相对引用，也就是始终引用公式所在单元格上一行的内容。

各部门的预计增长率是固定的，所以C2单元格使用绝对引用，公式向右复制时，每个公式始终引用C2单元格中的预计增长率。

图7-5　使用相对引用和绝对引用

示例结束

3. 混合引用

当复制公式到其他单元格时，Excel仅保持所引用单元格的行或列方向之一的绝对位置不变，而另一个方向位置发生变化，这种引用方式称为混合引用。混合引用可分为对行绝对引用、对列相对引用和对行相对引用、对列绝对引用。

编辑公式时，在编辑栏内选中单元格地址部分，然后依次按<F4>键，可以在不同单元格引用方式之间进行切换：

绝对引用→对行绝对引用、对列相对引用→对行相对引用、对列绝对引用→相对引用。

例如在B1单元格输入公式=A1，选中B1单元格后，再单击编辑栏，依次按<F4>键时，公式中的"A1"部分会依次显示为：

$A$1→A$1→$A1→A1

各引用类型的特性如表7-4所示。

表7-4　　　　　　　　　　单元格引用类型及特性

引用类型	A1样式	特性
绝对引用	=$A$1	公式向右向下复制时，都不会改变引用关系
行绝对引用、列相对引用	=A$1	公式向下复制时，不改变引用关系；公式向右复制时，引用的列标发生变化
行相对引用、列绝对引用	=$A1	公式向右复制时，不改变引用关系；公式向下复制时，引用的行号发生变化
相对引用	=A1	公式向右向下复制均会改变引用关系

示例 7-3　制作乘法表

素材所在位置为：

光盘：\素材\第7章 认识公式和单元格引用\示例7-3 制作乘法表.xlsx

在Excel中制作九九乘法表是混合引用的典型应用。图7-6所示是一份在Excel中制作完成的九九乘法表，B2:J10单元格区域是由数字、乘号"×"、等号"="组成的字符串。

图7-6　九九乘法表

制作九九乘法表之前，首先要确定使用哪种引用方式。

观察其中的规律可以发现：在B2:B10单元格区域中，乘号"×"之前的数字都是引用了该列的第一行，也就是B1单元格中的值1。以后各列中"×"前面的数字都是引用了公式所在列第一行的单元格。因此可以确定"×"前面的数字的引用方式为对列相对引用、对行绝对引用。

在B10:J10单元格区域中，乘号"×"后面的数字都是引用了该行第一列，也就是A10单元格中的值

9。之前各行中“×”后的数字都是引用了公式所在行第一列的单元格。因此可以确定“×”后面的数字为对列绝对引用、对行相对引用。

操作步骤如下:

步骤1 在B1:J1单元格区域和A2:A10单元格区域依次输入1至9的数字。

步骤2 B2单元格输入以下公式。

```
=B1&"×"&A2&"="&B1*A2
```

步骤3 在编辑栏中选中第一个单元格地址“B1”，按两次<F4>键，使其切换为“B$1”。选中单元格地址“A2”，按三次<F4>键，使其切换为“$A2”。同样的方法，将公式中的第二个“B1”和第二个“A2”分别切换为“B$1”和“$A2”，切换引用方式后的公式为:

```
=B$1&"×"&$A2&"="&B$1*$A2
```

步骤4 光标靠近B2单元格右下角，拖动填充柄复制到J2单元格，然后拖动J2 单元格右下角的填充柄，向下复制，使公式填充到B2:J10单元格区域，如图7-7所示。

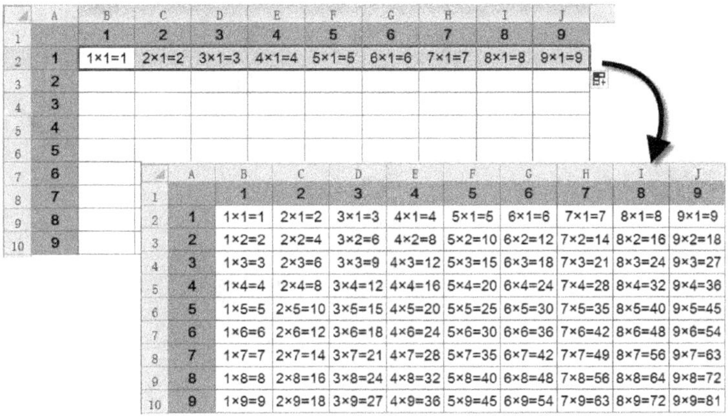

	A	B	C	D	E	F	G	H	I	J
1		1	2	3	4	5	6	7	8	9
2	1	1×1=1	2×1=2	3×1=3	4×1=4	5×1=5	6×1=6	7×1=7	8×1=8	9×1=9
3	2									
4	3									
5	4									
6	5									
7	6									
8	7									
9	8									
10	9									

	A	B	C	D	E	F	G	H	I	J
1		1	2	3	4	5	6	7	8	9
2	1	1×1=1	2×1=2	3×1=3	4×1=4	5×1=5	6×1=6	7×1=7	8×1=8	9×1=9
3	2	1×2=2	2×2=4	3×2=6	4×2=8	5×2=10	6×2=12	7×2=14	8×2=16	9×2=18
4	3	1×3=3	2×3=6	3×3=9	4×3=12	5×3=15	6×3=18	7×3=21	8×3=24	9×3=27
5	4	1×4=4	2×4=8	3×4=12	4×4=16	5×4=20	6×4=24	7×4=28	8×4=32	9×4=36
6	5	1×5=5	2×5=10	3×5=15	4×5=20	5×5=25	6×5=30	7×5=35	8×5=40	9×5=45
7	6	1×6=6	2×6=12	3×6=18	4×6=24	5×6=30	6×6=36	7×6=42	8×6=48	9×6=54
8	7	1×7=7	2×7=14	3×7=21	4×7=28	5×7=35	6×7=42	7×7=49	8×7=56	9×7=63
9	8	1×8=8	2×8=16	3×8=24	4×8=32	5×8=40	6×8=48	7×8=56	8×8=64	9×8=72
10	9	1×9=9	2×9=18	3×9=27	4×9=36	5×9=45	6×9=54	7×9=63	8×9=72	9×9=81

图7-7　九九乘法表

公式中的B$1部分，“$”符号在行号之前，表示使用对列相对引用、对行绝对引用。

$A2部分，“$”符号在列标之前，表示使用对列绝对引用、对行相对引用。

用连接符“&”分别连接B$1、“×”、$A1、“=”，以及B$1*$A1的计算结果，得到一个简单的九九乘法表雏形。

步骤5 设置条件格式。

在图7-6制作完成的九九乘法表中，部分单元格显示为空白，使表格看起来更符合传统九九乘法表的样式。

首先来看需要显示为空白的单元格的分布规律。以C2单元格为例，首行数字为C1单元格中的2，首列数字为A2单元格中的1。2>1，单元格显示为空白。其他显示为空白的单元格均为首行数字大于首列数字。

总结出规律，即可通过条件格式将首行数字大于首列数字的单元格字体颜色设置为白色，使符合条件的单元格显示为空白效果。

选中B2:J10单元格区域，单击【开始】选项卡下的【条件格式】下拉按钮，在展开的下拉菜单中，单击【新建规则】命令项，打开【新建格式规则】对话框。

在【新建格式规则】对话框的【选择规则类型】列表框中，选择【使用公式确定要设置格式的单元格】，在【编辑规则说明】组合框的【为符合此公式的值设置格式】编辑框中输入条件公式:

```
=B$1>$A2
```

单击【格式】按钮，打开【设置单元格格式】对话框，在【字体】选项卡中选取颜色为"白色"，然后依次单击【确定】按钮关闭对话框，完成设置，如图7-8所示。

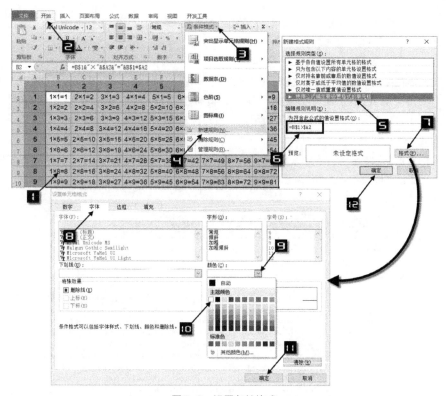

图7-8　设置条件格式

7.3.3 | 引用其他工作表区域

在公式中引用其他工作表的单元格区域时，需要在单元格地址前加上工作表名和半角叹号"!"，例如以下公式表示对Sheet2工作表A1单元格的引用。

```
=Sheet2!A1
```

也可以在公式编辑状态下，通过鼠标左键单击相应的工作表标签，然后选取单元格区域。使用鼠标选取其他工作表区域后，公式中的单元格地址前自动添加工作表名称和半角叹号"!"。

示例 7-4　引用其他工作表区域

素材所在位置为：

光盘：\素材\第7章 认识公式和单元格引用\示例7-4引用其他工作表区域.xlsx

如图7-9所示，要在"汇总表"的A2单元格内，使用公式计算出"成绩表"工作表B列的成绩总和。

单击"汇总表"工作表A2单元格，先输入等号和函数名"=SUM"，然后输入一个左括号，再单击"成绩表"的工作表标签，拖动鼠标选择B2:B9单元格区域，输入右括号后，按<Enter>键结束编辑，如图7-10所示。

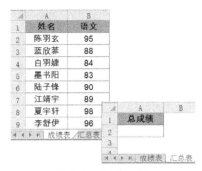

图 7-9　计算总成绩　　　　　　　　　　　图 7-10　简单的求和计算

SUM函数的作用是求和，指定参数范围是"成绩表!B2:B9"单元格区域，也就是计算"成绩表"工作表中B2、B3、B4、B5、B6、B7、B8以及B9单元格的总和。

┌─────────────────────────────────┐
│ **示例结束**
└─────────────────────────────────┘

7.4 公式审核

当结束公式编辑后，可能会出现错误值，或者虽然能够得出计算结果但并不是预期的值。为确保公式的准确性，需要对公式进行必要的检验和验证。

7.4.1 追踪引用单元格和追踪从属单元格

素材所在位置为：

光盘：\素材\第7章 认识公式和单元格引用\7.4.1 追踪引用单元格和追踪从属单元格.xlsx

在【公式】选项卡的【公式审核】命令组中，包括【追踪引用单元格】和【追踪从属单元格】等功能。

使用【追踪引用单元格】和【追踪从属单元格】命令时，在公式所在单元格和与该单元格存在引用或从属关系的单元格之间将自动添加蓝色箭头，方便用户查看公式与各单元格之间的引用关系。图7-11所示为使用【追踪引用单元格】时的效果，蓝色箭头表示E9单元格引用了C2和E8单元格的数据。

图7-12所示为使用【追踪从属单元格】时的效果，蓝色箭头表示C2单元格同时被B9、C9、D9和E9单元格引用。

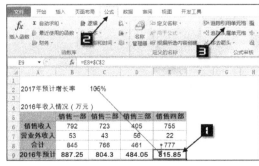　　　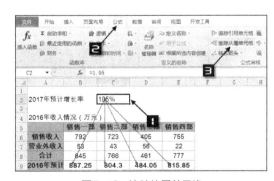

图 7-11　追踪引用单元格　　　　　　　　　图 7-12　追踪从属单元格

检查完毕后，单击【公式】选项卡下的【移去箭头】按钮，可恢复正常视图显示。

7.4.2 错误检查

当公式的结果返回错误值时，应及时查找错误原因，并修改公式以解决问题。

Excel提供了后台错误检查的功能。如图7-13所示，单击【文件】选项卡，再单击【选项】，打开【Excel选项】对话框。在【公式】选项卡的【错误检查】区域中，勾选【允许后台错误检查】复选框，并在【错误检查规则】区域勾选对应的复选框。

当单元格中的内容与上述情况相符时，单元格的左上角将显示一个绿色小三角形智能标记。选定包含该智能标记的单元格，单元格一侧将出现感叹号形状的【错误提示器】下拉按钮，快捷菜单中包括公式错误的类型、关于此错误的帮助、显示计算步骤等信息，如图7-14所示。

图7-13 设置错误检查规则

图7-14 错误提示器

7.4.3 使用公式求值查看分步计算结果

如图7-15所示，选择包含公式的单元格，单击【公式】选项卡下的【公式求值】按钮，将弹出【公式求值】对话框，单击【求值】按钮，可按照公式运算顺序依次查看公式的分步计算结果。在学习函数公式初期阶段，使用此方法可以帮助用户理解公式的含义和计算过程。

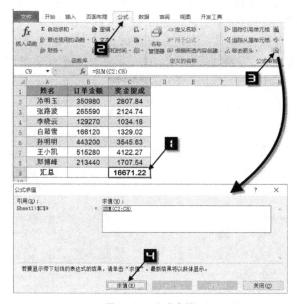

图7-15 公式求值

7.4.4 自动重算和手动重算

在第一次打开工作簿以及编辑工作簿时，工作簿中的公式会默认执行重新计算。当工作簿中使用了大量的公式时，在录入数据期间会因为不断的重新计算而导致工作表运行缓慢。通过设置Excel重新计算公式的时间和方式，可以避免不必要的公式重算，减少对系统资源的占用。

开启手工重算有以下两种方法。

方法1 单击【公式】选项卡下的【计算选项】下拉按钮，在下拉菜单中选择【手动】，如图7-16所示。

图7-16　手动重算

方法2 在【文件】选项卡下单击【选项】按钮，打开【Excel选项】对话框。在【公式】选项卡下的计算选项中，选择【手动重算】单选钮，如图7-17所示。

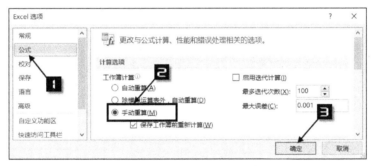

图7-17　在Excel选项中设置手动重算

习题

1. 以B5单元格为例，若使用相对引用、混合引用或绝对引用，分别如何表达？

2. Excel公式中单元格地址的引用类型包括（　　）引用、（　　）引用和（　　）引用三种。不同引用方式切换的快捷键为（　　）。

3. 在Excel中进行公式复制时，（　　）会发生变化。

　　A. 所引用的单元格地址　　　B. 相对引用的单元格地址　　　C. 绝对引用的单元格地址

4. 以下单元格地址中，（　　）是相对引用。

　　A. $A$1　　　　　　　　B. $A1　　　　　　C. A$1　　　　D. A1

5. $A1和A$1的不同点是什么？

6. Excel中输入公式时，需要以（　　）或（　　）开头。

7．Excel公式中，包含（　　　）运算符、（　　　）运算符、（　　　）运算符和（　　　）运算符4种类型的运算符。

8．Excel中的引用样式包括（　　　）引用样式和（　　　）引用样式两种。

9．简述复制公式的几种不同方法以及不同方法之间的区别。

10．如果复制公式后，各单元格内公式返回的值仍然没有变化，可以在（　　　）选项卡下检查是否开启了（　　　）。

11．请在工作表中模拟一组数据，在C1单元格输入公式：=A1+B1，然后使用拖拽填充柄的方法向下复制公式。

12．请在工作表中模拟一组数据，使用多单元格同时输入的方法，在C列中计算A列和B列之和。

13．自己动手，新建一个工作簿，然后在工作簿中制作一个九九乘法表。

14．请在本章练习11模拟的数据中，设置追踪引用单元格和追踪从属单元格。

第8章

函数应用

在Excel中，函数公式无疑是最具有魅力的应用之一。使用函数公式，能帮助用户完成多种要求的数据运算、汇总、提取等工作。函数公式与数据验证功能相结合，能限制数据的输入内容或类型。函数公式与条件格式功能相结合，能根据单元格中的内容，显示出不同的自定义格式。在高级图表和数据透视表等应用中，也少不了函数公式的身影。

本章对函数的定义进行讲解。读者可了解Excel函数的基础概念和Excel函数的结构，掌握Excel函数的基础知识，为深入学习和运用函数与公式解决问题奠定基础。

8.1 Excel函数的概念和结构

Excel的工作表函数通常简称为Excel函数。它是由Excel内部预先定义并按照特定的顺序和结构来执行计算、分析等数据处理任务的功能模块。因此，Excel函数也常被人们称为"特殊公式"。与公式一样，Excel函数最终返回的结果为值。

Excel函数的名称是唯一的，且不区分大小写，每个函数都有其特定的功能和用途。

8.1.1 函数的结构

在公式中使用的函数，通常由表示公式开始的等号、函数名称、左括号、以半角逗号相间隔的参数和右括号构成。此外，公式中允许使用多个函数或计算式，允许使用运算符进行连接。

部分函数允许使用多个参数，如SUM(A1:A10,C1:C10)使用了两个参数，每个参数之间用逗号隔开。另外，也有一些函数没有参数或者可以省略参数，例如NOW函数、RAND函数、PI函数等没有参数，仅由等号、函数名称和一对括号组成。

ROW函数、COLUMN函数可省略参数，如果参数省略则返回公式所在单元格的行号、列标数字。

函数的参数由数值、日期和文本等元素组成，可以使用常量、数组、单元格引用或其他函数的结果。当一个函数的结果用作另一个函数的参数时，称为嵌套函数。

图8-1所示是常见的使用IF函数判断正数、负数和零的公式，其中，第2个IF函数是第1个IF函数的嵌套函数。

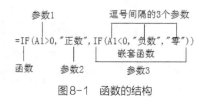

图8-1 函数的结构

8.1.2 可选参数与必需参数

一些函数可以仅使用其部分参数，例如SUM函数可支持255个参数，其中第1个参数为必需参数不能省略，而第2个至第255个参数都可以省略。在函数语法中，可选参数一般用一对方括号"[ ]"包含起来。当函数有多个可选参数时，可从右向左依次省略参数，如图8-2所示。

图8-2 SUM函数的帮助文件

此外，在公式中有些参数可以省略参数值，在前一参数后仅跟一个逗号，用以保留参数的位置，这种方式称为"省略参数的值"或"简写"，常用于代替逻辑值FALSE、数值0或空文本等参数值。

8.2 函数的作用与分类

函数具有简化公式、提高编辑效率的优点，可以执行使用其他方式无法实现的数据汇总任务。

某些简单的计算可以通过自行设计的公式完成，例如对A1:A3单元格求和，可以使用以下公式：

```
=A1+A2+A3
```

但如果要对A1~A100单元格或者更多单元格区域求和，逐个单元格相加的做法将变得无比繁杂、低效，而且容易出错。使用SUM函数则可以大大简化这些公式，使之更易于输入、查错和修改，以下公式可以得到A1~A100单元格的和。

```
=SUM(A1:A100)
```

其中SUM是求和函数，A1:A100是需要求和的区域，表示对A1:A100单元格区域执行求和计算。可以根据实际数据情况，将求和区域写成多行多列的单元格区域引用。

此外，有些函数的功能是自编公式无法完成的，例如使用RAND函数，可以产生大于等于0小于1的随机值。

使用函数公式对数据汇总，相当于在数据之间搭建了一个关系模型，当数据源中的数据发生变化时，无需对函数公式再次编辑，即可实时得到最新的计算结果。同时，可以将已有的函数公式快速应用到具有相同样式和相同运算规则的新数据源中。

在Excel函数中，根据来源的不同可将函数分为以下4类。

1. 内置函数

内置函数是只要启动了Excel就可以使用的函数，是使用最为广泛的一类函数，也是本章重点学习的内容。

2. 扩展函数

扩展函数是指必须通过加载宏才能正常使用的函数。例如EDATE函数、EOMONTH函数等在Excel 2003版中使用时必须先加载"分析工具库"，自Excel 2007版开始已转为内置函数，可以直接调用。

3. 自定义函数

自定义函数是指使用VBA代码进行编制并实现特定功能的函数，这类函数存放于VB编辑器的"模块"中。

4. 宏表函数

宏表类函数是Excel 4.0版函数，需要通过定义名称或在宏表中使用，其中多数函数已逐步被内置函数和VBA功能所替代。

自Excel 2007版开始，所有包含有自定义函数或宏表函数的文件需要保存为"启用宏的工作簿（.xlsm）"或"二进制工作簿（.xlsb）"，并在首次打开文件后需要单击【宏已被禁用】安全警告对话框中的【启用内容】按钮，否则宏表函数将不可用。

根据函数的功能和应用领域，内置函数可分为以下类型：

文本函数、信息函数、逻辑函数、查找和引用函数、日期和时间函数、统计函数、数学和三角函数、财务函数、工程函数、多维数据集函数、兼容性函数等。

在实际应用中，函数的功能被不断开发挖掘，不同类型函数能够解决的问题也不仅仅局限于某个类型。函数的灵活性和多变性，也正是学习函数公式的乐趣所在。

Excel 2010中的内置函数有300多个，但是这些函数并不需要全部掌握。读者只需掌握使用频率较高的几十个函数以及这些函数的组合嵌套使用，就可以应对工作中的绝大部分任务。

8.3 函数的输入与编辑

熟悉输入、编辑函数的方法并善于利用帮助文件，将有助于对函数的学习和理解。

8.3.1 使用【自动求和】按钮插入函数

素材所在位置为：

光盘：\素材\第8章 函数应用\8.3.1 使用【自动求和】按钮插入函数.xlsx

许多用户都是从"自动求和"功能开始接触函数和公式的，在【公式】选项卡下有一个图标为Σ的【自动求和】按钮，在【开始】选项卡【编辑】命令组中也有此按钮，如图8-3所示。

默认情况下，单击【自动求和】按钮或者按<Alt+=>组合键将插入用于求和的SUM函数。单击【自动求和】按钮右侧的下拉按钮，在下拉列表中包括求和、平均值、计数、最大值、最小值和其他函数6个选项，如图8-4所示。

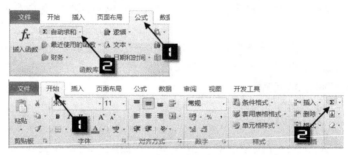

图8-3 【自动求和】按钮

单击其他5个按钮时，Excel将智能地根据所选取单元格区域和数据情况，自动选择公式统计的单元格范围，以实现快捷输入。

如图8-5所示，选中B2:E11单元格区域，单击【公式】选项卡下的【自动求和】按钮，或是按<Alt+=>组合键，Excel将对该区域的每一行和每一列数据分别进行求和。

在下拉列表中单击【其他函数】按钮时，将打开【插入函数】对话框，用户可以在该对话框中选择其他函数，如图8-6所示。

图8-4 【自动求和】按钮下的选项

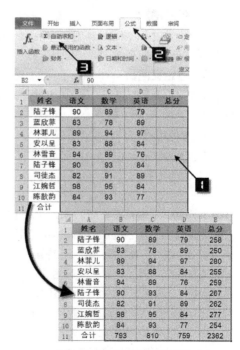

图8-5 对多行多列同时求和

图8-6 【插入函数】对话框

8.3.2 使用函数库插入不同类别的函数

在【公式】选项卡的【函数库】命令组中，Excel按照内置函数分类，提供了财务、逻辑、文本、日期和时间、查找与引用、数学和三角函数、其他函数等多个下拉按钮，在【其他函数】下拉按钮中还提供了统计、工程、多维数据集、信息、兼容性等快捷菜单。

用户可以根据需要和分类插入内置函数，还可以从【最近使用的函数】下拉按钮中选取最近使用过的10个函数，如图8-7所示。

图8-7 使用函数库插入不同类别的函数

8.3.3 使用"插入函数"向导搜索函数

如果用户对函数所归属的类别不熟悉，还可以使用"插入函数"向导选择或搜索所需函数。以下4种方法均可打开【插入函数】对话框。

方法 1 单击【公式】选项卡上的【插入函数】按钮，如图8-8所示。

方法 2 在【公式】选项卡的【函数库】命令组的各个下拉按钮的快捷菜单中，单击【插入函数】；或单击【自动求和】下拉按钮，在快捷菜单中单击【其他函数】，如图8-9所示。

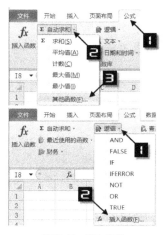

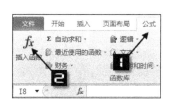

图8-8 【插入函数】按钮

图8-9 插入函数

方法 3 单击编辑栏左侧的【插入函数】按钮，如图8-10所示。

方法 4 按<Shift+F3>组合键。

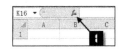

图8-10 【插入函数】按钮

如图8-11所示，在【搜索函数】编辑框中输入关键字"最小值"，单击【转到】按钮，对话框中将显示推荐的函数列表，选择某个函数后，单击【确定】按钮，即可插入该函数并切换到【函数参数】对话框。

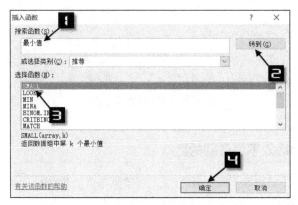

图8-11 搜索函数

在【函数参数】对话框中，从上到下主要由函数名、参数编辑框、函数简介及参数说明和计算结果等几部分组成。参数编辑框内允许直接输入参数，或是单击右侧折叠按钮以选取单元格区域，编辑框右侧将实时显示输入参数的值，如图8-12所示。

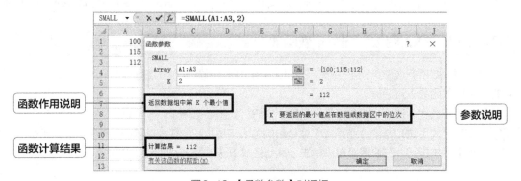

图8-12 【函数参数】对话框

8.3.4 手工输入函数

自Excel 2007开始，Excel新增了一项"公式记忆式键入"功能。用户输入公式时，在工作表窗口就会出现备选列表，用户可以直接选用公式。如果知道所需函数名的全部或开头部分字母，则可直接在单元格或编辑栏中手工输入函数。

当用户编辑或输入公式时，Excel会自动显示以输入的字符开头的函数或已定义的名称、"表格"名称以及"表格"的相关字段名下拉列表。

例如，在单元格中输入"=su"后，Excel将自动显示所有以"SU"开头的函数名称扩展下拉菜单。通过在扩展下拉菜单中移动上、下方向键或鼠标选择不同的函数，其右侧将显示该函数功能提示，双击鼠标或者按<Tab>键可将此函数添加到当前的编辑位置，既提高了函数输入效率，又能确保输入函数名称的准确性。

随着进一步输入，扩展下拉菜单将逐步缩小范围，如图 8-13 所示。

用户在单元格中或编辑栏中编辑公式时，当正确完整地输入函数名称及左括号后，在编辑位置附近会自动出现悬浮的【函数屏幕提示】工具条，可以帮助用户了解函数语法中参数名称、可选参数或必需参数等，如图 8-14 所示。

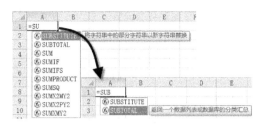

图 8-13　公式记忆式键入

提示信息中包含了当前输入的函数名称及完成此函数所需要的参数，并对当前光标所在位置的参数以加粗字体显示。如果公式中已经填入了函数参数，单击【函数屏幕提示】工具条中的某个参数名称时，编辑栏中自动选择该参数所在部分，并以黑色背景突出显示，如图 8-15 所示。

图 8-14　手工输入函数时的提示信息

图 8-15　快速选择函数参数

8.4　检查函数出错原因

在使用函数公式完成计算后，需要对计算结果进行必要的验证。如果计算结果和预期结果不符，就要检查公式运算是否存在逻辑错误或是检查函数参数的设置是否有误。通常情况下，可以借助 <F9> 键分步查看运算结果，或是通过查看 Excel 帮助文件来检查函数的参数设置是否正确。

8.4.1　使用 <F9> 键查看运算结果

素材所在位置为：

光盘：\素材\第 8 章 函数应用 \8.4.1 使用 <F9> 键查看运算结果 .xlsx

在公式编辑状态下，选择全部公式或其中的某一部分，按 <F9> 键可以单独计算并显示该部分公式的运算结果。选择公式段时，必须包含一个完整的运算对象，比如选择一个函数时，则必须选定整个函数名称、左括号、参数和右括号，选择一段计算式时，要包含该计算式的所有的组成元素。

如图 8-16 所示，在编辑栏选中公式中的 "C2:C8" 部分，按下 <F9> 键之后，将显示出 C2:C8 单元格的每个元素。

按 <F9> 键查看时，对空单元格的引用将识别为数值 0。查看完毕，可以按 <Esc> 键放弃公式编辑恢复原状，也可以单击编辑栏左侧的【取消】按钮。

图 8-16　按 <F9> 键查看部分运算结果

8.4.2　通过帮助文件理解 Excel 函数

如果单击【函数屏幕提示】工具条上的函数名称，将打开【Excel 帮助】对话框，方便用户获取该函数的帮助信息，如图 8-17 所示。

帮助文件中包括函数的说明、语法、参数以及简单的函数示例，尽管帮助文件中的函数说明有些还不够透彻，甚至有部分描述是错误的，但仍然不失为学习函数公式的好帮手。

除了单击【函数屏幕提示】工具条上的函数名称，使用以下方法也可以打开【Excel帮助】对话框。

方法 1 在公式中输入函数名称后按<F1>键，将打开关于该函数的帮助文件。

方法 2 在【插入函数】对话框中，单击选中函数名称，再单击右下角的【有关该函数的帮助】，将打开关于该函数的帮助文件，如图8-18所示。

方法 3 直接按<F1>键，或是单击工作表窗口右上角的❓图标，打开【Excel帮助】对话框，在搜索栏中输入关键字，单击【搜索】按钮，即可显示与之有关的函数帮助信息列表。单击函数名称，将打开关于该函数的帮助文件，如图8-19所示。

图8-17 获取函数帮助信息

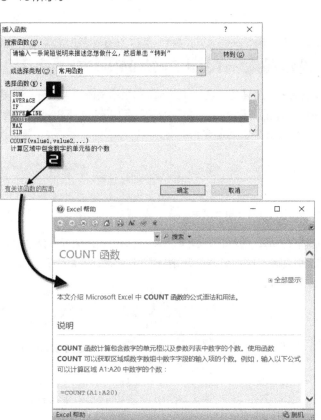

图8-18 在【插入函数】对话框中打开帮助文件

图8-19 在【Excel帮助】对话框中搜索关键字

8.4.3 | 简单统计公式的验证

素材所在位置为：

光盘：\素材\第8章 函数应用\8.4.3 简单统计公式的验证.xlsx

使用公式对单元格区域进行求和、平均值、最大值、最小值以及计数等简单统计时，可以借助状态栏进行验证。

如图8-20所示，选择C2:C10单元格区域，状态栏上自动显示该区域的平均值、计数等结果，可以用来与C11单元格使用的公式计算结果进行简单验证。

鼠标右键单击状态栏，在弹出的【自定义状态栏】扩展菜单中可以设置是否显示求和、平均值、最大值、最小值、计数和数值计数等6个选项，如图8-21所示。

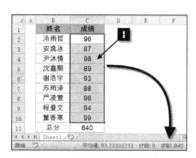

图8-20　简单统计公式的验证

图8-21　自定义状态栏

8.5　处理意外循环引用

当公式计算返回的结果需要依赖公式自身所在的单元格的值时，无论是直接引用还是间接引用，都称为循环引用。例如A1单元格输入公式：=A1+1；或是B1单元格输入公式：=A1，而A1单元格公式为：=B1，都会产生循环引用。

当在单元格中输入包含循环引用的公式时，Excel将弹出循环引用警告对话框，如图8-22所示。

图8-22　循环引用警告

默认情况下，Excel禁止使用循环引用，因为公式中引用自身的值进行计算，将永无休止地计算而得不到答案。

如果公式计算过程中与自身单元格的值无关，仅与自身单元格的行号、列标或者文件路径等属性相关，则不会产生循环引用。例如，在A1单元格输入以下3个公式时，都不会产生循环引用：

```
=ROW(A1)
=COLUMN(A1)
=CELL("filename",A1)
```

示例 8-1　查找包含循环引用的单元格

素材所在位置为：

光盘：\素材\第8章 函数应用\示例8-1 查找包含循环引用的单元格.xlsx

图8-23所示为某班级成绩表的部分内容，C11单元格使用以下公式计算总分。

`=SUM(C2:C11)`

由于公式中引用了C11单元格自身的值，公式无法得出正确的计算结果，结果显示为0，并且在状态栏的左下角出现文字提示"循环引用：C11"。

在【公式】选项卡中依次单击【错误检查】→【循环引用】，将显示包含循环引用的单元格地址，单击将跳转到对应单元格。如果工作表中包含多个循环引用，此处仅显示一个循环引用的单元格地址。

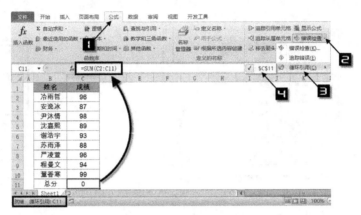

图8-23　快速定位循环引用

解决方法是修改公式的引用区域为C2:C10，公式即可正确计算。

8.6　认识名称

素材所在位置为：

光盘：\素材\第8章 函数应用\8.6 认识名称.xlsx

如图8-24所示，C11单元格中的总分计算公式并没有使用函数或是单元格引用，而仅仅使用了"=汇总"，这里的"汇总"就是自定义的名称。

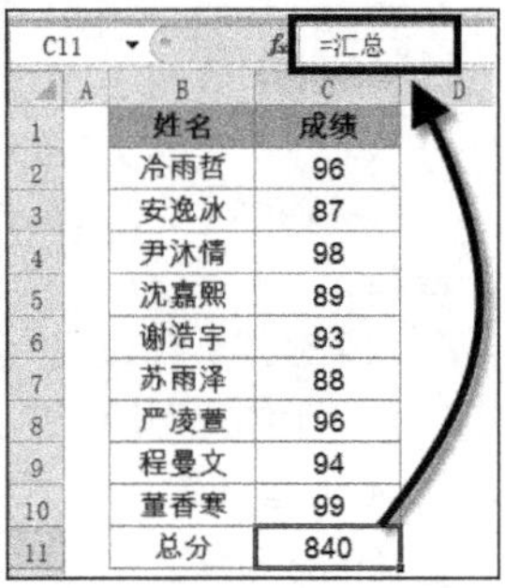

8.6.1　名称的概念

名称是一类较为特殊的公式，多数名称是由用户预先自行定义，但不存储在单元格中的公式。也有部分名称可以在创建表格、设置打印区域等操作时自动产生。

名称是被特殊命名的公式，也是以等号"="开头，组成元素可以是常量数据、常量数组、单元格引用或是函数公式等，已定义的名称可以在其他名称或公式中调用。

图8-24　使用自定义名称

创建名称可以通过模块化的调用，使公式变得更加简洁。在高级图表制作时，创建名称可以生成动态的数据源，是动态图表制作的必要的步骤之一。

部分宏表类函数不能在工作表中直接使用，也需要先定义为名称才能应用到公式中。

8.6.2 创建名称

素材所在位置为：

光盘：\素材\第 8 章 函数应用 \8.6.2 创建名称 .xlsx

以下四种方式都可以创建名称。

方法 1 使用【定义名称】命令创建名称。单击【公式】选项卡下的【定义名称】按钮，弹出【新建名称】对话框。在【新建名称】对话框中对名称命名。单击【范围】右侧的下拉按钮，能够将定义名称指定为工作簿范围或是某个工作表范围。在【备注】文本框内可以添加注释，以便于使用者理解名称的用途。

在【引用位置】编辑框中可以直接输入公式，也可以单击右侧的折叠按钮 选择单元格区域作为引用位置。最后单击【确定】按钮完成设置，如图 8-25 所示。

方法 2 使用名称管理器新建名称。单击【公式】选项卡下的【名称管理器】按钮，在弹出的【名称管理器】对话框中，单击【新建】按钮，弹出【新建名称】对话框。之后的设置步骤与方法 1 相同，如图 8-26 所示。

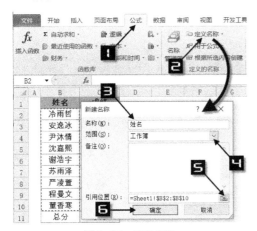

图 8-25 定义名称

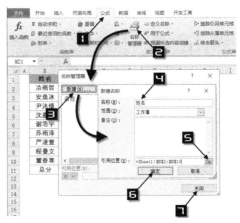

图 8-26 使用名称管理器新建名称

方法 3 使用名称框定义名称。如图 8-27 所示，选中 B2:B10 单元格区域，光标定位到【名称框】内，输入自定义名称"姓名"后按 <Enter> 键，即可将 B2:B10 单元格区域定义名称为"姓名"。

方法 4 根据所选内容创建名称。如图 8-28 所示，选中 B1:B10 单元格区域，依次单击【公式】→【根据所选内容创建】命令，在弹出的【以选定区域创建名称】对话框中，可以指定要以哪个区域的值来命名自定义名称。保持"首行"的勾选，单击【确定】按钮，可将 B2:B10 单元格区域定义名称为"姓名"。

图 8-27 使用名称框创建名称

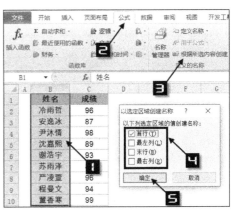

图 8-28 根据所选内容创建名称

8.6.3 名称的级别

根据作用范围的不同，Excel的名称可分为工作簿级名称和工作表级名称。默认情况下，新建的名称作用范围均为工作簿级，作用范围涵盖整个工作簿。如果要创建作用于某个工作表的局部名称，可以在新建名称时，在【新建名称】对话框的【范围】下拉菜单中选择指定的工作表，如图8-29所示。

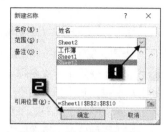

图8-29　选择名称作用范围

8.6.4 在公式中使用名称

素材所在位置为：

光盘：\素材\第8章 函数应用\8.6.4 在公式中使用名称.xlsx

需要在公式中调用已定义的名称时，可以在【公式】选项卡中单击【用于公式】下拉按钮并选择相应的名称，如图8-30所示。

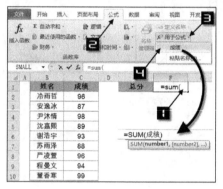

图8-30　在公式中调用名称

也可以在公式编辑状态下手工输入，已定义的名称将出现在"公式记忆式键入"列表中。如图8-31所示，工作簿中定义了C2:C10单元格区域为"成绩"，在单元格输入其开头汉字"成"，该名称即出现在"公式记忆式键入"列表中。

图8-31　公式记忆式键入列表中的名称

如果某个单元格或区域中设置了名称，在输入公式过程中，使用鼠标选择该区域作为需要插入的引用时，Excel会自动应用该单元格或区域的名称，如图8-32所示。

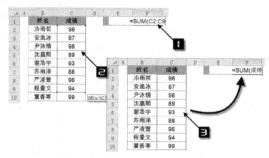

图8-32　Excel自动应用名称

Excel没有提供关闭该功能的选项，如果需要在公式中使用常规的单元格或区域引用，则需要手工输入单元格或区域的地址。

示例 8-2　计算文本算式

素材所在位置为：

光盘：\素材\第 8 章 函数应用\示例 8-2 计算文本算式.xlsx

图8-33所示是某零配件加工单位录入的零件规格，需要计算出对应的结果，以方便结算。

	A	B	C
1	客户名	规格	计算结果
2	韩紫语	5*2+2*1.3	
3	安佑吟	2.2*5+16	
4	燕如生	3*2+1*1.4	
5	殷原习	6*1+2.1*6	
6	沈傲秋	8*6+6/2	
7	柳千佑	2*4+3*2	
8	左让羽	9*2.15*3	
9	安呈旭	3.15*2*2	

图8-33　计算文本算式

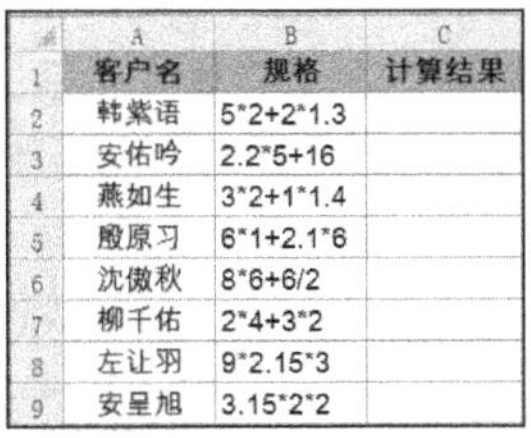

操作步骤如下：

步骤 1 选中要计算结果的C2单元格，在【公式】选项卡下单击【定义名称】，弹出【新建名称】对话框。单击【名称】编辑框，输入“计算文本”。在【引用位置】编辑框中输入以下公式，单击【确定】按钮，如图8-34所示。

```
=EVALUATE(Sheet1!B2)
```

步骤 2 C2单元格输入以下公式，向下复制到C9单元格，即可快速得到B列文本算式的所有计算结果，如图8-35所示。

```
=计算文本
```

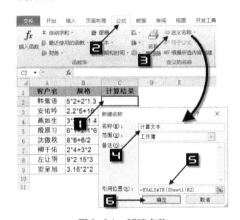

图8-34　新建名称

	A	B	C
1	客户名	规格	计算结果
2	韩紫语	5*2+2*1.3	12.6
3	安佑吟	2.2*5+16	27
4	燕如生	3*2+1*1.4	7.4
5	殷原习	6*1+2.1*6	18.6
6	沈傲秋	8*6+6/2	51
7	柳千佑	2*4+3*2	14
8	左让羽	9*2.15*3	58.05
9	安呈旭	3.15*2*2	12.6

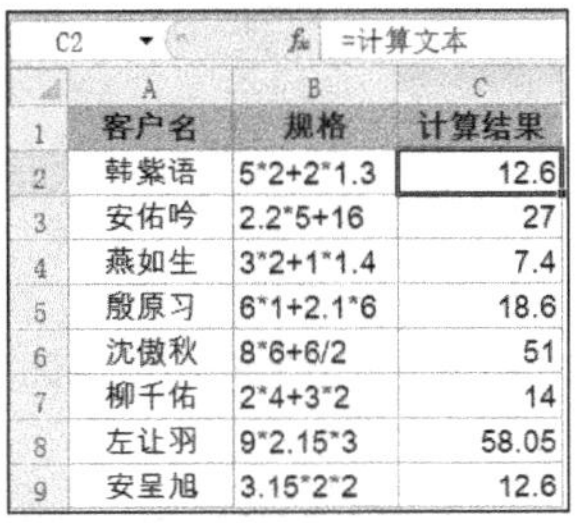

图8-35　计算结果

步骤 3 按<F12>键，将文件另存为“Excel启用宏的工作簿（.xlsm）”。

EVALUATE函数是宏表类函数，能够对以文字表示的一个公式或表达式求值，并返回结果。该函数不能在单元格中直接使用，需要使用自定义名称的方法间接调用。

提示

宏表是VBA的前身。在早期Excel版本中没有VBA功能，需要通过宏表实现一些特殊功能。1993年，Microsoft Excel 5.0中首次引入了Visual Basic，并逐渐形成了我们现在所熟知的VBA。

经过多年的发展，VBA已经可以完全取代宏表，成为Microsoft Excel二次开发的主要语言，但出于兼容性和便捷性考虑，在Microsoft Excel 5.0及以后的版本中一直还保留着宏表功能。

示例结束

8.6.5 编辑和删除已有名称

> 素材所在位置为：
>
> 光盘：\素材\第8章 函数应用\8.6.5 编辑和删除已有名称.xlsx

用户可以对已经定义名称的引用范围以及名称中使用的公式进行修改，也可以重命名已有的名称。单击【公式】选项卡下的【名称管理器】按钮，或是按<Ctrl+F3>组合键，在弹出的【名称管理器】对话框中单击定义的名称，在【引用位置】编辑框中，修改引用的单元格地址或是公式后，单击左侧的【确认】按钮☑，最后单击【关闭】按钮，如图8-36所示。

也可以在【名称管理器】中单击【编辑】按钮，打开【编辑名称】对话框，重命名或是修改引用位置后，单击【确定】按钮，最后单击【关闭】按钮，关闭【名称管理器】，如图8-37所示。

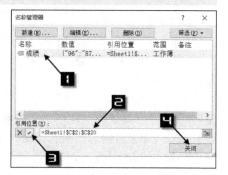

图8-36 编辑名称1

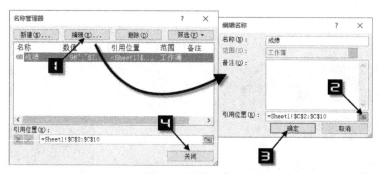

图8-37 编辑名称2

如需删除已定义的名称，在名称管理器中单击【删除】按钮即可。

8.6.6 使用名称的注意事项

一般情况下，命名的原则应有具体含义且便于记忆，并且能尽量直观地体现所引用数据或公式的含义，不使用可能产生歧义的名称。

名称作为公式的一种存在形式，同样受函数与公式关于嵌套层数、参数个数、计算精度等方面的限制。除此之外，还应遵守以下规则。

（1）名称的命名可以用任意字母与数字组合在一起，但不能以纯数字命名或以数字开头，如"1Pic"将不被允许。

（2）因为字母R、C在R1C1引用样式中表示工作表的行、列，所以除了R、C、r、c，其他单个字母均可作为名称的命名。命名也不能与单元格地址相同，如"B3""D5"等。

（3）不能使用除下划线、点号和反斜线（\）、问号（？）以外的其他符号，使用问号（？）时不能作为名称的开头，如可以用"Name?"，但不可以用"?Name"。

（4）自定义名称的命名中不能包含空格，并且不区分大小写。如"DATA"与"Data"是相同的，Excel会按照定义时键入的命名进行保存，但在公式中使用时视为同一个名称。

8.7 常用函数

8.7.1 文本函数

文本型数据主要是指常规的字符串，如员工姓名、部门名称、公司名称和英文单词等。对文本型数据进行合并、提取、查找、替换、转换以及格式化，是日常工作中使用频率较高的一类应用。理解并掌握文本函数的综合运用，是学习Excel函数公式的一个重要环节。

除了直接输入的文本型数据外，使用Excel中的文本函数、文本合并符号得到的结果也是文本型数据。此外，文本数据中还有一个比较特殊的值，即空文本，用一对半角双引号表示（" "），常用来将公式结果显示为"空"。

在Excel中，"空格"一般指按<Space>键得到的值，是有字符长度的文本；空单元格指的是单元格中没有任何数据或公式。当单元格未经赋值，或赋值后按<Delete>键清除值，则该单元格被认为是空单元格。表示空文本的半角双引号" "，其性质是文本，表示文本里无任何内容，字符长度为0。

1. 认识文本连接符

"&"符号的作用是连接字符串，如果用户希望将多个字符串连接生成新的字符串，可以用"&"符号进行处理。

示例 8-3　合并多个单元格内容

素材所在位置为：

光盘：\ 素材 \ 第 8 章 函数应用 \ 示例 8-3 合并多个单元格内容 .xlsx

图8-38展示的是某单位员工信息的部分内容，需要将每个员工的信息合并到一个单元格内，形成完整的信息。

在C2单元格输入以下公式，向下复制到C9单元格。

```
=A2&" "&B$1&" "&B2
```

公式中，使用符号"&"依次连接A2单元格的姓名、空格、B1单元格的标题信息"联系电话"、空格和B2单元格的联系电话。其中B1单元格使用行绝对引用，即每一行的公式都引用B1单元格，使之形成一段完整的信息。

	A	B	C
1	姓名	联系电话	合并内容
2	上官瑶	13515151234	上官瑶 联系电话 13515151234
3	舒雨婷	13515151235	舒雨婷 联系电话 13515151235
4	凌云汐	13515151236	凌云汐 联系电话 13515151236
5	郭舒悦	13515151237	郭舒悦 联系电话 13515151237
6	尹智秀	13515151238	尹智秀 联系电话 13515151238
7	窦华伦	13515151239	窦华伦 联系电话 13515151239
8	江佑南	13515151240	江佑南 联系电话 13515151240
9	苏晟涵	13515151241	苏晟涵 联系电话 13515151241

图8-38　合并多个单元格内容

示例结束

---

2. 全角字符和半角字符

全角字符是指一个字符占用两个标准字符位置的字符，又称为双字节字符。所有汉字均为双字节字符。半角字符是指一个字符占用一个标准字符位置的字符，又称为单字节字符，如半角状态下输入的英文字母、英文标点等等。

字符长度可以使用LEN函数和LENB函数统计。其中LEN函数对任意单个字符都按长度1计算；LENB函数则将任意单个的单字节字符按长度1计算，将任意单个的双字节字符按长度2计算。

例如，使用以下公式将返回7，表示该字符串共有7个字符。

```
=LEN("Excel之家")
```

使用以下公式将返回9，因为该字符串中的两个汉字"之家"占了4个字节长度。

```
=LENB("Excel之家")
```

3. 字符串提取

日常工作中，字符串提取的应用非常广泛。例如从身份证号码中提取出生日期，从产品编号中提取字符来判断产品的类别等等。常用于字符提取的函数主要包括LEFT、RIGHT、MID以及LEFTB、RIGHTB、MIDB函数等。

LEFT函数根据所指定的字符数，返回文本字符串中第一个字符或前几个字符。该函数的语法为：

```
LEFT(text,[num_chars])
```

第一参数是要从中提取字符的文本字符串。第二参数可选，用于指定要提取的字符个数。

示例 8-4　提取部门名称

素材所在位置为：

光盘：\素材\第8章 函数应用\示例8-4 提取部门名称.xlsx

如图8-39所示，A列是部门和姓名的混合内容，需要提取出其中的部门名称。

混合内容中的部门名称位于字符串的左侧，且均为三个字组成，因此可以使用LEFT函数完成，B2单元格输入以下公式，向下复制到B9单元格。

```
=LEFT(A2,3)
```

公式的作用是返回A2单元格中的前3个字符，本例仅适用于部门名称比较规范的情况，如果部门名称的字数不统一，则需要借助其他函数完成。

	A 混合内容	B 提取部门
2	安监部 冷云	安监部
3	采购部 郭佳燕	采购部
4	生产部 杜金瑞	生产部
5	财务部 施艳菲	财务部
6	销售部 马远萍	销售部
7	质检部 肖飞	质检部
8	仓储部 上官信	仓储部
9	后勤部 彭锦月	后勤部

图8-39　提取部门名称

示例结束

示例 8-5　提取混合内容中的姓名

素材所在位置为：

光盘：\素材\第8章 函数应用\示例8-5 提取混合内容中的姓名.xlsx

图8-40展示的是某企业员工通信录的一部分，A列为员工姓名和电话号码的混合内容，需要在B列提取出员工姓名。

在本例中，A列中的员工姓名部分的字符数不固定，因此不能直接按固定位数提取。

仔细观察可以发现：字符串中的姓名部分是双字节字符，而电话号码部分则是单字节字符。根据此规律，只要计算出A列单元格中的字符数和字节数之差，结果就是员工姓名的字符数。再从第一个字符开始，提取出相应数量的字符，结果即是员工的姓名。

提取混合内容中的姓名

B2单元格输入以下公式，向下复制到B9单元格。

```
=LEFT(A2,LENB(A2)-LEN(A2))
```

LENB函数将每个汉字（双字节字符）的字符数按2计数，LEN函数则对所有的字符都按1计数。因此"LENB(A2)-LEN(A2)"返回的结果就是文本字符串中的汉字个数3。

LEFT函数返回A2单元格的前3个字符，最终提取出员工姓名。

	A 姓名电话	B 提取姓名
2	李梦颜83208980	李梦颜
3	庄梦蝶13512345678	庄梦蝶
4	夏若冰664385	夏若冰
5	文静婷88282610	文静婷
6	高云653295	高云
7	许柯华13787654321	许柯华
8	孟丽洁676665	孟丽洁
9	江晟涵83209919	江晟涵

图8-40　提取混合内容中的姓名

示例结束

RIGHT函数根据所指定的字符数，返回文本字符串中最后一个或多个字符，函数语法与LEFT函数类似。

示例 8-6　提取混合内容中的电话

素材所在位置为：

光盘：\素材\第 8 章 函数应用\示例 8-6 提取混合内容中的电话.xlsx

如图 8-41 所示，A 列为员工姓名和电话号码的混合内容，需要提取出其中的电话号码。

C2 单元格输入以下公式，向下复制到 C9 单元格。

```
=RIGHT(A2,LEN(A2)-(LENB(A2)-LEN(A2)))
```

公式中的 LENB(A2)-LEN(A2) 部分，用于计算出 A2 单元格的双字节字符个数，也就是中文的个数，结果为 3。

LEN(A2)-(LENB(A2)-LEN(A2)) 部分，是计算字符总数 - 中文个数，结果就是字符串中的数字个数，结果为 8。

	A	B	C
1	姓名电话	提取姓名	提取电话
2	李梦颜83208980	李梦颜	83208980
3	庄梦蝶13512345678	庄梦蝶	13512345678
4	夏若冰664385	夏若冰	664385
5	文静婷88282610	文静婷	88282610
6	高云653295	高云	653295
7	许柯华13787654321	许柯华	13787654321
8	孟丽洁676665	孟丽洁	676665
9	江晟涵83209919	江晟涵	83209919

图 8-41　提取混合内容中的电话

因为数字在字符串的右侧，所以利用 RIGHT 函数返回 A2 单元格最后 8 个字符，提取出电话号码。

此公式也可以简化括号后使用：

```
=RIGHT(A2,LEN(A2)*2-LENB(A2))
```

示例结束

对于需要区分处理双字节字符的情况，分别对应 LEFTB 函数、RIGHTB 函数，即在原函数名称后加上字母 "B"。

LEFTB 函数根据所指定的字节数，返回文本字符串中的第一个或前几个字符。

RIGHTB 函数根据所指定的字节数，返回文本字符串中的最后一个或多个字符。

当 LEFT 函数、RIGHT 函数省略第二参数时，分别取参数最左和最右的一个字符。

使用 LEFT、RIGHT、MID 函数在数值字符串中提取字符时，提取结果全部为文本型数字，通常情况下，会使用原公式乘 1 的方法，将公式结果转换为数值。

4. 从单元格任意位置提取字符串

MID 函数用于在字符串任意位置上返回指定数量的字符，函数语法为：

```
MID(text,start_num,num_chars)
```

第一参数是包含要提取字符的文本字符串，第二参数用于指定文本中要提取的第一个字符的位置，第三参数指定从文本中返回字符的个数。无论是单字节还是双字节字符，MID 函数始终将每个字符按 1 计数。

示例 8-7　提取身份证号码中的出生年月

素材所在位置为：

光盘：\素材\第 8 章 函数应用\示例 8-7 提取身份证号码中的出生年月.xlsx

我国现行居民身份证号码是由 18 位数字组成的，其中第 7~14 位数字表示出生年月日：7~10 位是年份，11~12 位是月份，13~14 位是具体日期。第 17 位是性别标识码，奇数为男，偶数为女。第 18 位数字是校检码。使用文本函数可以从身份证号码中提取出身份证持有人的出生年月日、性别等信息。

图 8-42 展示的某公司员工信息表的部分内容，要求根据 B 列的身份证号码，提取持有人的出生年月日。

C2 单元格输入以下公式，向下复制到 C9 单元格，可提取出

	A	B	C
1	姓名	身份证号码	提取出生年月日
2	李梦颜	330183199501204335	19950120
3	庄梦蝶	330183199511182426	19951118
4	夏若冰	330183199511234319	19851123
5	文静婷	341024199306184129	19930618
6	白茹云	330123199210104387	19921010
7	许柯华	330123199405174332	19940517
8	孟丽洁	330123199502214362	19950221
9	江晟涵	330123199509134319	19950913

图 8-42　提取身份证号码中的出生年月日

身份证号码中的出生年月日。

```
=MID(B2,7,8)
```

MID 函数从 B2 单元格的第 7 个字符开始，截取 8 个字符，得到新的字符串"19950120"。

示例结束

5. 查找字符

从单元格中提取部分字符串时，提取的起始位置和提取的字符个数往往是不确定的，需要根据条件进行定位。使用 FIND 函数可以解决在字符串中的查找问题。

FIND 函数用于定位某一个字符（串）在指定字符串中的起始位置，结果以数字表示。如果在同一字符串中存在多个被查找的子字符串，则返回从第一次出现的位置。如果查找字符（串）在源字符串中不存在，返回错误值"#VALUE!"。

FIND 函数的语法为：

```
FIND(find_text,within_text,[start_num])
```

第一参数是查找的文本。第二参数是包含要查找文本的源文本。第三参数可选，表示从指定第几个字符位置开始进行查找，如果该参数省略，默认为 1。

示例 8-8 获取地址中的小区名称

素材所在位置为：

光盘：\素材\第 8 章 函数应用\示例 8-8 获取地址中的小区名称.xlsx

图 8-43 所示的是某公司部分员工的家庭住址，需要提取 B 列字符串中的小区名称。

通过观察可以发现，B 列家庭住址中的小区名称之前都有一个字符"号"，因此本例也就是提取字符"号"后面的全部内容。

C2 单元格输入以下公式，向下复制到 C9 单元格。

```
=MID(B2,FIND("号",B2)+1,99)
```

图 8-43 获取地址中的小区名称

首先用 FIND 函数查找字符"号"在 B2 单元格中的起始位置，返回的结果为 7。该结果作为 MID 函数要提取字符的起始位置，加 1 的目的是为了让 MID 函数能够从字符"号"所在位置之后开始取值。

MID 函数从 B2 单元格第 8 个字符位置开始，提取字符长度为 99 的字符串。此处的 99 可以写成一个较大的任意数值，如果 MID 函数的第二参数加上第三参数超过了文本的长度，则 MID 只返回最多到文本末尾的字符。

示例结束

6. 替换

在 Excel 中，除了替换功能可以对字符进行批量的替换外，使用 SUBSTITUTE 函数也可以将字符串中的部分或全部内容替换为新的字符串。函数语法为：

```
SUBSTITUTE(text,old_text,new_text,[instance_num])
```

第一参数是需要替换其中字符的文本或是单元格引用。

第二参数是需要替换的文本。

第三参数是用于替换旧字符串的文本。

第四参数可选，指定要替换第几次出现的旧字符串。当第四参数省略时，源字符串中的所有与第二参数相同的文本都将被替换。如果第四参数指定为2，则只有第2次出现的才会被替换。

SUBSTITUTE 函数区分大小写和全角半角字符，当第三参数为空文本或是省略该参数的值而仅保留参数之前的逗号时，相当于将需要替换的文本删除。例如以下公式返回字符串"Excel"：

```
=SUBSTITUTE("ExcelHome","Home","")
```

示例 8-9　隐藏手机号的中间 4 位

素材所在位置为：

光盘：\素材\第8章 函数应用\示例8-9 隐藏手机号的中间4位.xlsx

图8-44所示的是某商场促销活动的中奖用户名单，为了保护用户隐私，需要对手机号的中间四位进行隐藏。

C2单元格输入以下公式，向下复制到C9单元格。

```
=SUBSTITUTE(B2,MID(B2,4,4),"****",1)
```

首先使用MID函数，从B2单元格第四位开始，提取出4个字符"1234"，再使用SUBSTITUTE 函数，将字符串"1234"替换为新的字符串****。

	A	B	C
1	姓名	手机号	隐藏中间四位
2	杜紫鹃	13812345678	138****5678
3	韩菲馨	13965432100	139****2100
4	江羽溪	13587654321	135****4321
5	林飞儒	13376543210	133****3210
6	谭雪莹	13001234567	130****4567
7	夏雪儿	13745678900	137****8900
8	杨若依	13100123456	131****3456
9	叶天成	13801010101	138****0101

图8-44　隐藏手机号的中间4位

SUBSTITUTE 函数第四参数使用1，表示只替换第1次出现的字符。如B9单元格中的"0101"出现了两次，SUBSTITUTE 函数只替换第一次出现的"0101"。

示例结束

7. TEXT 函数

Excel的自定义数字格式功能可以将单元格中的数值显示为自定义的格式，而TEXT 函数也具有类似的功能，可以将数值转换为按指定数字格式所表示的文本。

TEXT 函数的语法为：

```
TEXT(value,format_text)
```

参数value可以是数值型也可以是文本型数字，参数format_text用于指定格式代码，与单元格数字格式中的大部分代码都基本相同。有少部分代码仅适用于自定义格式，不能在TEXT 函数中使用。

设置单元格格式与TEXT 函数有以下区别：

（1）设置单元格的格式，仅仅是改变数字的外观显示，其实质仍然是数值本身，不影响进一步的汇总计算，即得到的是显示的效果。

（2）使用TEXT 函数可以将数值转换为带格式的文本，其实质已经是文本，不再具有数值的特性，即得到的是实际的效果。

示例 8-10　转换出生年月日

素材所在位置为：

光盘：\素材\第8章 函数应用\示例8-10 转换出生年月日.xlsx

在示例87中，使用MID函数直接提取的出生年月日字符串，在Excel中无法正确识别为日期，如果要用于后续的汇总分析，还需要进一步处理。

如图8-45所示，C列是使用MID函数从身份证号码中提取出的出生年月日，需要在D列中将MID函数提取出的字符串变成真正的日期序列值。

	A	B	C	D
1	姓名	身份证号码	提取出生年月日	转换出生年月日
2	李梦颜	330183199501204335	19950120	1995/1/20
3	庄梦蝶	330183199511182426	19951118	1995/11/18
4	夏若冰	330183198511234319	19851123	1985/11/23
5	文静婷	341024199306184129	19930618	1993/6/18
6	白菡云	330123199210104387	19921010	1992/10/10
7	许柯华	330123199405174332	19940517	1994/5/17
8	孟丽洁	330123199502214362	19950221	1995/2/21
9	江晟涵	330123199509134319	19950913	1995/9/13

图8-45　转换出生年月日

D2单元格输入以下公式，向下复制到D9单元格，再设置D2:D9的单元格格式为日期。

`=1*TEXT(C2,"0-00-00")`

TEXT函数使用格式代码"0-00-00"，将C2单元格的字符串"19950120"转换为日期样式的文本字符串"1995-01-20"。但是此时的计算结果仅仅具有了日期的外观，还不是真正的日期，最后用乘1的方法，将日期样式的文本字符串转换为真正的日期序列值。

示例结束

8.7.2 逻辑判断

1. 使用IF函数完成判断

IF函数用于执行真假值的判断，根据逻辑计算的真假值返回不同的结果。如果指定条件的计算结果为TRUE，IF函数将返回某个值；如果该条件的计算结果为FALSE，则返回另一个值。

IF函数的第一参数是结果可能为TRUE或FALSE的任意值或表达式。第二参数是判断结果为TRUE时所要返回的结果。第三参数是判断结果为FALSE时所要返回的结果。

使用IF函数
完成判断

示例8-11　判断是否完成任务

素材所在位置为：

光盘：\素材\第8章 函数应用\示例8-11 判断是否完成任务.xlsx

图8-46所示的是某公司的产品销售数据，需要根据任务数和实际完成数判断是否完成任务。

D2单元格输入以下公式，向下复制到D9单元格。

`=IF(C2>=B2,"完成","未完成")`

公式用C2单元格的实际完成量与B2单元格的任务数进行比较，返回逻辑值TRUE或是FALSE。如果C2大于或等于B2，则C2>=B2部分的判断结果为逻辑值TRUE，IF函数返回第二参数"完成"，否则返回第三参数"未完成"。

	A	B	C	D
1	姓名	任务数	实际完成	是否完成任务
2	千川雪	300	305	完成
3	郑依南	320	311	未完成
4	林晓汐	300	302	完成
5	柳如絮	350	345	未完成
6	庄宁鸿	290	312	完成
7	申司宜	330	320	未完成
8	丘慕莹	290	306	完成
9	江烈征	300	298	未完成

图8-46　判断是否完成任务

示例结束

嵌套公式，是指一个函数的运算结果用作另一个函数的参数。实际使用中，可以应用IF函数的嵌套完成多个区间的判断。

示例8-12　根据考核成绩返回等级

素材所在位置为：

光盘：\素材\第8章 函数应用\示例8-12 根据考核成绩返回等级.xlsx

图8-47所示的是某班级考试成绩表的部分内容，需要根据B列的成绩返回对应的等级标准。等级标准规则为：60分以下为"较差"，60~89分（含60分）为"中等"，90分及以上为"良好"。

C2单元格输入以下公式，向下复制到C10单元格。

`=IF(B2<60,"较差",IF(B2<90,"中等","良好"))`

	A	B	C
1	姓名	成绩	等级
2	韩晓让	99	
3	韩紫柳	78	
4	宇凌司	60	
5	殷千习	91	
6	原舒羽	60	
7	苏献宁	83	
8	汪诗敏	61	
9	简知秋	70	
10	叶叔颖	58	

图8-47　根据考核成绩返回等级

首先判断B2单元格是否小于60，条件成立返回指定的内容“较差”，如果B2单元格的数值不小于60，则继续执行下一个IF函数判断B2是否小于90，符合条件返回“中等”，否则返回“良好”。

使用IF函数的嵌套时，需要注意区段划分的完整性和唯一性。也可以理解为从一个极端开始，向另一个极端递进式判断。例如，可以先判断是否小于条件中的最小标准值，然后逐层判断，最后再判断是否小于条件中的最大标准值；也可以先判断是否大于条件中的最大标准值，然后逐层判断，最后判断是否大于条件中的最小标准值。

使用以下公式，能够完成同样的计算要求。

```
=IF(B2>=90,"良好",IF(B2>=60,"中等","较差"))
```

公式从最高部分开始判断，首先判断B2单元格是否大于等于90，符合条件返回指定的内容“良好”，如果B2单元格中的数值不大于90，则继续执行下一个IF函数判断B2是否大于等于60，符合条件返回“中等”，否则返回“较差”。

示例结束

2. 逻辑关系与、或、非

AND函数、OR函数和NOT函数分别对应三种常用的逻辑关系，即“与”“或”“非”。

对于AND函数，所有参数的逻辑值为真时返回 TRUE，只要一个参数的逻辑值为假即返回FALSE。类似于判断系统是否安全时，需要逐个盘符进行检查，只有所有盘符的检查都是安全的（TRUE），才会判定系统为安全。只要其中任意一个盘符不安全（FALSE），系统是否安全的判断就会返回逻辑值FALSE。

OR函数在当所有参数的逻辑值都为假时，才返回FALSE；只要一个参数的逻辑值为真，即返回TRUE。类似于判断系统是否有病毒时，同样需要逐个盘符进行检查，只有所有盘符的检查都没有病毒（FALSE），系统是否有病毒的判断才会返回逻辑值FALSE。只要其中任意一个盘符有病毒（TRUE），系统是否有病毒的判断就返回逻辑值TRUE。

对于NOT函数，如果其条件参数的逻辑值为真时，返回结果假。如果其条件参数的逻辑值为假时，返回结果真。即对原有表达式的逻辑值进行反转。

示例 8-13　判断是否符合退休条件

素材所在位置为：

光盘：\素材\第8章 函数应用\示例8-13 判断是否符合退休条件.xlsx

根据现有规定，男性退休年龄为60岁，女性退休年龄为50岁。在图8-48模拟的员工信息表中，需要根据B列的性别和C列的年龄，综合判断员工是否符合退休条件。

	A	B	C	D
1	姓名	性别	年龄	是否符合退休条件
2	马玉涛	女	50	是
3	郭笑天	男	55	否
4	刘春燕	女	48	否
5	金玉娇	女	51	是
6	任鸣齐	男	60	是
7	郎金平	男	59	否
8	李文安	男	53	否
9	杨玉涛	女	51	是

图8-48　判断是否符合退休条件

本例中，分为两组具有“或者”关系的条件：

“性别为男，年龄大于等于60”或者“性别为女，年龄大于等于50”。

每组又细分为两个“并且”关系的条件：

（1）性别为男，并且年龄大于等于60；

（2）性别为女，并且年龄大于等于50。

也就是作为同一组内的判断，两个条件必须同时符合。而最终这两组条件满足其一，即可判定为符合退休条件。

D2单元格输入以下公式，向下复制到D9单元格。

```
=IF(OR(AND(B2="女",C2>=50),AND(B2="男",C2>=60)),"是","否")
```

公式中的"AND(B2="女",C2>=50)"部分，对B2单元格的性别和C2单元格的年龄进行判断，如果性别等于"女"，同时年龄大于等于50，则返回逻辑值TRUE，否则返回FALSE。

"AND(B2="男",C2>=60)"部分，如果性别等于"男"，同时年龄大于等于60，则返回逻辑值TRUE，否则返回FALSE。

OR函数将两个AND函数的运算结果作为参数，其中任意一个AND函数的运算结果为TRUE，即返回逻辑值TRUE。

最后用IF函数判断，如果OR函数得到的结果为逻辑值TRUE，则返回"是"，否则返回"否"。

示例结束

3. 逻辑函数与乘法加法运算

实际使用中，经常会使用乘法替代AND函数，使用加法替代OR函数。

使用乘法替代AND函数时，如果多个判断条件中的任意一个结果返回逻辑值FALSE，则乘法结果为0。

使用加法替代OR函数时，如果多个判断条件中的任意一个结果返回逻辑值TRUE，则加法的结果大于0。

在IF函数的第一参数中，0的作用相当于逻辑值FALSE，其他非0数值的作用相当于逻辑值TRUE，因此使用乘法和加法可以得到与AND函数和OR函数相同的计算目的。

示例8-13中的判断是否符合退休条件，也可以用以下公式完成。

```
=IF((B2="女")*(C2>=50)+(B2="男")*(C2>=60),"是","否")
```

4. 使用IFERROR函数屏蔽公式返回的错误值

在函数公式的应用中，经常会由于多种原因而返回错误值，为了使表格更加美观，往往需要屏蔽这些错误值的显示，Excel提供了用于屏蔽错误值的IFERROR函数。该函数的作用是：如果公式的计算结果错误，则返回指定的值，否则返回公式本身的运算结果。第一参数是用于检查错误值的公式，第二参数是公式计算结果为错误值时要返回的值。

示例 8-14　屏蔽公式返回的错误值

素材所在位置为：

光盘：\素材\第8章 函数应用\示例8-14 屏蔽公式返回的错误值.xlsx

图8-49所示是某公司上半年的销售计划完成情况，在D2单元格使用公式"=C2/B2"计算完成率。由于B列中的计划数据填写不完整，在计算完成率时，部分单元格中返回了错误值。

D2单元格公式修改为：

```
=IFERROR(C2/B2,"")
```

在原有的除法公式基础上，使用了IFERROR函数，如果公式C2/B2计算结果为错误值时，返回指定的空文本""，否则返回公式的计算结果，屏蔽错误值后，工作表看起来更加整洁。

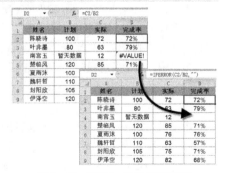

图8-49　屏蔽公式返回的错误值

示例结束

8.7.3 数学计算

掌握Excel数学计算类函数的基础应用技巧，可以在工作表中快速完成求和、取余、随机和修约等数学计算。

1. 认识MOD函数

在数学概念中，余数是被除数与除数进行整除运算后剩余的数值，余数的绝对值必定小于除数的绝对值。例如13除以5，余数为3。

MOD函数用来返回两数相除后的余数，其结果的正负号与除数相同。MOD函数的语法结构为：

```
MOD(number,divisor)
```

第一参数是被除数，第二参数是除数。

示例 8-15　根据身份证号码判断性别

素材所在位置为：

光盘：\素材\第8章 函数应用\示例8-15 根据身份证号码判断性别.xlsx

整数包括奇数和偶数，能被2整除的数是偶数，否则为奇数。在实际工作中，可以使用MOD函数计算数值除以2的余数，利用余数的大小判断数值的奇偶性。

以下公式可以判断数值19的奇偶性：

```
=IF(MOD(19,2),"奇数","偶数")
```

MOD(19,2)部分的计算结果为1，在IF函数的第一参数中，非零数值相当于逻辑值TRUE，最终返回判断结果为"奇数"。

如图8-50所示，利用MOD函数判断身份证号码中第17位数字的奇偶性，可以识别男女性别。

```
=IF(MOD(MID(B2,17,1),2),"男","女")
```

先使用MID函数提取B2单元格第17位的数字，再使用MOD函数计算该数字与2相除的余数，结果返回1或是0。

最后使用IF函数，根据MOD函数的计算结果返回指定值。MOD函数计算结果为1时，IF函数返回"男"，否则返回"女"。

	A	B	C
1	姓名	身份证号码	提取性别
2	李梦颜	330183199501204335	男
3	庄梦蝶	330183199511182426	女
4	夏若冰	330183198511234319	男
5	文静婷	341024199306184129	女
6	白茹云	330123199210104387	女
7	许柯华	330123199405174332	男
8	孟丽洁	330123199502214362	女
9	江晨丽	330123199509134319	男

图8-50　根据身份证号码判断性别

示例结束

示例 8-16　利用 MOD 函数生成循环序列

素材所在位置为：

光盘：\素材\第8章 函数应用\示例8-16 利用MOD函数生成循环序列.xlsx

如图8-51所示，A列是初始值，B列是用户指定的循环周期，利用MOD函数结合自然数序列，可以生成不同的循环序列。该技巧常用于其他引用函数的参数，用于周期性地返回某个区域中的内容。

	A	B	C	D	E	F	G	H	I	J	K	L	M	N	O
1	初始值	循环周期		循环序列											
2	1	4		1	2	3	4	1	2	3	4	1	2	3	4
3	2	3		2	3	4	2	3	4	2	3	4	2	3	4

图8-51　利用MOD函数生成循环序列

D2单元格输入以下公式，并向右填充至O2单元格，生成水平方向的循环序列。

```
=MOD(COLUMN(A1)-1,$B2)+$A2
```

COLUMN(A1)-1部分，在D2:O2单元格区域中依次生成0~10的自然数序列。MOD函数依次计算自然数序列和B2单元格相除后的余数，结果加上A2单元格的起始值，即可生成指定周期、指定起始值的循环序列。

生成循环序列的通用公式为：

```
=MOD(自然数序列-1,指定周期)+初始值
```

示例结束

2. 常用的取舍函数

在对数值的处理中，经常会遇到进位或舍去的情况。例如去掉某数值的小数部分，按1位小数四舍五入或保留4位有效数字等。

Excel 2010提供了以下常用的取舍函数，如表8-1所示。

表8-1   常用取舍函数汇总

函数名称	功能描述
INT	取整函数，将数字向下舍入为最接近的整数
TRUNC	将数字直接截尾取整
ROUND	将数字四舍五入到指定位数
MROUND	返回参数按指定基数进行四舍五入后的数值
ROUNDUP	将数字朝远离零的方向舍入，即向上舍入
ROUNDDOWN	将数字朝向零的方向舍入，即向下舍入
CEILING	将数字向上舍入为最接近的整数，或最接近的指定基数的整数倍
FLOOR	将数字向下舍入为最接近的整数，或最接近的指定基数的整数倍
EVEN	将正数向上舍入、负数向下舍入为最接近的偶数
ODD	将正数向上舍入、负数向下舍入为最接近的奇数

ROUND函数是最常用的四舍五入函数之一，用于将数字四舍五入到指定的位数。该函数对需要保留位数的右边1位数值进行判断，若小于5则舍弃，若大于等于5则进位。

其语法结构为：

```
ROUND(number,num_digits)
```

第二参数用于指定小数位数。若为正数，则对小数部分进行四舍五入；若为负数，则对整数部分进行四舍五入。

示例8-17   计算销售提成额

素材所在位置为：

光盘：\素材\第8章 函数应用\示例8-17 计算销售提成额.xlsx

图8-52所示为某公司的销售数据，C列的销售提成计算规则为销售额×13.3%，计算后的结果有多位小数，现在需要将计算结果四舍五入到整数。

	A	B	C
1	姓名	销售额	提成
2	李梦颜	43125	5735.625
3	庄梦蝶	45883	6102.439
4	夏若冰	39377	5237.141
5	文静婷	41520	5522.16
6	白茹云	42299	5625.767
7	许柯华		
8	孟丽洁		
9	江晟涵		

	A	B	C
1	姓名	销售额	提成
2	李梦颜	43125	5736
3	庄梦蝶	45883	6102
4	夏若冰	39377	5237
5	文静婷	41520	5522
6	白茹云	42299	5626
7	许柯华	45600	6065
8	孟丽洁	29877	3974
9	江晟涵	38388	5106

图8-52 计算销售提成额

C2输入以下公式，向下复制到C9单元格。

```
=ROUND(B2*0.133,0)
```

ROUND函数第二参数使用0，表示四舍五入到整数。如需将提成额四舍五入到十位，可以使用以下公式。

```
=ROUND(B2*0.133,-1)
```

示例结束

INT函数的作用是将数字向下舍入到最接近的整数，使用INT函数能够生成递增的循环序列，以此作为引用类函数的参数，规律性地重复返回某个区域中指定的内容。

示例 8-18 生成递增的循环序列

素材所在位置为：

光盘：\素材\第8章 函数应用\示例8-18 生成递增的循环序列.xlsx

如图8-53所示，A列是初始值，B列是用户指定的重复次数，利用INT函数结合自然数序列，可以生成递增的循环序列。

	A	B	C	D	E	F	G	H	I	J	K	L	M	N	O
1	初始值	重复次数		循环序列											
2	1	4		1	1	1	1	2	2	2	2	3	3	3	3
3	2	3		2	2	2	3	3	3	4	4	4	5	5	5

图8-53 生成递增的循环序列

D2单元格输入以下公式，向右复制到O2单元格。

```
=INT((COLUMN(A1)-1)/$B2)+$A2
```

COLUMN(A1)-1部分，向右复制到O2单元格时，能够生成0~11的自然数序列。用自然数序列除以重复次数，再使用INT函数对相除后的结果取整后加上指定的初始值，即可生成指定重复次数和起始值的递增循环序列。

生成递增循环序列的通用公式为：

```
=INT((自然数序列-1)/重复次数)+初始值
```

示例结束

3. 随机函数

随机数是一个事先不确定的数。在随机抽取试题、随机安排考生座位、随机抽奖等应用中，都需要使用随机数进行处理。使用RAND函数和RANDBETWEEN函数均能生成随机数。

RAND函数不需要参数，可以随机生成一个大于等于0且小于1的小数，而且得到的随机小数重复概率会非常低。若要生成a与b之间的随机实数，模式化公式为：

```
=rand()*(b-a)+a
```

RANDBETWEEN函数的语法结构为：

```
RANDBETWEEN(bottom,top)
```

两个参数分别为随机数的下限和上限，用于指定产生随机数的范围。RANDBETWEEN函数能够生成一个大于等于下限值且小于等于上限值的整数。

这两个随机函数都是易失性函数，每次工作表重新计算或是重新打开工作簿时，计算结果都会发生变化。

示例 8-19　产生 50~100 的随机整数

素材所在位置为：

光盘：\素材\第8章 函数应用\示例8-19 产生50~100的随机整数.xlsx

以下函数公式将产生50~100的随机整数，结果如图8-54所示。

B2单元格公式：

```
=INT(RAND()*50+50)
```

C2单元格公式：

```
=RANDBETWEEN(50,100)
```

序号	RAND	RANDBETWEEN
1	57	90
2	80	61
3	58	57
4	57	96
5	67	56
6	94	80
7	57	100
8	52	94

图8-54　产生50~100的随机整数

示例结束

8.7.4　日期和时间计算

日期和时间是Excel中一种特殊类型的数据，有关日期和时间的计算在各个领域中都具有非常广泛的应用。Excel 2010提供了丰富的日期函数用来处理日期数据，常用的日期函数及功能如表8-2所示。

表8-2　　　　　　　　　　常用的日期函数

函数名称	功能
DATE 函数	根据指定的年份、月份和日期返回日期序列值
DATEDIF 函数	计算日期之间的年数、月数或天数
DAY 函数	返回某个日期的在一个月中的天数
MONTH 函数	返回日期中的月份
YEAR 函数	返回对应某个日期的年份
TODAY 函数	用于生成系统当前的日期
NOW 函数	用于生成操作系统当前的日期和时间

函数名称	功能
EDATE 函数	返回指定日期之前或之后指定月份数的日期
EOMONTH 函数	返回指定日期之前或之后指定月份数的月末日期
WEEKDAY 函数	以数字形式返回指定日期是星期几
WORKDAY 函数	返回指定工作日之前或之后的日期
WORKDAY.INTL 函数	使用自定义周末参数，返回指定工作日之前或之后的日期
NETWORKDAYS 函数	返回两个日期之间的完整工作日数
NETWORKDAYS.INTL 函数	使用自定义周末参数返回两个日期之间的完整工作日数
DAYS360 函数	按每年 360 天返回两个日期间相差的天数（每月 30 天）

1. 了解日期和时间数据的本质

Excel 将日期存储为整数序列值，日期取值区间为 1900 年 1 月 1 日至 9999 年 12 月 31 日。一个日期对应一个数字，常规数值的 1 个单位在日期中代表 1 天。Excel 中的时间可以精确到千分之一秒，时间数据被存储为 0.0 到 0.99999999 之间的小数。构成日期的整数和构成时间的小数可以组合在一起，生成既有小数部分又有整数部分的数字。

日期和时间都是数值，因此也可以进行加、减等各种运算。

2. 简单的日期计算

示例 8-20　计算员工试用期到期日

素材所在位置为：

光盘：\素材\第 8 章 函数应用\示例 8-20 计算员工试用期到期日 .xlsx

如图 8-55 所示，需要根据 B 列的员工入职日期和 C 列的试用期月数，计算试用期到期日。

D2 单元格输入以下公式，向下复制到 D9 单元格。

```
=EDATE(B2,C2)
```

EDATE 函数用于返回指定日期之前或之后指定月份数的日期。公式中的 B2 表示起始日期，C2 表示月份数。如果 EDATE 函数第二参数为正值，将生成未来日期；为负值将生成过去日期。

	A	B	C	D
1	姓名	入职时间	试用期（月）	到期日
2	苏安希	2017/2/11	3	2017/5/11
3	冷夕颜	2016/12/2	1	2017/1/2
4	舒惜墨	2017/3/5	3	2017/6/5
5	宇文冠	2017/2/1	6	2017/8/1
6	郭默青	2017/12/31	2	2018/2/28
7	伊濑诺	2016/11/26	3	2017/2/26
8	言书雅	2016/12/1	6	2017/6/1
9	陌倾城	2017/3/28	2	2017/5/28

图 8-55　计算员工试用期到期日

示例结束
---

3. 认识 DATEDIF 函数

DATEDIF 函数用于计算两个日期之间的天数、月数或年数。在 Excel 的函数列表中没有显示此函数，帮助文件中也没有相关说明，是一个隐藏的，但是功能十分强大的日期函数。

其基本语法为：

```
DATEDIF(start_date,end_date,unit)
```

第一参数表示时间段内的起始日期，可以写成带引号的日期文本串（例如

使用 DATEDIF
函数计算日期间隔

"2017/1/30"），或是单元格引用。

第二参数代表时间段内的结束日期。

第三参数为所需信息的返回类型，该参数不区分大小写。不同第三参数返回的结果如表8-3所示。

表8-3　　DATEDIF函数不同第三参数的作用

unit参数	函数返回结果
Y	时间段中的整年数
M	时间段中的整月数
D	时间段中的天数
MD	日期中天数的差。忽略日期中的月和年
YM	日期中月数的差。忽略日期中的日和年
YD	日期中天数的差。忽略日期中的年

示例 8-21　计算员工工龄

素材所在位置为：

光盘：\素材\第8章 函数应用\示例8-21 计算员工工龄.xlsx

图8-56所示为某公司员工信息表的部分内容，需要根据B列的入职时间计算工龄月份，截止时间是2017年1月1日。

C2单元格输入以下公式，向下复制到C9单元格。

```
=DATEDIF(B2,"2017-1-1","M")
```

DATEDIF函数第三参数使用"M"，用于计算B2单元格的参加工作时间与截止日期之间间隔的整月数，不足一个月的部分被舍去。

	A	B	C
1	姓名	入职时间	工龄（月）
2	欧阳婕	2002/2/11	178
3	王梦雅	2006/12/2	120
4	舒圣闲	2010/3/5	81
5	穆晨阳	2011/2/1	71
6	陌亦殇	2014/12/31	24
7	裴清琅	2016/11/26	1
8	林羽涟	2009/12/1	85
9	洛少泽	2007/3/28	117

图8-56　计算员工工龄

示例结束

4. 星期有关的计算

WEEKDAY函数返回对应于某个日期的一周中的第几天。该函数的基本语法如下：

```
WEEKDAY(serial_number,[return_type])
```

第一参数是需要判断星期的日期。第二参数用于确定返回值的类型，一般情况下使用2，返回结果为数字1（星期一）到7（星期日）。

示例 8-22　计算指定日期是星期几

素材所在位置为：

光盘：\素材\第8章 函数应用\示例8-22 计算指定日期是星期几.xlsx

如图8-57所示，使用函数公式返回指定日期对应的星期值。

B2单元格公式为：

```
=WEEKDAY(A2,2)
```

WEEKDAY函数第二参数为2，返回1至7的数字，表示从星期一到星期日为一周。

	A	B
1	日期	星期
2	2017/2/26	7
3	2017/3/20	1
4	2017/4/20	4
5	2017/5/23	2

图8-57　计算指定日期是星期几

示例结束

5. 时间的加减计算

在处理时间数据时，一般仅对数据进行加法和减法的计算，如计算累计通话时长、两个时间的间隔时长等。

示例 8-23　计算故障处理时长

素材所在位置为：

光盘：\素材\第 8 章 函数应用\示例 8-23 计算故障处理时长.xlsx

图 8-58 所示为某企业设备故障记录表的一部分，需要根据 B 列的故障发生时间和 C 列的故障恢复时间，计算故障处理时长有多少分钟。

	设备名称	故障发生时间	故障恢复时间	处理时长（分钟）
2	一号机组	2016-11-23 12:30:00	2016-11-25 23:25:45	3535
3	二号机组	2016-11-23 10:40:00	2016-11-24 08:21:03	1301
4	一号机组	2016-11-22 20:56:00	2016-11-24 00:27:30	1651
5	三号机组	2016-11-23 21:44:00	2016-11-25 10:43:23	2219
6	汽轮机组	2016-11-23 20:32:00	2016-11-24 01:43:44	311

图 8-58　计算故障处理时长

D2 单元格输入以下公式，向下复制。

```
=INT((C2-B2)*1440)
```

1 天等于 24 小时，1 小时等于 60 分钟，即一天有 1440 分钟。要计算两个时间间隔的分钟数，只要用终止时间减去开始时间，再乘以 1440 即可。最后用 INT 函数舍去计算结果中不足一分钟的部分，计算出时长的分钟数。

如果需要计算两个时间间隔的秒数，可使用以下公式。

```
=(C2-B2)*86400
```

一天有 86400 秒，所以计算秒数时使用结束时间减去开始时间，再乘以 86400。

示例结束

8.7.5 | 查找和引用函数

查找与引用类函数是应用频率较高的函数之一，可以用来在数据清单或表格的指定单元格区域范围内查找特定内容。

1. 行号和列号函数

素材所在位置为：

光盘：\素材\第 8 章 函数应用\8.7.5 行号和列号函数.xlsx

ROW 函数和 COLUMN 函数分别根据参数指定的单元格或区域，返回对应的行号或列号，如果参数省略，则返回公式所在单元格的行号或列号，如图 8-59 和图 8-60 所示。

图 8-59　ROW 函数

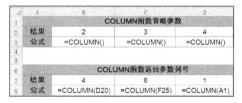

图 8-60　COLUMN 函数

ROW函数和COLUMN函数仅仅返回参数所在单元格的行号列号信息，与单元格的实际内容无关，因此在A1单元格中使用以下公式时，将不会产生循环引用。

```
=ROW(A1)
```

```
=COLUMN(A1)
```

ROW函数和COLUMN函数的运算结果常用于其他函数的参数。

2．认识INDIRECT函数

INDIRECT函数能够根据第一参数的文本字符串生成具体的单元格引用。该函数的语法如下：

```
INDIRECT(ref_text,[a1])
```

第一参数是一个表示单元格地址的文本，可以是A1或是R1C1引用样式的字符串。第二参数用于指定使用哪一种引用样式。如果该参数为TRUE或省略，第一参数中的文本被解释为A1样式的引用；如果为FALSE或是写成0，则将第一参数中的文本解释为R1C1样式的引用。

INDIRECT函数默认采用A1引用样式，参数中的"R"与"C"分别表示行（ROW）与列（COLUMN），与各自后面的数值组合起来表示具体的区域。

以下通过三个示例来了解INDIRECT函数。

【例8-1】如图8-61所示，C1单元格输入以下公式：

```
=INDIRECT("A1")
```

函数参数为"A1"，INDIRECT函数将字符串"A1"变成实际的引用，因此返回的是对A1单元格的引用。

图8-61　文本"A1"变成实际的引用

【例8-2】如图8-62所示，A1单元格输入文本"B5"，在C1单元格输入以下公式：

```
=INDIRECT(A1)
```

INDIRECT函数将A1单元格内的文本"B5"变成实际的引用，实现对B5单元格的间接引用效果。

【例8-3】如图8-63所示，D3单元格输入文本"A1:B5"，D1单元格使用以下公式将计算A1:B5单元格区域之和。

```
=SUM(INDIRECT(D3))
```

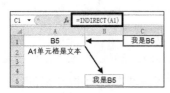

图8-62　间接引用单元格

图8-63　间接引用单元格区域

"A1:B5"只是D3单元格中普通的文本内容，INDIRECT函数将表示引用的字符串转换为真正的A1:B5单元格区域的引用，最后使用SUM函数计算引用区域的和。

示例8-24　汇总各年级考核总分

素材所在位置为：

光盘：\素材\第8章 函数应用\示例8-24 汇总各年级考核总分.xlsx

图8-64所示为某学校学生体能考核表的部分内容，不同年级的考核数据分别存放在以年级名称命名的工作表内，要求在"汇总"工作表内，对各年级的考核总分进行汇总。

在汇总工作表的B2单元格输入以下公式，向下复制到B4单元格。

```
=SUM(INDIRECT(A2&"!B1:B100"))
```

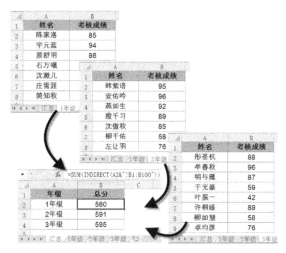

图8-64　汇总各年级考核总分

首先将A2单元格中表示工作表名称的字符"1年级"与字符串"!B1:B100"连接，组成新字符串"1年级!B1:B100"，此时的字符串还不具有引用功能。

INDIRECT函数将引用样式的文本字符串"1年级!B1:B100"变成实际引用，返回"1年级"工作表B1:B100单元格区域的引用。

使用SUM函数对INDIRECT函数的引用结果计算出总和。

公式中的"A2"使用了相对引用，随着公式向下复制，引用位置依次变成A3、A4。由此组成的新字符串也会随之变化为"2年级!B1:B100""3年级!B1:B100"，通过INDIRECT函数将这些字符串变成实际引用，最终实现多工作表的求和汇总。

在实际应用中，如果引用工作表标签名中包含有空格等特殊符号时，手工输入的工作表名称有可能造成引用错误。

可以先在任意一个空白单元格内输入等号"="，然后鼠标单击工作表标签，再单击该工作表内任意单元格，如B2，按<Enter>键完成输入。

此时编辑栏内就会看到该工作表的正确引用地址，在编辑栏中复制工作表名称部分即可，如图8-65所示。

图8-65　工作表标签带有空格

示例结束

3．使用VLOOKUP函数查询信息

VLOOKUP函数是使用频率非常高的查询函数之一，函数的语法为：

```
VLOOKUP(lookup_value,table_array,col_index_num,[range_lookup])
```

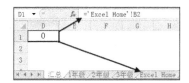

使用VLOOKUP
函数查询数据1　　使用VLOOKUP
函数查询数据2

第一参数是要查询的值。

第二参数是需要查询的单元格区域，这个区域中的首列必须要包含查询值，否则公式将返回错误值。

第三参数用于指定返回查询区域中第几列的值。

第四参数决定函数的查找方式，如果为0或FASLE，用精确匹配方式；如果为TRUE或被省略，则使用近似匹配方式，同时要求查询区域的首列按升序排序。

该函数的语法可以理解为：

VLOOKUP（要查找的内容，要查找的区域，返回查找区域第几列的内容，[精确匹配还是近似匹配]）

示例 8-25　使用 VLOOKUP 函数查询员工信息

素材所在位置为：

光盘：\素材\第8章 函数应用\示例8-25 使用VLOOKUP函数查询员工信息.xlsx

图8-66展示的是某企业职工信息表的部分内容，需要根据E3单元格中的工号，在A~C列中查询该员工的部门信息。

F3单元格输入以下公式。

```
=VLOOKUP(E3,B2:C9,2,0)
```

E3单元格的工号是需要查询的内容。

B2:C9是要查询的单元格区域。

VLOOKUP函数第三参数使用2，表示返回B2:C9单元格区域中第2列的内容。

第四参数使用0，表示使用精确匹配的方式进行查找。

	A	B	C	D	E	F
1	姓名	工号	部门			
2	夏唯安	HG1035	总经办		工号	部门
3	全冠清	HG1239	财务部		HG1039	生产部
4	阮星竹	HG0037	财务部			
5	言书雅	HG0928	质检部			
6	许卓诚	HG1039	生产部			
7	朱丹臣	HG2066	仓储部			
8	冷夕颜	HG1533	仓储部			
9	萧远山	HG1042	销售部			

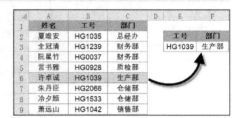

图8-66　使用VLOOKUP函数查询员工信息

示例结束

注意

VLOOKUP函数第三参数中的列号，不能理解为工作表中实际的列号，而是指定要返回查询区域中第几列的值。如果有多条满足条件的记录时，VLOOKUP函数默认只能返回第一个查找到的记录。

VLOOKUP函数使用动态的第三参数，可以返回不同类别的信息。

示例 8-26　查询员工部门和年龄信息

素材所在位置为：

光盘：\素材\第8章 函数应用\示例8-26 查询员工部门和年龄信息.xlsx

如图8-67所示，需要根据G2单元格的员工姓名，在B~E列的基础数据表内查询员工的部门和年龄信息。

	A	B	C	D	E	F	G	H	I
1		姓名	职务	部门	年龄		姓名	部门	年龄
2		殷千习	部长	质保部	29		简知秋	仓储部	33
3		汪诗敏	部长	安监部	32				
4		叶叔颖	经理	销售部	36				
5		宇凌司	副经理	销售部	28				
6		苏献宁	主管	财务部	31				
7		韩紫柳	经理	采购部	27				
8		韩晓让	副经理	采购部	25				
9		简知秋	部长	仓储部	33				
10		原舒羽	安检员	安监部	30				

图8-67　查询员工部门和年龄信息

H2单元格输入以下公式，向右复制到I2单元格。

```
=VLOOKUP($G2,$B:$E,COLUMN(C1),0)
```

VLOOKUP函数的第一参数和第二参数使用列绝对引用，公式向右复制时，查询值所在单元格$G2的位置和查询区域$B:$E都不会发生变化。

第三参数使用COLUMN(C1)，计算结果为3，表示从查询区域返回第三列的内容。公式向右复制时，第三参数变成COLUMN(D1)，计算结果为4，VLOOKUP函数从查询区域返回第四列的内容。

示例结束

VLOOKUP函数在精确匹配模式下支持通配符“*”和“?”，当查找内容不完整时，可以使用通配符实现模糊查询。

示例 8-27 使用通配符实现模糊查询

素材所在位置为：

光盘：\素材\第8章 函数应用\示例8-27 使用通配符实现模糊查询.xlsx

图8-68展示的是某单位客户信息表的部分内容。根据D2单元格指定的公司简称，可以查询到公司联系人信息。

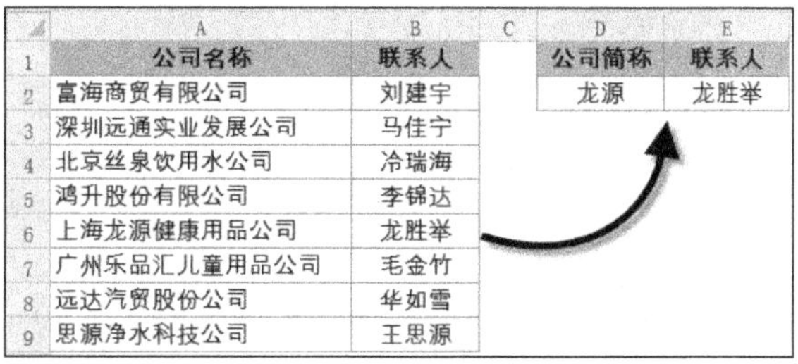

	A	B	C	D	E
1	公司名称	联系人		公司简称	联系人
2	富海商贸有限公司	刘建宇		龙源	龙胜举
3	深圳远通实业发展公司	马佳宁			
4	北京丝泉饮用水公司	冷瑞海			
5	鸿升股份有限公司	李锦达			
6	上海龙源健康用品公司	龙胜举			
7	广州乐品汇儿童用品公司	毛金竹			
8	远达汽贸股份公司	华如雪			
9	思源净水科技公司	王思源			

图8-68 查询公司联系人

E2单元格输入以下公式。

```
=VLOOKUP("*"&D2&"*",A1:B9,2,0)
```

通配符“*”表示任意多个字符，VLOOKUP函数第一参数使用"*"&D2&"*"，即在A列中查询包含D2单元格的内容，并返回与之对应的B列联系人信息。

示例结束

VLOOKUP函数第四参数为TRUE或被省略时，使用近似匹配方式，通常情况下用于累进数值的查找。

示例 8-28 使用 VLOOKUP 函数判断考核等级

素材所在位置为：

光盘：\素材\第8章 函数应用\示例8-28 使用VLOOKUP函数判断考核等级.xlsx

图8-69所示为员工考核成绩表的部分内容，E2:F5单元格区域是考核等级对照表，首列已按成绩升序排序，需要根据B列的考核成绩，在C列返回对应的等级。

C2单元格输入以下公式，向下复制到C9单元格。

```
=VLOOKUP(B2,$E$2:$F$5,2)
```

姓名	考核成绩	等级判定		成绩对照	等级
奚晓巍	80	良好		0	待改进
樱芷月	92	优秀		60	称职
韩紫语	75	称职		80	良好
闵暗彤	68	称职		90	优秀
林紫洛	52	待改进			
殷千习	93	优秀			
易默野	88	良好			
乔沐枫	72	称职			

图8-69 判断考核等级

第二参数"$E$2:$F$5"使用绝对引用方式，避免公式向下复制时查询区域发生变化。

VLOOKUP函数第四参数被省略，表示使用近似匹配模式。如果找不到精确匹配值，则返回小于查询值的最大值。

例如，C4单元格的成绩75在对照表中未列出，因此Excel在F列中查找小于75的最大值60进行匹配，并返回F列对应的等级"称职"。

提示

使用近似匹配时，查询区域的首列必须按升序排序，否则无法得到正确的结果。

示例结束

4. 使用LOOKUP函数查询信息

LOOKUP函数主要用于在查找范围中查询指定的查找值，并返回另一个范围中对应位置的值。该函数常用语法如下：

```
LOOKUP(lookup_value,lookup_vector,[result_
vector])
```

第一参数是要查询的内容，第二参数为查找范围，第三参数为要返回的结果范围。LOOKUP函数常用于在由单行或单列构成的第二参数中查找指定的值，并返回第三参数中对应位置的值。

使用LOOKUP
函数查询数据1

使用LOOKUP
函数查询数据2

示例8-29 使用LOOKUP函数判断账龄

素材所在位置为：

光盘：\素材\第8章 函数应用\示例8-29 使用LOOKUP函数判断账龄.xlsx

图8-70所示为某公司业务流水记录表，需要根据业务发生日期，判断截止到2017年1月1日的账龄区间。

要判断账龄，首先要计算出业务发生日期到截止日期2017年1月1日间隔有多少个月。计算出间隔月数后，再使用LOOKUP函数计算出账龄区间。

C2单元格输入以下公式，向下复制到C9单元格。

`=LOOKUP(DATEDIF(B2,"2017-1-1","M"), {0,6,12,24},{"6`
个月之内","6~12个月之内","12~24个月之内","24个月及以上"})

	A	B	C
1	单据号	业务发生日期	账龄区间
2	201600039	2015/5/19	12~24个月之内
3	201600040	2016/1/12	6~12个月之内
4	201600041	2016/5/30	6~12个月之内
5	201600042	2016/8/20	6个月之内
6	201600043	2016/9/10	6个月之内
7	201600044	2016/8/20	6个月之内
8	201600045	2014/8/29	24个月及以上
9	201600046	2015/9/12	12~24个月之内

图8-70 使用LOOKUP函数判断账龄

"DATEDIF(B2,"2017-1-1","M")"部分，计算B2单元格到2017年1月1日的间隔月数，结果为19。

本例中，LOOKUP函数的第二参数查找范围和第三参数结果范围，都使用带有大括号的数组常量。常量是指不进行计算的值，数组常量是指用作函数参数的一组常量。

LOOKUP函数以DATEDIF函数计算出的月数作为查询值，在数组常量{0,6,12,24}这个查找范围中进行查找。由于该数组常量中没有包含数值19，因此以小于查询值的最大值，也就是12进行匹配。

12在数组常量{0,6,12,24}中位于第三个元素位置，LOOKUP函数最终返回结果范围{"6个月之内","6~12个月之内","12~24个月之内","24个月及以上"}中的第三个元素"12~24个月之内"。

示例结束

示例 8-30　使用 LOOKUP 函数逆向查询

素材所在位置为：

光盘：\素材\第8章 函数应用\示例8-30 使用LOOKUP函数逆向查询.xlsx

图8-71展示的是某单位员工信息表的部分内容，需要根据E2单元格的姓名，查询员工的部门信息。

本例中，要查询的姓名位于查询区域的最右侧，因此不能直接使用VLOOKUP函数实现查询需求。F2单元格输入以下公式。

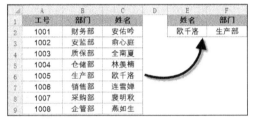

图8-71　逆向查询

`=LOOKUP(1,0/(E2=C2:C9),B2:B9)`

首先使用"E2=C2:C9"，比较E2单元格的姓名与B列中的姓名是否相同，返回逻辑值TRUE或是FALSE。

在编辑栏中选中"E2=C2:C9"后按<F9>键，可以查看该部分的计算结果：

`{FALSE;FALSE;FALSE;FALSE;TRUE;FALSE;FALSE;FALSE}`

"0/(E2=C2:C9)"部分，用0除以比对后的逻辑值，0除以逻辑值TRUE时，结果返回0，0除以逻辑值FALSE时返回错误值#VALUE!。

`{#DIV/0!;#DIV/0!;#DIV/0!;#DIV/0!;0;#DIV/0!;#DIV/0!;#DIV/0!}`

LOOKUP函数的查询区域部分是由错误值#VALUE!和0组成，用1作为查找值时，以小于1的最大值，也就是0进行匹配。0在查找范围中处于第5个元素位置，因此公式最终返回第三参数B2:B9单元格区域中对应位置的部门信息。

该用法可以归纳为：

`=LOOKUP(1,0/(条件),目标区域)`

提示

　　如果查找范围中有多个符合条件的结果时，LOOKUP函数仅返回最后一条符合条件的记录。

示例结束

LOOKUP函数还有一些模式化的用法。

【例8-4】返回A列最后一个文本：

```
=LOOKUP("々",A:A)
```

"々"是一个编码较大的字符，输入方法为<Alt+41385>组合键，其中数字41385需要使用小键盘来进行输入。一般情况下，第一参数写成"座"，也可以返回一列或一行中的最后一个文本内容。

例2：返回A列最后一个数值：

```
=LOOKUP(9E+307,A:A)
```

9E+307是Excel里的科学计数法，即9*10^307，被认为是接近Excel允许键入的最大数值。用它作为查询值，可以返回一列或一行中的最后一个数值。

5. 使用MATCH函数和INDEX函数查询数据

（1）认识MATCH函数

MATCH 函数可以在单行或单列的单元格区域中搜索指定项，然后返回该项在该单元格区域中的相对位置。函数的语法为：

```
MATCH(lookup_value,lookup_array,[match_type])
```

其中，第一参数为指定的查找对象，第二参数为可能包含查找对象的单元格区域或数组，第三参数为查找的匹配方式。

第三参数可以使用0、1或省略、-1，分别对应精确匹配、升序查找和降序查找模式。

该函数语法可以理解为：

```
MATCH(要查找的内容,在哪个区域查找,[查找的方式])
```

【例8-5】当第三参数为0时，第二参数无需排序。以下公式在第二参数中精确查找出字母"A"第一次出现的位置，结果为2，不考虑第二次出现位置。

```
=MATCH("A",{"C","A","B","A","D"},0)
```

【例8-6】当第三参数为1时，第2个参数要求按升序排列。以下公式以6作为查找值，在第二参数中查找小于或等于6的最大值。由于第二参数中没有数字6，因此公式以5进行匹配。5在第二参数中位于第三个元素位置，所以MATCH函数返回3。

```
=MATCH(6,{1,3,5,7},1)
```

【例8-7】当第三参数为-1时，第二参数要求按降序排列。以下公式以8作为查找值，在第二参数中查找大于或等于8的最小值。由于第二参数中没有数字8，因此公式以9进行匹配。9在第二参数中位于第二个元素位置，所以MATCH函数结果返回2。

```
=MATCH(8,{11,9,6,5,3,1},-1)
```

以上三种MATCH函数用法，以第一种最为普遍，其他用法仅作了解即可。

（2）认识INDEX函数

INDEX函数是常用的引用类函数之一，根据指定的行号和列号返回表格或区域中的值或值的引用。该函数的常用语法如下：

```
INDEX(array,row_num,[column_num])
```

第一参数表示一个单元格区域或数组常量。第二、第三参数用于指定要返回的元素位置，INDEX函数最终返回该位置的内容。

INDEX函数和MATCH函数结合运用，能够完成类似VLOOKUP函数的查找功能，并且可以实现灵活的逆向查询，即从右向左或是从下向上查询。

示例 8-31　使用 MATCH 函数和 INDEX 函数查询数据

素材所在位置为：

光盘：\素材\第8章 函数应用\示例8-31 使用MATCH函数和INDEX函数查询数据.xlsx

图8-72所示为某公司部门负责人信息表，需要根据G8单元格指定的姓名查询出对应的部门。

图8-72　使用MATCH函数和INDEX函数查询数据

H8单元格输入以下公式。

`=INDEX(C2:H2,MATCH(G8,C4:H4,0))`

公式中的"MATCH(G8,C4:H4,0)"部分，用MATCH函数查询G8单元格中的姓名在C4:H4的位置，第三参数使用0，表示精确匹配，查询结果为3。

再使用INDEX函数，在C2:H2单元格区域中，返回第三个元素的内容"采购部"。

使用INDEX函数和MATCH函数的组合应用来查询数据，公式看似相对复杂，但在实际应用中更加灵活。

在日常工作中，经常需要处理一些带有合并单元格的数据。而合并单元格中，实际上只有左上角的单元格有内容，其他均为空白。使用MATCH函数结合LOOKUP函数和INDIRECT函数，可以完成相关数据的查询。

示例8-32　有合并单元格的数据查询

素材所在位置为：

光盘：\素材\第8章 函数应用\示例8-32 有合并单元格的数据查询.xlsx

图8-73所示为某单位综合检查小组人员表的部分内容，A列中的检查组使用了合并单元格，需要根据D3单元格的姓名，查询该员工所属的检查组。

E3单元格使用以下公式。

`=LOOKUP("々",INDIRECT("A1:A"&MATCH(D3,B1:B12,)))`

首先使用"MATCH(D3,B1:B12,)"，精确定位D3单元格姓名"顾飞帆"在B1:B12单元格区域中的位置，计算结果为6。

再使用连接符"&"，将文本字符串"A1:A"和MATCH函数的计算结果6合并，成为新的字符串"A1:A6"。

图8-73　有合并单元格的数据查询

然后使用INDIRECT函数，将文本字符串"A1:A6"变成A1:A6单元格区域的实际引用。

最后使用LOOKUP函数，以"々"作为查找值，返回A1:A6单元格区域内的最后一个文本，结果为"劳动纪律"。

6. 了解OFFSET函数

OFFSET函数功能十分强大，在数据动态引用以及高级图表等很多应用实例中都会用到。

该函数以指定的引用为参照，通过给定偏移量得到新的引用，返回的引用可以为一个单元格或单元格区域，也可以指定返回的行数或列数。函数的基本语法如下：

`OFFSET(reference,rows,cols,[height],[width])`

第一参数是作为偏移量参照的起始引用区域。

第二参数是要偏移的行数。行数为正数时，偏移方向为向下；行数为负数时，偏移方向为向上。

第三参数是要偏移的列数。列数为正数时，偏移方向为向右；列数为负数时，偏移方向为向左。

第四参数是指定要返回引用区域的行数。

第五参数是指定要返回引用区域的列数。

如图8-74所示，以下公式将返回对D4单元格的引用。

`=OFFSET(B2,2,2)`

其中，B2单元格为OFFSET函数的引用基点。

第二参数为2，表示以B2为基点向下偏移两行，至B4单元格。

第三参数为2，表示以自B4单元格再向右偏移两列，至D4单元格。

第四和第五参数省略，表示新引用的范围和基点大小相同。

简单了解 OFFSET
函数 1

简单了解 OFFSET
函数 2

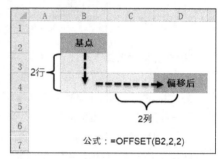

图8-74　图解OFFSET函数

示例 8-33　动态汇总销售额

素材所在位置为：

光盘：\素材\第8章 函数应用\示例8-33 动态汇总销售额.xlsx

图8-75所示为某单位的销售报表，需要根据D3单元格指定的起始月份和E3单元格指定的截止月份计算该区间的销售额。

F3单元格输入以下公式。

`=SUM(OFFSET(B1,D3,0,E3-D3+1))`

首先使用OFFSET函数，以B1单元格为基点，向下偏移的行数由D3单元格的起始月份值来指定。偏移列数为0，也就是列方向不偏移。新引用的行数为"E3-D3+1"，也就是用截止月份值减去起始月份值后加1。

用OFFSET函数实现对B6:B12单元格区域的引用

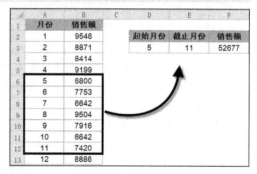

图8-75　动态汇总销售额

后，再用SUM函数对这一区域求和。如果D3单元格指定的起始月份和E3单元格指定的截止月份发生变化，OFFSET函数的引用范围也会随之变化，实现动态汇总的目的。

示例结束

8.7.6　使用公式创建超链接

HYPERLINK函数是Excel中唯一一个可以生成链接的特殊函数。函数语法如下：

`HYPERLINK(link_location,friendly_name)`

第一参数是要打开的文档的路径和文件名，可以指向Excel工作表或工作簿中特定的单元格。对于当前工作簿中的链接地址，通常使用前缀"#"号来代替当前工作簿的名称。

第二参数表示单元格中显示的跳转文本或数字值。如果省略该参数，HYPERLINK 函数建立超链接后，单元格中将显示第一参数的内容。其语法可以理解为：

HYPERLINK (要跳转的位置，要显示的内容)

示例 8-34　创建有超链接的工作表目录

素材所在位置为：

光盘：\ 素材 \ 第 8 章 函数应用 \ 示例 8-34 创建有超链接的工作表目录 .xlsx

图 8-76 所示为某单位员工信息表的部分内容，为了方便查看数据，要求在目录工作表中创建指向各工作表的超链接。

C2 单元格输入以下公式，向下复制到 C7 单元格。

=HYPERLINK("#"&B2&"!A1",B2)

公式中""#"&B2&"!A1""部分，用前缀"#"号来代替当前工作簿名称。使用连接符 & 连接各个单元格和字符串，得到结果"#郭云龙!A1"，以此指定链接跳转的具体单元格位置为当前工作簿的"郭云龙"工作表 A1 单元格。

图 8-76　为工作表名称添加超链接

第二参数为 B2，表示建立超链接后，将显示 B2 单元格的文字"郭云龙"。

设置完成后，光标指针靠近公式所在单元格时会自动变成手形，单击超链接，即跳转到相应工作表的 A1 单元格。

如图 8-77 所示，在"郭云龙"工作表的 I1 单元格内输入以下公式，生成返回目录的超链接。

=HYPERLINK("#目录!C1","返回目录")

图 8-77　生成返回目录的超链接

单击 I1 单元格后按住鼠标左键不放，直到指针变成空心十字"✤"后释放鼠标，选中该单元格，按 <Ctrl+C> 组合键复制，最后粘贴到其他工作表的 I1 单元格，即可在多个工作表中生成用于返回"目录"工作表的超链接。

示例结束

8.7.7 统计函数

1. 认识 COUNT 函数和 COUNTA 函数

素材所在位置为：

光盘：\ 素材 \ 第 8 章 函数应用 \ 8.7.7 认识 COUNT 函数和 COUNTA 函数 .xlsx

COUNT 函数是常用的计数统计函数，用于计算包含数字的单元格以及参数列表中数字的个数。

如图 8-78 所示，C2 单元格输入以下公式，可以统计 A2:A9 单元格区域的数字个数，其中 A7 为空单元格。

=COUNT(A2:A9)

COUNT 函数返回的统计结果为 3，单元格区域中的文本、错误值、逻辑值都不参与统计。

图 8-78　认识 COUNT 函数

示例 8-35　计算最近 3 天的销售额

素材所在位置为：

光盘：\素材\第 8 章 函数应用\示例 8-35 计算最近 3 天的销售额.xlsx

图 8-79 所示为某销售部的销售流水记录，每天的销售情况都会按顺序记录到该工作表中。现需要计算最近三天的销售额。也就是无论 A~B 的数据记录添加多少，始终计算最后三行的总和。

D2 单元格输入以下公式。

=SUM(OFFSET(B1,COUNT(B2:B999),0,-3))

"COUNT(B2:B999)" 部分，用于计算 B2:B999 单元格区域中有多少个数值，计算结果用作 OFFSET 函数的行偏移量。

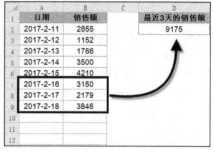
图 8-79　计算最近三天的销售额

OFFSET 函数以 B1 单元格作为基点，向下偏移的行数就是 B 列数值的个数，B 列数据每增加一条，OFFSET 函数的偏移行数就增加一行，因此偏移后的位置始终是 B 列数值的最后一条记录所在单元格。

OFFSET 函数列偏移量是 0，新引用的行数是 -3，也就是向下偏移到 B 列数值的最后一条记录所在单元格后，以此位置为新的基点，返回该位置向上三行的引用。

最后使用 SUM 函数，对 OFFSET 函数返回的引用求和汇总，得到最近三天的销售额。

注意

使用 COUNT 函数统计结果作为 OFFSET 函数的偏移量时，B 列记录中不能有空行，否则会使偏移后的基点位置不准确。

示例结束

COUNTA 函数用于计算指定范围中不为空的单元格的个数。

示例 8-36　为合并单元格添加序号

素材所在位置为：

光盘：\素材\第 8 章 函数应用\示例 8-36 为合并单元格添加序号.xlsx

图 8-80 展示了某单位各部门的员工信息，不同的部门使用了合并单元格，需要在 A 列大小不一的合并单元格内添加序号。

如果按常规方法，在首个合并单元格内输入数值1，拖动填充柄填充序列时会弹出如图8-81所示的对话框，无法完成操作。

同时选中需要输入序号的A2:A9单元格区域，在编辑栏输入以下公式，按<Ctrl+Enter>组合键。

```
=COUNTA(B$2:B2)
```

COUNTA函数以B$2:B2单元格区域作为计数范围。公式中的第一个B$2使用行绝对引用，第二个B2使用相对引用，按<Ctrl+Enter>组合键在多单元格同时输入公式后，引用区域会自动进行扩展。在A2单元格中的引用范围是B$2:B2，在A5单元格中的引用范围扩展为B$2:B5，以此类推。也就是开始位置是B2单元格，结束位置是公式所在行。

COUNTA函数统计该区域内不为空的单元格数量，计算结果即等同于序号。

序号	部门	姓名
1	生产部	简知秋
		纪若烟
		裴明秋
2	销售部	焦语络
		林羡楠
3	安监部	殷雨恨
4	采购部	袁舒羽
		殷雪鱼

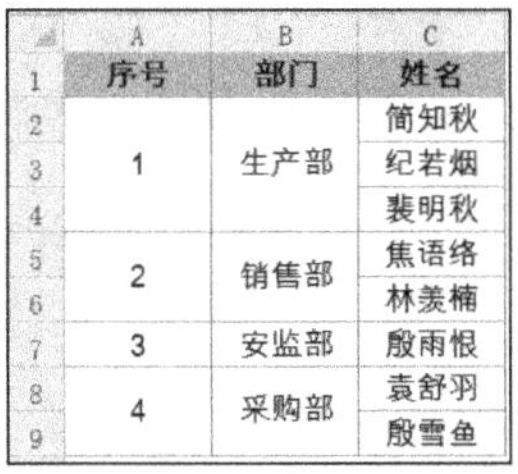

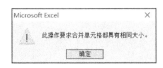

图8-80　合并单元格添加序号

图8-81　提示对话框

示例结束

2. 条件求和

条件求和类的计算在日常工作中的使用范围非常广，例如按指定的部门汇总工资额、计算某一品牌的销量等。SUMIF函数用于对范围中符合指定条件的值求和，函数的语法为：

```
SUMIF(range,criteria,[sum_range])
```

第一参数用于判断条件的单元格区域，第二参数用于确定求和的条件，第三参数是要求和的实际单元格区域。其语法可以理解为：

```
SUMIF(条件判断区域,求和条件,求和区域)
```

示例 8-37　汇总指定业务员的销售额

素材所在位置为：

光盘：\素材\第8章 函数应用\示例8-37 汇总指定业务员的销售额.xlsx

图8-82所示为某公司销售记录的部分内容，需要根据E2单元格中的姓名，汇总该业务员的销售额。

F2单元格输入以下公式。

```
=SUMIF(B2:B12,E2,C2:C12)
```

公式中的B2:B12是判断条件的单元格区域。求和条件是E2单元格的姓名。要求和的实际单元格区域是C2:C12单元格区域。

如果B2:B12单元格区域中的内容符合指定的姓名，公式就对C2:C12单元格区域对应的单元格求和。

日期	业务员	销售额		业务员	销售额
2017/1/12	殷小柠	7663		殷小柠	30619
2017/1/25	伊青寻	5928			
2017/2/12	宋慧婷	7245			
2017/2/12	殷小柠	7554			
2017/2/15	伊青寻	6241			
2017/2/16	俞心庭	7432			
2017/2/16	殷小柠	8946			
2017/2/22	宋慧婷	9883			
2017/2/22	伊青寻	6378			
2017/2/25	俞心庭	8613			
2017/2/25	殷小柠	6456			

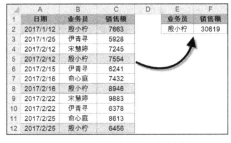

图8-82　汇总指定业务员的销售额

示例结束

SUMIF函数允许省略第三参数，省略第三参数时，Excel会对第一参数，也就是判断条件的单元格区域求和。

示例 8-38　汇总8000元以上的销售总额

素材所在位置为：

光盘：\素材\第8章 函数应用\示例8-38 汇总8000元以上的销售总额.xlsx

如图8-83所示，需要对C列大于8000的销售额求和。

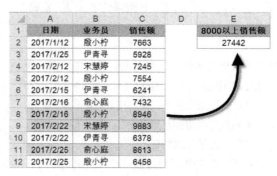

图8-83　汇总8000元以上的销售总额

E2单元格输入以下公式。

```
=SUMIF(C2:C12,">8000")
```

使用SUMIF函数时，任何文本条件或任何含有逻辑及数学符号的条件，都必须使用双引号（"）括起来。在本例中，第二参数使用字符串">8000"，表示求和条件为大于8000。

第三参数省略，表示应用条件的值即是要求和的值。公式判断C2:C12单元格中的值是否大于8000，符合条件则对该区域中对应的数值求和。

示例结束

SUMIF函数的求和条件参数中支持使用通配符问号（？）和星号（*）。问号匹配任意单个字符，星号匹配任意一串字符，但是只能在求和条件是文本内容的前提下使用通配符，如果求和条件是数值，则不能使用通配符。

示例 8-39　按年级汇总比赛总分

素材所在位置为：

光盘：\素材\第8章 函数应用\示例8-39 按年级汇总比赛总分.xlsx

图8-84所示为某学校演讲比赛的成绩表，需要根据E5~E7单元格中指定的年级，汇总各年级的总成绩。

	A	B	C	D	E	F
1	班级	姓名	成绩			
2	高一(1)班	韩以萌	9.68			
3	高一(2)班	纪若烟	9.65			
4	高二(3)班	秦问言	9.79		年级	总成绩
5	高三(1)班	裴明秋	9.82		高一	38.73
6	高二(1)班	戚上尘	9.67		高二	38.23
7	高三(2)班	言景淮	9.43		高三	38.37
8	高三(1)班	连雪婵	9.86			
9	高二(2)班	易楚亭	9.15			
10	高一(1)班	葛恫声	9.49			
11	高三(3)班	林羹楠	9.26			
12	高二(3)班	韩紫柳	9.91			
13	高二(4)班	段子羽	9.62			

图8-84　按年级汇总比赛总分

F5单元格输入以下公式，向下复制到F7单元格。

```
=SUMIF(A$2:A$13,E5&"*",C$2:C$13)
```

SUMIF 函数求和条件使用 "E5&"*""，表示以 E5 单元格内容开头的所有字符串。如果 A$2:A$13 单元格区域中开头的字符等于 E5 单元格中的内容，则对 C$2:C$13 单元格区域对应的数值求和。

3. 多条件求和

如果要对区域中符合多个条件的单元格求和，可以使用 SUMIFS 函数。该函数的语法为：

```
SUMIFS(sum_range,criteria_range1,criteria1,[criteria_range2, criteria2],...)
```

第一参数是要求和的区域，第二参数用于条件计算的第一个单元格区域，第三参数是用于条件计算的第一个单元格区域对应的条件。其语法可以理解为：

```
SUMIFS(求和区域,条件区域1,条件1,条件区域2,条件2,……)
```

SUMIFS 函数的求和条件参数中也支持使用通配符。

示例 8-40   统计不同型号商品的销售量

素材所在位置为：

光盘：\素材\第8章 函数应用\示例8-40 统计不同型号商品的销售量.xlsx

图 8-85 所示为某商场 3 月下旬的家电销售记录，需要根据 F3 单元格指定的商品名称和 G3 单元格指定的规格型号两个条件，统计对应的销售量。

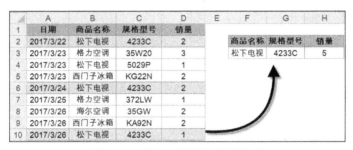

图 8-85   统计不同型号商品的销售量

H3 单元格输入以下公式。

```
=SUMIFS(D2:D10,B2:B10,F3,C2:C10,G3)
```

公式中的 D2:D10 是需要进行求和的数据区域。B2:B10 是第一个需要判断条件的区域，F3 单元格是与第一个条件区域对应的判断条件。C2:C10 是第二个需要判断条件的区域，G3 单元格是与第二个条件区域对应的判断条件。

如果 B2:B10 单元格区域中等于指定的商品名称，并且 C2:C10 单元格区域中等于指定的规格型号，SUMIFS 函数就对 D2:D10 单元格区域中对应的值求和。

注意

SUMIFS 的求和区域位置是写在最开始部分，也就是第一参数。而 SUMIF 函数的求和区域是最后一个参数。

4. 条件计数

COUNTIF 函数主要用于统计满足某个条件的单元格的数量，其语法为：

```
COUNTIF(range,criteria)
```

第一参数表示要统计数量的单元格范围。第二参数用于指定统计的条件，计数条件可以是数字、表达式、单元格引用或文本字符串。

示例 8-41　统计不同性别人数

素材所在位置为：

光盘：\素材\第8章 函数应用\示例8-41 统计不同性别人数.xlsx

图8-86所示为某学校的学生代表名单，需要统计不同性别人数。

E3单元格输入以下公式，向下复制到E4单元格。

```
=COUNTIF(B$2:B$10,D3)
```

公式中的B$2:B$10是要统计数量的单元格范围，D3是指定要统计的条件。COUNTIF函数在B$2:B$10单元格区域中，统计有多少个与D3内容相同的单元格。

	A	B	C	D	E
1	姓名	性别			
2	韩以萌	女		性别	人数
3	纪若烟	女		男	6
4	秦问言	男		女	3
5	裴明秋	男			
6	戚上尘	男			
7	言景淮	男			
8	连雪婵	女			
9	易楚亭	男			
10	慕恫声	男			

图8-86　统计不同性别人数

示例结束

示例 8-42　按部门添加序号

素材所在位置为：

光盘：\素材\第8章 函数应用\示例8-42 按部门添加序号.xlsx

图8-87所示为某企业员工信息表的部分内容，要求根据B列的部门信息编写序号，遇不同的部门，序号从1重新开始。

A2单元格输入以下公式，向下复制到A10单元格。

```
=COUNTIF(B$2:B2,B2)
```

COUNTIF函数的第一参数使用B$2:B2。其中的B$2表示引用区域的开始位置，使用了行绝对引用。B2表示引用区域的结束位置，使用了相对引用。

公式向下复制时，依次变成B$2:B3、B$2:B4……这样逐行扩大的引用区域。COUNTIF函数通过统计在此区域中与B列内容相同的单元格个数，实现按部门填写序号的效果。

	A	B	C	D
1	序号	部门	姓名	职务
2	1	销售部	沈傲秋	销售经理
3	2	销售部	伊青寻	销售主管
4	3	销售部	夏沁雨	销售内勤
5	1	采购部	乔昭宁	采购经理
6	2	采购部	庄秋语	采购主管
7	1	质保部	许桐娅	质保部长
8	2	质保部	柳阳依	质检员
9	3	质保部	秦傲楼	质检员
10	4	质保部	宇凌风	质检主管

图8-87　按部门添加序号

示例结束

示例 8-43　统计不同区间的业务笔数

素材所在位置为：

光盘：\素材\第8章 函数应用\示例8-43 统计不同区间的业务笔数.xlsx

图8-88展示了某单位销售业绩表的部分内容，需要统计不同区间销售额的业务笔数。

E3单元格输入以下公式，向下复制到E4单元格。

```
=COUNTIF($B$2:$B$10,D3)
```

COUNTIF 函数的第二参数使用字符串表达式，统计条件为 "<20000"，即统计 \$B\$2:\$B\$10 单元格区域中小于20000的个数。

在 COUNTIF 函数第二参数中直接使用比较运算符时，比较运算符和单元格引用之间必须用文本连接符 "&" 进行连接。如图8-89所示，D3 单元格是需要判断的节点，E3 单元格公式为：

```
=COUNTIF($B$2:$B$10,"<"&D3)
```

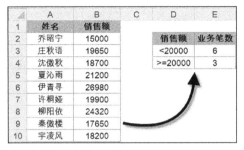

图8-88　统计不同区间的业务笔数

图8-89　COUNTIF 函数第二参数使用比较运算符

示例结束

示例 8-44　检查重复身份证号码

素材所在位置为：

光盘：\素材\第8章 函数应用\示例8-44 检查重复身份证号码.xlsx

图8-90展示的是某企业员工信息表，需要核对B列的身份证号码是否存在重复。

C2单元格输入以下公式，向下复制到C9单元格。

```
=IF(COUNTIF($B$2:$B$9,B2&"*")>1,"是","")
```

身份证号码是18位，而Excel的最大数字精度是15位，因此会对身份证号码中15位以后的数字都视为0处理。这种情况下，只要身份证号码的前15位相同，COUNTIF 函数就会识别为相同内容，而无法判断最后3位是否一致。

	A	B	C
1	姓名	身份证号码	是否重复
2	柳如烟	422827198207180011	是
3	孟子茹	330824199007267026	
4	肖嘉欣	422827198207180255	
5	柳千佑	341221197812083172	
6	尹素苑	340828198807144816	
7	秦问言	422827198207180011	是
8	乔沐枫	350322199102084363	
9	易默昀	530381197311133530	

图8-90　检查重复身份证号码

第二参数添加通配符 &"*"，表示查找以B2单元格内容开始的文本，最终返回 \$B\$2:\$B\$9 单元格区域中与该身份证号码相同的实际数目。

最后使用 IF 函数进行判断，如果 COUNTIF 函数的结果大于1，则表示该身份证号码重复。

示例结束

注意

通配符只能对文本型数据进行统计，其他类型的数据使用通配符无效。

5. 多条件计数

COUNTIFS函数用于对某一区域内满足多重条件的单元格进行计数。该函数的语法为：

`COUNTIFS(criteria_range1,criteria1,[criteria_range2,criteria2],…)`

可以理解为：

`COUNTIFS(条件区域1,条件1,条件区域2,条件2,条件区域n,条件n)`

示例 8-45　统计两门成绩均大于 80 的人数

素材所在位置为：

光盘：\素材\第8章 函数应用\示例8-45 统计两门成绩均大于80的人数.xlsx

图8-91所示为某学校期中考试成绩表的部分内容，要统计数学和语文两门成绩都大于80的人数，即统计B列和C列中两项都大于80的个数。

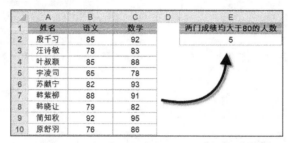

图8-91　统计两门成绩均大于80的人数

E2单元格输入以下公式。

`=COUNTIFS(B2:B10,">80",C2:C10,">80")`

公式使用两组区域/条件对，两组条件之间是"并且"的关系。如果B2:B10单元格区域中的数值大于80，并且C2:C10单元格区域对应位置的数值也大于80，COUNTIFS函数统计为1。

示例结束

---

6. 使用 SUMPRODUCT 函数多条件汇总

SUMPRODUCT函数兼具条件求和及条件计数两大功能，该函数的作用是在给定的几组数组中，将数组间对应的元素相乘，并返回乘积之和。函数语法为：

`SUMPRODUCT(array1,[array2],[array3],...)`

各参数是需要进行相乘并求和的数组。从字面理解，SUM是求和，PRODUCT是乘积，SUMPRODUCT就是把数组间所有的元素对应相乘，然后把乘积相加。

各个数组参数必须具有相同的尺寸，否则将返回错误值。SUMPRODUCT函数将非数值型的数组元素作为 0 处理。

SUMPRODUCT
汇总计算 1

SUMPRODUCT
汇总计算 2

示例 8-46　计算商品总价

素材所在位置为：

光盘：\素材\第8章 函数应用\示例8-46 计算商品总价.xlsx

图8-92所示为不同商品数量和单价的明细记录，使用SUMPRODUCT函数可以直接计算出商品总价。

E3 单元格输入以下公式。

```
=SUMPRODUCT(B2:B6,C2:C6)
```

公式将 B2:B6 和 C2:C6 两个数组的所有元素对应相乘，然后把乘积相加，即：

```
2*5+3*6.5+5*5+2*9+3*4
```

计算过程如图 8-93 所示。

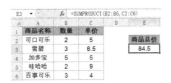

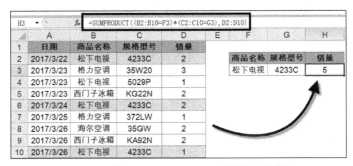

图 8-92　计算商品总价 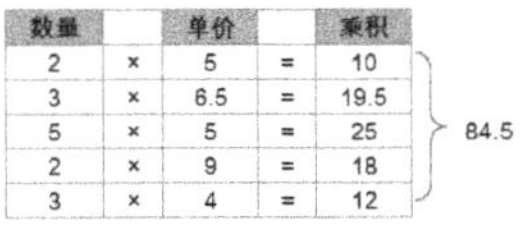　　　　　　　　　图 8-93　SUMPRODUCT 函数的计算过程

SUMPRODUCT 函数常用于多条件求和，多条件求和时的通用写法是：

```
=SUMPRODUCT(条件1*条件2*…条件n,求和区域)
```

示例 8-47　使用 SUMPRODUCT 函数多条件求和

素材所在位置为：

光盘：\ 素材 \ 第 8 章 函数应用 \ 示例 8-47 使用 SUMPRODUCT 函数多条件求和 .xlsx

如图 8-94 所示，要计算符合商品名称和规格型号两个条件的商品销量。

图 8-94　使用 SUMPRODUCT 函数多条件求和

H3 单元格输入以下公式。

```
=SUMPRODUCT((B2:B10=F3)*(C2:C10=G3),D2:D10)
```

"(B2:B10=F3)" 部分，判断 B 列的商品名称是否等于 F3 单元格指定的名称，得到一组逻辑值：

```
{TRUE;FALSE;TRUE;FALSE;TRUE;FALSE;FALSE;FALSE;TRUE}
```

"(C2:C10=G3)" 部分，判断 C 列的规格型号是否等于 G3 单元格指定的型号，得到一组逻辑值：

```
{TRUE;FALSE;FALSE;FALSE;TRUE;FALSE;FALSE;FALSE;TRUE}
```

两组逻辑值对应相乘，TRUE*TURE 时结果为 1，TRUE*FALSE 或是 FALSE*FALSE 时结果为 0：

```
{1;0;0;0;1;0;0;0;1}
```

最后再将这个数组与 D2:D10 部分对应相乘后的乘积相加，计算结果为 5。

示例 8-48 按月份计算销售总额

素材所在位置为：

光盘：\素材\第8章 函数应用\示例8-48 按月份计算销售总额.xlsx

图8-95所示为某公司销售记录的部分内容，分别是三位业务员在不同月份的销售金额，需要按照F3单元格指定的月份，计算三位业务员在该月份的销售总额。

G3单元格输入以下公式。

`=SUMPRODUCT((A2:A10=F3)*B2:D10)`

首先用"A2:A10=F3"来比较A列中的月份是否等于F3单元格指定的月份，然后用比较后的逻辑值分别与B2:D10单元格区域的每个元素对应相乘，如图8-96所示。

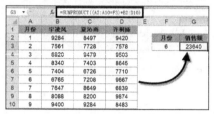

图8-95 按月份计算销售总额

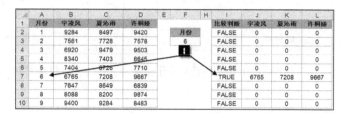

图8-96 计算过程

最后使用SUMPRODUCT函数对乘积进行求和。

示例结束

SUMPRODUCT函数除了可以用于多条件求和，还可以用于多条件计数，多条件计数时的通用写法是：

`=SUMPRODUCT(条件1*条件2*…条件n)`

示例 8-49 统计考核为优秀的女生人数

素材所在位置为：

光盘：\素材\第8章 函数应用\示例8-49 统计考核为优秀的女生人数.xlsx

图8-97所示为某学校体育项目考核表的部分内容，需要统计考核评定为优秀的女生人数。

F2单元格输入以下公式。

`=SUMPRODUCT((B2:B10="女")*(D2:D10="优秀"))`

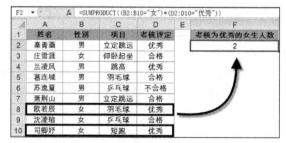

图8-97 统计考核为优秀的女生人数

公式分别用"B2:B10="女""和"D2:D10="优秀""两组条件，对性别和考核评定内容分别进行判断，判断后会各自返回一组逻辑值。再将比对后得到的两组逻辑值对应相乘，最后用SUMPRODUCT函数计算乘积的总和。

7. 计算平均数

AVERAGE 函数用于返回参数的算术平均值，其基本语法为：

```
AVERAGE(number1,[number2],...)
```

参数是要计算平均值的数字、单元格引用或单元格区域。

示例 8-50　计算考试平均分

素材所在位置为：

光盘：\素材\第8章 函数应用\示例 8-50 计算考试平均分.xlsx

图8-98所示为某学校外国语演讲比赛成绩表的部分内容，要计算考核成绩的平均分。

E2 单元格输入以下公式。

```
=ROUND(AVERAGE(C2:C10),2)
```

首先使用AVERAGE函数计算出C2:C10单元格区域的平均数，再使用ROUND函数将计算结果保留为两位小数。

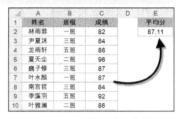

图8-98　计算考试平均分

AVERAGEIF 函数可以返回某个区域内符合多个条件的算术平均值，该函数的语法和实际用法与SUMIF 函数类似。

第一参数是用于判断条件的单元格区域。第二参数是计算平均值的条件。第三参数是计算平均值的实际单元格区域，如果省略第三参数，则对第一参数计算平均值。

示例 8-51　计算指定条件的考试平均分

仍以示例8-51所示的演讲比赛成绩表为例，需要计算二班的平均分，如图8-99所示。

E2 单元格输入以下公式。

```
=AVERAGEIF(B2:B10,"二班",C2:C10)
```

公式中的B2:B10是要判断条件的单元格区域，C2:C10是要计算平均值的单元格区域。如果B2:B10的班级等于指定的条件"二班"，则对C2:C10单元格区域对应的数值计算平均值。

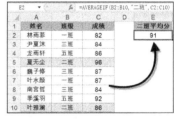

图8-99　计算指定条件的考试平均分

AVERAGEIFS函数用于计算某个区域内符合多个条件的算术平均值，其用法与SUMIFS函数类似。

示例 8-52　多条件计算考试平均分

素材所在位置为：

光盘：\素材\第8章 函数应用\示例 8-52 多条件计算考试平均分.xlsx

如图8-100所示，要计算演讲比赛成绩表内二班的女生平均分。

F2单元格输入以下公式。

```
=AVERAGEIFS(D2:D10,B2:B10,"女",C2:C10,"二班")
```

AVERAGEIFS函数第一参数为D2:D10，指定用于计算平均值的单元格区域。

公式中的“B2:B10,"女"”和“C2:C10,"二班"”两部分，分别是两组区域/条件对。如果B2:B10的性别等于“女”，并且C2:C10的班级等于“二班”，则对D2:D10单元格区域对应的数值计算平均值。

F2 =AVERAGEIFS(D2:D10,B2:B10,"女",C2:C10,"二班")

	A	B	C	D	E	F
1	姓名	性别	班级	成绩		二班女生平均分
2	林雨菲	女	一班	82		87.5
3	尹夏沫	男	三班	84		
4	龙雨轩	男	五班	86		
5	夏无尘	女	二班	96		
6	魏子修	男	三班	87		
7	叶水颜	男	二班	92		
8	南宫哲	男	三班	84		
9	季溪羽	女	五班	92		
10	叶雅澜	女	二班	79		

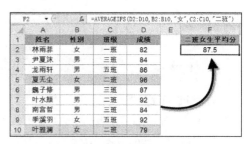

图8-100　多条件计算考试平均分

示例结束

8. 极值应用函数

MIN函数返回一组数值中的最小值，MAX函数返回一组数值中的最大值。

示例 8-53　计算最高和最低考核成绩

素材所在位置为：

光盘：\素材\第8章 函数应用\示例8-53 计算最高和最低考核成绩.xlsx

如图8-101所示，要计算演讲比赛成绩表内的最高分和最低分。

E2单元格输入以下公式，计算C2:C10单元格的最大值，也就是最高分数。

```
=MAX(C2:C10)
```

F2单元格输入以下公式，计算C2:C10单元格的最小值，也就是最低分数。

```
=MIN(C2:C10)
```

	A	B	C	D	E	F
1	姓名	班级	成绩		最高分	最低分
2	林雨菲	一班	82		96	79
3	尹夏沫	三班	84			
4	龙雨轩	五班	86			
5	夏无尘	二班	96			
6	魏子修	三班	87			
7	叶水颜	二班	92			
8	南宫哲	三班	84			
9	季溪羽	五班	92			
10	叶雅澜	二班	79			

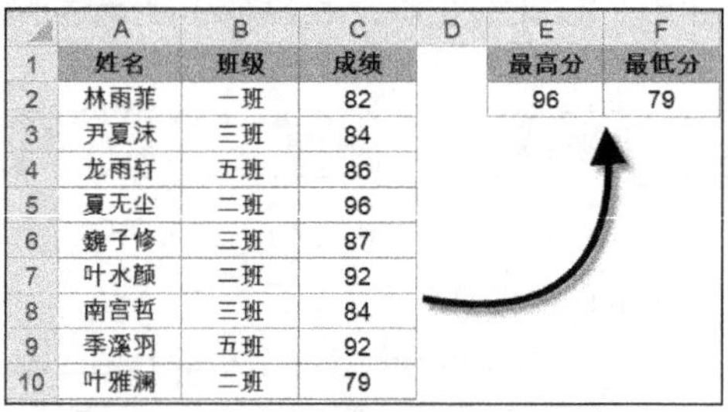

图8-101　计算最高和最低考核成绩

示例结束

9. 认识SMALL和LARGE函数

SMALL函数返回数据集中的第k个最小值，其语法为：

```
SMALL(array,k)
```

第一参数是需要查找数据的数组或单元格区域。第二参数是指定要返回的数据在数组或数据区域里的位置（从小到大）。

LARGE函数返回数据集中第k个最大值，该函数的参数特性和使用方法与SMALL函数相同。

示例 8-54　统计前三名销量之和

素材所在位置为：

光盘：\素材\第8章 函数应用\示例8-54 统计前三名销量之和.xlsx

图8102所示为某公司销售数据表的部分内容，需要统计前三名销量之和。

D2单元格输入以下公式：

```
=SUM(LARGE(B2:B10,{1,2,3}))
```

公式使用数组常量{1,2,3}作为LARGE函数的第二参数，表示分别提取B2:B10单元格区域中的第1个、第2个和第3个最大值，返回结果为{957,945,905}。

最后使用SUM函数，对LARGE函数的提取结果进行求和汇总。

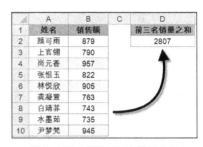

	A	B	C	D
1	姓名	销售额		前三名销量之和
2	颜可雨	879		2807
3	上官倩	790		
4	尚元香	957		
5	张恨玉	822		
6	林悦欣	905		
7	龚凝萱	763		
8	白靖菲	743		
9	水墨茹	735		
10	尹梦梵	945		

图8-102　统计前三名销量之和

示例结束

10. 排名函数

RANK函数返回一列数字的数字排位，其基本语法为：

```
RANK(number,ref,[order])
```

第一参数是要对其排位的数字。第二参数是对数字列表的引用。第三参数用于指定数字排位的方式，如果为0或省略，是按照从大到小降序排序；如果不为零，则是按照从小到大升序排序。

RANK函数赋予重复数相同的排位，但重复数的存在将影响后续数值的排位。例如，在列表7、7、6中，数字7出现两次，且其排位为1，则6的排位为3（没有排位为2的数值）。

示例 8-55　统计销售排名

素材所在位置为：

光盘：\素材\第8章 函数应用\示例8-55 统计销售排名.xlsx

图8-103所示为某公司销售业绩表的部分内容，需要统计B列的销售排名。

C2单元格输入以下公式，将公式向下复制到C10单元格。

```
=RANK(B2,B$2:B$10)
```

RANK函数返回B2单元格中的数值在B2:B10单元格区域中所占的排位。第三参数省略，表示按照降序排列。

C2		=RANK(B2,B$2:B$10)	
	A	B	C
1	姓名	销售额	销售排名
2	颜可雨	879	4
3	上官倩	790	6
4	尚元香	957	1
5	张恨玉	822	5
6	林悦欣	905	3
7	龚凝萱	763	7
8	白靖菲	743	8
9	水墨茹	735	9
10	尹梦梵	945	2

图8-103　认识RANK函数

示例结束

8.7.8 | 简单了解数组公式

素材所在位置为：

光盘：\素材\第8章 函数应用\8.7.8 简单了解数组公式.xlsx

数组公式是Excel公式在以数组为参数时的一种应用，可以执行多项计算并返回一个或多个结果。除了用<Ctrl+Shift+Enter>组合键输入公式外，创建数组公式的方法与创建其他公式的方法相同。在输入数组公式时，Excel会自动在大括号{ }之间插入该公式。

如图8-104所示，要计算不同商品单价乘以数量的总金额。

可以输入以下数组公式，按<Ctrl+Shift+Enter>组合键完成。

E2		{=SUM(B2:B6*C2:C6)}		
	A	B	C	E
1	商品名称	数量	单价	商品总价
2	可口可乐	2	5	84.5
3	雪碧	3	6.5	
4	加多宝	5	5	
5	哇哈哈	2	9	
6	百事可乐	3	4	

图8-104　数组公式

`{=SUM(B2:B6*C2:C6)}`

如需计算 1~100 的总和，则可以使用以下数组公式完成。

`{=SUM(ROW(1:100))}`

公式首先用 ROW(1:100) 生成 1~100 的自然数序列，再使用 SUM 函数对其求和。

数组公式的实质是单元格公式的一种书写形式，用来通知 Excel 对公式执行多项计算。

当编辑已有的数组公式时，大括号会自动消失，需要重新按 <Ctrl+Shift+Enter> 组合键完成编辑，否则公式将无法返回正确的结果。

注意

为便于识别，本书中数组公式的首尾均使用大括号"{ }"包含。在 Excel 中实际输入时，大括号应在编辑完成后按 <Ctrl+Shift+Enter> 组合键自动生成，如果手工输入，Excel 会将其识别为文本字符，而无法当作公式正确运算。

示例 8-56　计算符合条件的最大值和最小值

素材所在位置为：
光盘：\素材\第 8 章 函数应用\示例 8-56 计算符合条件的最大值和最小值.xlsx

如图 8-105 所示，需要在演讲比赛成绩表内，统计二班的最高分数。

F2 单元格输入以下数组公式，按 <Ctrl+Shift+Enter> 组合键。

`{=MAX(IF(C2:C10="二班",D2:D10))}`

首先看"IF(C2:C10="二班",D2:D10)"部分，IF 函数的第三参数省略，如果"C2:C10="二班""的条件成立，即返回第二参数 D2:D10 对应的值，否则返回逻辑值 FALSE。公式最终返回一组由数值和逻辑值 FALSE 组成的结果：

`{FALSE;FALSE;FALSE;96;FALSE;92;FALSE;FALSE;79}`

其中的数值部分，对应 C2:C10 单元格区域中等于"二班"的位置。

MAX 函数在计算时，会自动忽略空白单元格、逻辑值和文本，因此只计算 96、92、79 三个数值中的最大值，结果为 96。

同理，如果要计算二班的最低分数，只要将 MAX 函数更改为 MIN 函数即可。如图 8-106 所示，G2 单元格输入以下数组公式，按 <Ctrl+Shift+Enter> 组合键。

`{=MIN(IF(C2:C10="二班",D2:D10))}`

图 8-105　计算符合条件的最大值　　　图 8-106　计算符合条件的最小值

公式计算原理与前者相同。

示例结束

8.7.9　筛选和隐藏状态下的统计汇总

SUBTOTAL 函数只统计可见单元格的内容，通过给定不同的第一参数，可以完成计数、求和、平均值、乘积等等多种汇总方式。其基本语法为：

SUBTOTAL(function_num,ref1,[ref2],...)

第一参数使用数字1-11或101-111，用于指定要为分类汇总使用哪种函数。第二参数是要对其进行分类汇总计算的单元格区域。

第一参数如果使用1-11，将包括手动隐藏的行。使用101-111时，则排除手动隐藏的行。无论使用数字1-11或101-111，始终排除已筛选掉的单元格。

SUBTOTAL 函数的第一参数说明如表8-4所示。

表8-4　　　　　　　　　　SUBTOTAL 函数不同的第一参数及作用

第一参数使用的数字 （包含手工隐藏行）	第一参数使用的数字 （忽略手工隐藏行）	使用的函数	说明
1	101	AVERAGE	求平均值
2	102	COUNT	求数值的个数
3	103	COUNTA	求非空单元格的个数
4	104	MAX	求最大值
5	105	MIN	求最小值
6	106	PRODUCT	求数值连乘的乘积
7	107	STDEV.S	求样本标准偏差
8	108	STDEV.P	求总体标准偏差
9	109	SUM	求和
10	110	VAR.S	求样本的方差
11	111	VAR.P	求总体方差

提示

SUBTOTAL 函数仅适用于数据列或垂直区域，不适用于数据行或水平区域。

示例 8-57　筛选后能保持连续的序号

素材所在位置为：

光盘：\素材\第8章 函数应用\示例8-57 筛选后能保持连续的序号.xlsx

在实际工作中，经常会遇到一些需要筛选后打印的数据表。如果按常规方法输入序号后，一旦数据经过筛选，序号就会发生错乱。

图8-107所示为某学校体能测试成绩表的部分内容。在工作表中使用筛选操作，仅显示1年级和3年级的数据后，A列的序号会发生错乱。

如需在报表中执行筛选操作后，A列的序号依然能保持连续，可以先取消筛选，然后在A2单元格输入以下公式，向下复制到A14单元格。

```
=SUBTOTAL(3,B$2:B2)*1
```

再执行筛选操作后，A列中的序号始终保持连续，如图8-108所示。

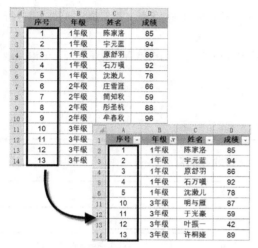

图8-107　序号发生错乱　　　　　　　　　　图8-108　序号保持连续

公式中的B$2:B2部分，对两个B2分别利用绝对引用和相对引用的方式，实现当公式向下填充时依次变为B$2:B3、B$2:B4……，即SUBTOTAL函数的统计区域自B2单元格开始，自动扩展至当前行所在位置。

第一参数使用3，就是告诉SUBTOTAL函数要执行的汇总方式是COUNTA函数。COUNTA函数用于计算区域中非空单元格的个数，用SUBTOTAL(3,区域)，就是始终计算区域中可见的非空单元格个数。

直接使用SUBTOTAL函数时，在筛选状态下Excel会将最后一行作为汇总行，从而导致筛选结果发生错误。最后通过乘1计算，可以避免筛选时导致的末行序号出错。

示例结束

8.7.10　函数公式在条件格式中的应用

在工作表中设置条件格式，可以在符合特定条件时对单元格进行相应的标识，以便起到突出显示的效果，使数据更加清晰直观。

条件格式基于指定条件更改单元格区域的外观显示效果，在一些比较复杂的条件设置中，通常会使用函数来完成条件判断。

函数公式在条件格式中的应用

示例 8-58　实现突出显示双休日

素材所在位置为：

光盘：\素材\第8章 函数应用\示例8-58 实现突出显示双休日 .xlsx

图8-109展示的是某公司值班打卡的部分内容，为了便于人资部门查看加班情况，希望把"日期"列

中为双休日的记录行，添加背景颜色进行突出显示。

	A	B	C	D
1	日期	蒋启香	李致惠	苏文霞
2	2017/2/5	7:24:49	6:53:17	6:55:44
3	2017/2/6	7:26:24	7:59:40	7:29:17
4	2017/2/7	7:12:43	7:05:40	7:42:58
5	2017/2/8	7:56:47		
6	2017/2/9	7:56:56		
7	2017/2/10	7:37:29		
8	2017/2/11	7:05:05		
9	2017/2/12	7:54:29		
10	2017/2/13	7:58:57		

	A	B	C	D
1	日期	蒋启香	李致惠	苏文霞
2	2017/2/5	7:24:49	6:53:17	6:55:44
3	2017/2/6	7:26:24	7:59:40	7:29:17
4	2017/2/7	7:12:43	7:05:40	7:42:58
5	2017/2/8	7:56:47	6:59:22	7:49:18
6	2017/2/9	7:56:56	7:08:15	7:44:38
7	2017/2/10	7:37:29	7:27:50	7:15:27
8	2017/2/11	7:05:05	7:49:58	7:01:12
9	2017/2/12	7:54:29	7:47:43	7:11:08
10	2017/2/13	7:58:57	6:56:10	7:06:23

图8-109　值班刷卡记录

操作步骤如下：

步骤1 选定需要设置条件格式的A2:D10单元格区域。

步骤2 在【开始】选项卡下，依次单击【条件格式】→【新建规则】按钮。

步骤3 如图8-110所示，在弹出的【新建格式规则】对话框中单击【使用公式确定要设置格式的单元格】命令，在【为符合此公式的值设置格式】编辑框中输入以下公式。

```
=WEEKDAY($A2,2)>5
```

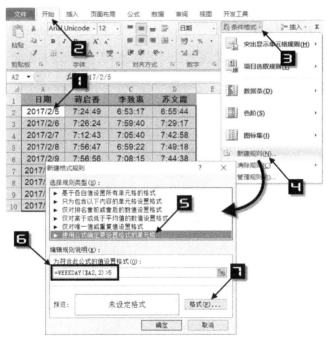

图8-110　新建条件格式规则

步骤4 单击【格式】按钮，在弹出的【设置单元格格式】对话框中单击【填充】选项卡，选择背景色，依次单击【确定】按钮，关闭对话框，如图8-111所示。

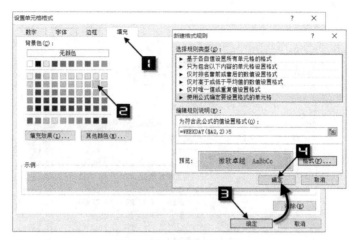

图8-111　设置单元格颜色

条件格式公式中使用了WEEKDAY函数，该函数以数字形式返回某日期为星期几。第二参数为2时，对从星期一至星期日的日期依次返回数字1至7。

"=WEEKDAY($A2,2)>5"，先计算出A2单元格中日期是星期几的数值，再判断该数值是否大于5。如果大于5，则表明A2单元格的日期是星期六或星期日，公式比较结果返回逻辑值TRUE，条件格式最终以指定的格式对其进行标识。

提示

在条件格式中使用公式时，要针对活动单元格进行设置，设置后的规则应用于所选定的全部区域。

示例结束

示例 8-59　突出显示最高和最低总分

素材所在位置为：

光盘：\素材\第8章 函数应用\示例8-59 突出显示最高和最低总分.xlsx

如图8-112所示，在分数表中设置条件格式，能够使总分最高的数据行以红色底纹显示，总分最低的数据行以浅蓝色底纹显示。

操作步骤如下：

步骤1　选中要设置条件格式的A2:E8单元格区域。

步骤2　在【开始】选项卡下，依次单击【条件格式】→【新建规则】按钮。

步骤3　如图8-113所示，在弹出的【新建格式规则】对话框中单击【使用公式确定要设置格式的单元格】命令，在【为符合此公式的值设置格式】编辑框中输入以下公式。

=$E2=MIN($E$2:$E$8)

步骤4　单击【格式】按钮，在弹出的【设置单元格格式】对话框中单击【填充】选项卡，选择浅蓝色背景色，依次单击【确定】按钮，关闭对话框。

步骤5　重复步骤1~2，在弹出的【新建格式规则】对话框中单击【使用公式确定要设置格式的单元格】

命令，在【为符合此公式的值设置格式】编辑框中输入以下公式。

```
=$E2=MAX($E$2:$E$8)
```

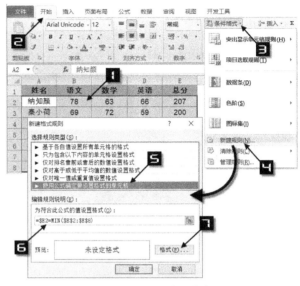

图 8-112　突出显示最高和最低总分

图 8-113　设置条件格式

步骤 6 单击【格式】按钮，在弹出的【设置单元格格式】对话框中单击【填充】选项卡，选择红色背景色，依次单击【确定】按钮，关闭对话框。

条件格式公式中的"MIN($E$2:$E$8)"部分，用于返回 E2:E8 单元格区域中的最小值，也就是最低的总分。再用等式判断 $E2 单元格的分数是否等于 MIN 函数的计算结果。

公式中的 $E2 使用列绝对引用、行相对引用的方式，$E$2:$E$8 使用绝对引用方式。即所选区域中的每个单元格，都会以单元格所在行的 E 列总分和 $E$2:$E$8 这个固定区域的最小值进行比较，如果相等则返回预置的格式。

判断最高分部分的公式计算原理与之相同。

示例结束

示例 8-60　突出显示重复的人员姓名

素材所在位置为：

光盘：\素材\第 8 章 函数应用\示例 8-60 突出显示重复的人员姓名.xlsx

图 8-114 所示为某公司的员工信息表的部分内容，为了便于数据核对，需要突出显示重复录入的人员姓名。

操作步骤如下：

步骤 1 选定 A2:B10 单元格区域。

步骤 2 在【开始】选项卡下，依次单击【条件格式】→【新建规则】按钮。

步骤 3 在【新建格式规则】对话框中单击【使用公式确定要设置格式的单元格】命令。

步骤 4 如图 8-115 所示，在【为符合此公式的值设置格式】编辑框中输入以下公式。

```
=COUNTIFS($A$2:$A2,$A2,$B$2:$B2,$B2)>1
```

步骤5 单击【格式】按钮，在【设置单元格格式】对话框中单击【设置】选项卡，选择一种背景色，单击【确定】按钮。

完成设置后，重复录入的人员姓名背景色会自动突出显示。

条件格式公式中使用了COUNTIFS函数，该函数的作用是多条件计数，两个条件区域分别使用$A$2:$A2和$B$2:$B2，当公式作用到不同行时，范围会自动扩展，也就是自第二行开始，至公式所在行这样一个动态的范围。

图8-114　员工信息表　　　　　　　　　　图8-115　设置条件格式的公式

公式统计符合部门和姓名两个条件的记录数，如果结果大于1，表示数据录入重复。

 提示

在单元格中输入公式时会有屏幕提示，可以方便地输入函数名称和选择参数，但是在【为符合此公式的值设置格式】编辑框中输入公式时不会有屏幕提示。如果设置的公式比较复杂，可以先在单元格中编辑好公式，然后将公式复制，设置条件格式时按<Ctrl+V>组合键粘贴到【为符合此公式的值设置格式】编辑框中。

示例结束

 习题

1. 在公式中使用函数时，通常有表示公式开始的等号、函数名称、（　　　）、以（　　　）间隔的参数和（　　　）构成。

2. 要查看函数公式的分步运算结果，可以选中公式中的部分计算段，按（　　　）键。

3. 请说出打开【Excel帮助】对话框的几种方法。

4. 请说出创建名称的四种方式。

5. 字符长度可以使用LEN函数和LENB函数统计。其中LEN函数对任意单个字符都按长度（　　）计算。LENB函数则将任意单个的单字节字符按长度（　　）计算，将任意单个的双字节字符按长度（　　）计算。

6. 在IF函数的第一参数中，0的作用相当于逻辑值（　　），其他非0数值的作用相当于逻辑值（　　），因此使用乘法和加法可得到与AND函数与OR函数相同的计算目的。

7. AND函数、OR函数和NOT函数分别对应三种常用的逻辑关系，即（　　）、（　　）、（　　）。

8. INT函数的作用是（　　）。

9. 要计算两个日期之间的天数、月数或年数，可以使用（　　）函数。

10. ROW函数和COLUMN函数如果参数省略，则返回（　　）。

11. Excel中唯一一个可以生成链接的特殊函数是（　　）函数。

12. 要对工作表中的数据进行条件求和汇总，可以使用（　　）函数。要对工作表中的数据进行多个条件的求和汇总，可以使用（　　）函数。

13. 要对工作表中的数据进行条件计数统计，可以使用（　　）函数。要对工作表中的数据进行多个条件的计数统计，可以使用（　　）函数。

14. 输入数组公式时，需要按（　　）组合键。

🏆 上机实验

1. 根据"练习8.1.xlsx"中的数据，用函数计算各门成绩的平均分，要求保留两位小数，如图8-116所示。

2. 根据"练习8.2.xlsx"中的数据，使用函数分别提取出其中的姓名、电话号码，如图8-117所示。

	A	B	C	D
1	姓名	英语	语文	数学
2	韩紫语	58	72	56
3	安佑吟	88	66	76
4	燕如生	87	89	92
5	殷原习	79	85	85
6	沈傲秋	89	58	80
7	柳千佑	60	93	58
8	左让羽	96	99	96
9	安星旭	86	87	90
10	平均分			

图8-116　计算平均分

	A	B	C
1	姓名	姓名	电话
2	韩紫18355667788		
3	安佑吟83289080		
4	燕如生15864111146		
5	原习66532450		
6	沈傲秋13011311131		

图8-117　提取姓名、电话号码

3. 根据"练习8.3.xlsx"中的数据，使用函数将B列中的姓名中的名字部分，替换为"*"，如图8-118所示。（提示：使用SUBSTITUTE和MID函数）

4. 根据"练习8.4.xlsx"中的数据，使用TEXT函数，将A列日期显示为B列所示星期效果，如图8-119所示。

	A	B
1	姓名	效果
2	韩紫	韩*
3	安佑吟	安*
4	燕如生	燕*
5	原习	原*
6	沈傲秋	沈*

图8-118　替换姓名中的字符

	A	B
1	日期	星期
2	2017/5/12	五
3	2017/6/22	四
4	2016/12/18	日
5	2017/1/30	一
6	2016/8/27	六

图8-119　日期转换为星期

5. 根据"练习8.5.xlsx"中的数据，使用IF函数判断考试成绩所在的区间，60分以下为不合格，60~79为合格，80及以上为优秀，如图8-120所示。

6. 根据"练习8.6.xlsx"中的数据，使用IF函数判断体能考核成绩是否合格，考核标准为男生大于75分，女生大于65分，如图8-121所示。

	A	B
1	成绩	区间
2	68	合格
3	59	不合格
4	73	合格
5	85	优秀
6	92	优秀

图8-120　判断考试成绩所在的区间

	A	B	C	D
1	姓名	性别	成绩	结论
2	华远东	男	73	不合格
3	毕紫玉	女	69	合格
4	蓝天阔	男	85	合格
5	周远芳	女	65	不合格
6	韩小磊	男	89	合格

图8-121　判断成绩是否合格

7. 生成一组0~1范围内的随机数，并保留两位小数。

8. 根据"练习8.7.xlsx"中的数据，要求根据B列的出生年月日计算年龄，截止时间为2017年1月1日，如图8-122所示。

9. 根据"练习8.8.xlsx"中的数据，要求在G2单元格中，使用VLOOKUP函数在B:D列查询员工年龄，如图8-123所示。

	A	B	C
1	姓名	出生年月日	年龄
2	华远东	1996/2/5	20
3	毕紫玉	1998/8/12	18
4	蓝天阔	1997/11/5	19
5	周远芳	1995/1/13	21
6	韩小磊	1999/12/20	17

图8-122　根据出生年月日计算年龄

	A	B	C	D	E	F	G
1		姓名	出生年月	年龄		姓名	年龄
2		华远东	1996/2/5	20		蓝天阔	19
3		毕紫玉	1998/8/12	18			
4		蓝天阔	1997/11/5	19			
5		周远芳	1995/1/13	21			
6		韩小磊	1999/12/20	17			

图8-123　查询员工年龄

10. 根据"练习8.9.xlsx"中的数据，要求在F2单元格中，分别使用LOOKUP函数和INDEX+MATCH函数两种方法，在A~C列查询员工工号，如图8-124所示。

11. 根据"练习8.10.xlsx"中的数据，要求在E6单元格使用函数公式计算指定月份之间的销售额，当E2和E4单元格中的开始月份和结束月份发生变化后，汇总结果能自动更新，如图8-125所示。

	A	B	C	D	E	F
1	工号	姓名	性别		姓名	工号
2	D001	华远东	男		蓝天阔	D003
3	D002	毕紫玉	女			
4	D003	蓝天阔	男			
5	D004	周远芳	女			
6	D005	韩小磊	男			

图8-124　查询员工工号

	A	B	C	D	E
1	月份	销售额			
2	1	624		开始月份	2
3	2	783			
4	3	799		结束月份	6
5	4	251			
6	5	744		销售额	2771
7	6	194			
8	7	281			
9	8	359			
10	9	242			
11	10	697			
12	11	301			
13	12	672			

图8-125　动态汇总销售额

12．根据"练习8.11.xlsx"中的数据，要求使用公式创建能跳转到各工作表的超链接，如图8-126所示。

13．根据"练习8.12.xlsx"中的数据：

（1）要求计算销售一部的销售总额，如图8-127所示。

A	工作表	超链接	D
2	销售部	销售部	
3	安监部	安监部	
4	生产部	生产部	

汇总表　销售部　安监部　生产部

图8-126　创建超链接

	A	B	C	D	E	F
1	部门	业务员	销售额		部门	销售额
2	销售一部	纳知颜	809		销售一部	2538
3	销售三部	秦小荷	991			
4	销售一部	徐南心	836			
5	销售二部	月晗秀	814			
6	销售一部	乔翮飞	893			
7	销售二部	殷小柠	797			
8	销售总部	原舒羽	765			

图8-127　销售记录表

（2）要求计算销售一部800以上部分的销售额。

（3）要求计算销售一部的业务发生笔数，即A列有多少个"销售一部"。

（4）要求计算销售一部800以上部分的业务发生笔数。

（5）要求设置条件格式，使符合部门为销售一部，并且销售额大于800的记录整行高亮显示，如图8-128所示。

14．根据"练习8.13.xlsx"中的数据，要求使用SUMPRODUCT函数计算业务员秦小荷4月份的销售记录，如图8-129所示。

	A	B	C
1	部门	业务员	销售额
2	销售一部	纳知颜	809
3	销售三部	秦小荷	991
4	销售一部	徐南心	836
5	销售二部	月晗秀	814
6	销售一部	乔翮飞	893
7	销售二部	殷小柠	797
8	销售总部	原舒羽	765

图8-128　使用公式设置条件格式

	A	B	C	D	E	F	G	H	I	J
1	业务员	1月	2月	3月	4月	5月	6月		业务员	4月
2	纳知颜	369	739	824	855	731	735		秦小荷	702
3	秦小荷	886	547	978	702	391	497			
4	徐南心	562	854	837	360	555	504			
5	月晗秀	714	990	503	520	591	741			
6	乔翮飞	540	773	513	511	924	623			
7	殷小柠	815	408	581	672	517	559			
8	原舒羽	581	581	543	409	574	370			

图8-129　计算销售记录

15．根据"练习8.14.xlsx"中的数据，在经过筛选操作的工作表中，使用函数计算可见单元格部分的平均值，结果保留整数，如图8-130所示。

16．根据"练习8.15.xlsx"中的数据，要求使用函数计算销售排名，如图8-131所示。

	A	B	C	D	E
1	月份	纳知颜	秦小荷	徐南心	月晗秀
2	1月	369	886	562	714
5	4月	855	702	360	520
6	5月	731	391	555	591
7	6月	735	497	504	741
8	平均	709	667	612	677

图8-130　计算平均值

	A	B	C
1	姓名	销售额	排名
2	纳知颜	369	4
3	秦小荷	886	1
4	徐南心	562	3
5	月晗秀	714	2

图8-131　计算销售排名

第 9 章

数据有效性

　　数据有效性是对单元格或单元格区域输入的数据从内容到数量上的限制。对于符合条件的数据允许输入；对于不符合条件的数据则禁止输入。用户可以依靠系统检查数据的正确有效性，避免错误的数据录入。

9.1 限制数据输入范围

示例 9-1 限制分数输入的范围

素材所在位置为：

光盘：\素材\第9章 数据有效性\示例9-1 限制分数输入的范围.xlsx

图9-1展示的是某单位员工考核表的部分内容，需要限制B列录入的分数范围，最小值和最大值分别由D2单元格和E2单元格指定。

图9-1　员工考核表

操作步骤如下：

步骤1 选中B2:B9单元格区域，单击【数据】选项卡下的【数据有效性】按钮，打开【数据有效性】对话框。

步骤2 在【设置】选项卡下的【允许】的下拉列表中选择"整数"。

步骤3 在【数据】下拉列表中选择"介于"。

步骤4 在【最小值】和【最大值】编辑框中分别输入公式："=$D$2"和"=$E$2"。如图9-2所示。

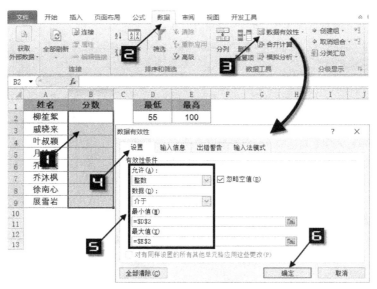

图9-2　限制输入数字范围

设置完成后，如果输入的数据不在允许的范围内，Excel将弹出警告对话框。此时单击【重试】按钮，将返回单元格等待再次编辑。如果单击【取消】按钮，则取消之前的输入操作，如图9-3所示。

设置数据有效性后，通过修改D2和E2单元格的数值，可以动态调整数据有效性允许的数值范围。

如需清除已设置的数据有效性，可以选中已设置数据有效性的单元格区域，单击【数据】选项卡下的【数据有效性】按钮，在打开的【数据有效性】对话框中单击【全部清除】按钮，最后单击【确定】按钮即可，如图9-4所示。

图9-3　警告对话框

图9-4　清除数据有效性

示例结束

9.2　提示性输入

示例 9-2　输入时显示提示信息

素材所在位置为：

光盘：\素材\第9章 数据有效性\示例9-2 输入时显示提示信息.xlsx

如图9-5所示，需要在员工考核表中输入分数。通过设置数据有效性，可以
在选中单元格时出现提示信息。

操作步骤如下：

步骤 1　选中需要显示提示信息的B2:B9单元格区域，单击【数据】选项卡下
的【数据有效性】按钮，打开【数据有效性】对话框。

步骤 2　在【数据有效性】对话框中，切换到【输入信息】选项卡，在【选定
单元格时显示下列输入信息】编辑区域中，分别输入标题和提示信息，单击【确
定】按钮，如图9-6所示。

图9-5　显示提示信息

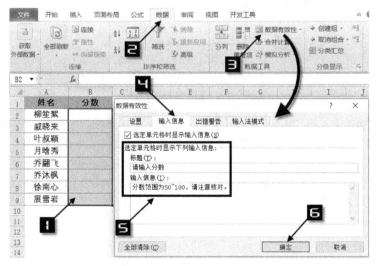

图9-6　输入时显示提示信息

设置完成后，再次单击设置了数据有效性的任意单元格，即可出现提示框，提醒录入者注意输入数据的范围。

9.3 在数据有效性中使用函数公式

示例 9-3 限制输入重复姓名

素材所在位置为：

光盘：\素材\第9章 数据有效性\示例9-3 限制输入重复姓名.xlsx

图9-7展示的是某单位员工信息表的部分内容，通过设置数据有效性，可以限制重复录入姓名。

操作步骤如下：

步骤1 选中B2:B9单元格区域，单击【数据】选项卡下的【数据有效性】按钮，打开【数据有效性】对话框。

步骤2 在【设置】选项卡下的【允许】下拉列表中选择"自定义"，在【公式】编辑框中输入以下公式。

```
=COUNTIF(B:B,B2)=1
```

	A	B
1	序号	姓名
2	1	颜可雨
3	2	上官翩
4	3	尚元香
5	4	
6	5	
7	6	
8	7	
9	8	

图9-7 员工信息表

步骤3 切换到【出错警告】选项卡，在【输入无效数据时显示下列出错警告】编辑区域中，分别输入标题和错误提示信息，单击【确定】按钮，如图9-8所示。

此时如果在B2:B9单元格区域中输入该区域已有内容，则公式COUNTIF(B:B,B2)的计算结果超过1。数据有效性的公式"COUNTIF(B:B,B2)=1"返回逻辑值FALSE，Excel会弹出警告对话框，拒绝输入，如图9-9所示。

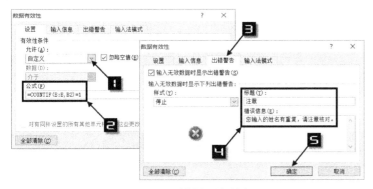

图9-8 限制输入重复信息

图9-9 输入信息重复

9.4 圈释无效数据

设置数据有效性只能限制手工输入的内容，对复制粘贴操作则无法进行限制。用户可以使用圈释无效数据功能，对不符合要求的数据进行检查。

示例 9-4　圈释无效数据

素材所在位置为：

光盘：\ 素材 \ 第9章 数据有效性 \ 示例9-4 圈释无效数据.xlsx

图9-10所示为已经录入完成的员工信息表，设置数据有效性中的"圈释无效数据"功能，可以将不符合条件的数据进行突出标识。

操作步骤如下：

步骤1　首先选中B2:B9单元格区域，按示例9-3中的步骤设置数据有效性。设置自定义规则为：

=COUNTIF(B:B,B2)=1

步骤2　依次单击【数据】→【数据有效性】下拉按钮，在下拉菜单中单击【圈释无效数据】按钮。

	A	B
1	序号	姓名
2	1	颜可雨
3	2	上官僴
4	3	尚元香
5	4	颜可雨
6	5	刘文慧
7	6	亚瑞安
8	7	名金泰
9	8	付和平

图9-10　员工信息表

设置完成后，B2:B9单元格区域中重复的姓名即可自动添加标识圈，如图9-11所示。

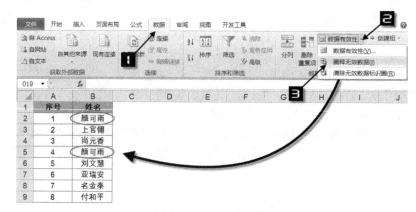

图9-11　圈释无效数据

单击【数据有效性】下拉按钮，在下拉菜单中单击【清除无效数据标识圈】，可以将已有标识清除。

示例结束

9.5　在下拉列表中选择输入内容

利用数据有效性的"序列"条件，可以限制在单元格区域中必须输入某一特定序列中的内容。

示例 9-5　在员工信息表中输入性别信息

素材所在位置为：

光盘：\ 素材 \ 第9章 数据有效性 \ 示例9-5 在员工信息表中输入性别信息.xlsx

图9-12所示的员工信息表中，需要输入性别信息。通过设置数据有效性序列条件，可以在下拉列表中使用鼠标选择要输入的内容。

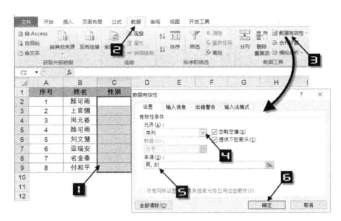

图9-12 设置数据有效性序列来源

操作步骤如下：

步骤1 首先选中C2:C9单元格区域，依次单击【数据】→【数据有效性】，弹出【数据有效性】对话框。

步骤2 在【设置】选项卡下的【允许】下拉列表中选择"序列"，在【来源】编辑框中输入序列内容"男,女"，单击【确定】按钮。

设置完成后，单击C2:C9单元格区域的任意单元格，即可在右侧出现下拉箭头，单击下拉箭头，在下拉列表中选择要输入的内容即可，如图9-13所示。

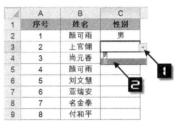

图9-13 从下拉列表中选择输入

注意

手工输入序列来源时，在不同的内容项之间需要用半角逗号隔开。

示例结束

9.6 选择不同的出错警告样式

在【数据有效性】对话框的【出错警告】选项卡下，可以选择不同的出错警告样式，单击下拉按钮会有【停止】【警告】【信息】三个选项可供选择，默认选项是【停止】。

图9-14 数据有效性出错警告

示例 9-6 设置不同的数据有效性出错警告样式

> 素材所在位置为：
>
> 光盘：\素材\第9章 数据有效性\示例9-6 设置不同的数据有效性出错警告样式.xlsx

如图9-15所示，选中B2:B9单元格区域设置数据有效性，在【数据有效性】对话框中，【允许】类型选择"序列"，【来源】编辑框中输入"质保部,销售部,采购部"。

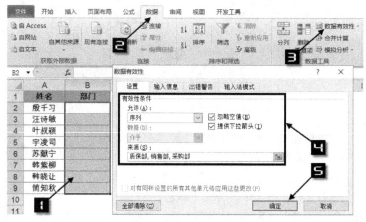

图9-15 设置序列来源

切换到【出错警告】选项卡，在【样式】下拉列表中选择"警告"，单击【确定】按钮，如图9-16所示。

设置完毕后，如果在设置了数据有效性的单元格内输入一个不在允许序列内的内容，如"集团总部"，就会出现如图9-17所示的提示窗口。

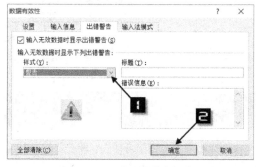

图9-16 设置出错警告样式1

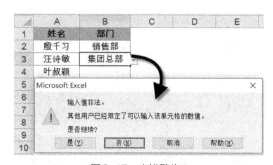

图9-17 出错警告1

单击【取消】按钮，可以结束当前的输入。单击【否】按钮，此单元格变成活动单元格，已经输入的内容变成黑色选中状态，等待再次输入内容。单击【是】按钮，则可以输入不符合数据有效性条件的数据。

设置数据有效性时，也可以根据需要在【出错警告】选项卡下的【样式】下拉列表中选择"信息"，单击【确定】按钮，如图9-18所示。

设置完毕后，如果在设置了数据有效性的单元格内输入一个不在允许序列内的内容，如"集团总部"，就会出现如图9-19所示的提示窗口。

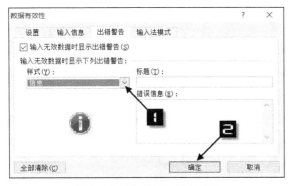

图9-18 设置出错警告样式2

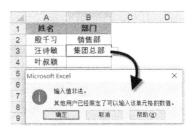

图9-19 出错警告2

单击【取消】按钮，结束当前的输入。单击【确定】按钮，则可以输入不符合数据有效性条件的数据。

示例结束

示例 9-7 设置动态变化的序列来源

素材所在位置为：

光盘：\素材\第9章 数据有效性\示例9-7 设置动态变化的序列来源.xlsx

在数据有效性中，可以使用公式设置动态变化的序列来源。在图9-20所示的先进工作者名单中，需要输入员工姓名。使用数据有效性结合公式，可以设置以"员工花名册"工作表为序列来源，并且能够根据花名册中的人数变化自动调整下拉列表中的内容。

步骤1 选中Sheet1工作表的B2:B10单元格区域，依次单击【数据】→【数据有效性】，弹出【数据有效性】对话框。

步骤2 在【设置】选项卡下的【允许】下拉列表中选择"序列"，在【来源】编辑框中输入以下公式，单击【确定】按钮，如图9-21所示。

=OFFSET(员工花名册!$A$2,,,COUNTA(员工花名册!$A$2:$A$999))

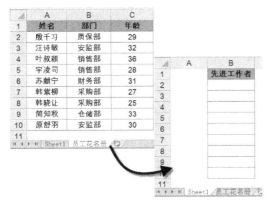

图9-20 设置动态变化的序列来源

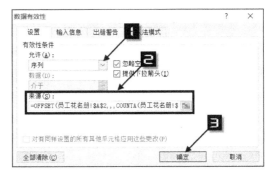

图9-21 设置序列来源

设置完成后，在B2:B10单元格区域中单击单元格右侧的下拉箭头，下拉列表中的选项如图9-22所示。

如果在员工花名册中增减人员记录，下拉列表中的选项会自动更新，如图9-23所示。

图9-22　数据有效性下拉列表

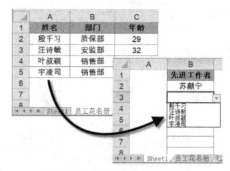

图9-23　自动更新的下拉列表

OFFSET函数以"员工花名册!$A$2"为基点，偏移行数和偏移列数的参数值省略，表示偏移量为0，也就是在基点位置上，行和列都不偏移。

新引用的行数是COUNTA(员工花名册!$A$2:$A$999)的计算结果。COUNTA函数的作用是计算花名册A2:A999这个区域中的非空单元格个数，即实际有多少条记录，OFFSET函数就引用多少行。

提示

使用此方法动态引用时，COUNTA函数统计的单元格区域必须是连续输入，各个记录之间不能包含空单元格，否则将无法得到正确的结果。

示例结束

9.7　制作二级下拉列表

结合自定义名称和INDIRECT函数，用户可以方便地创建二级下拉列表，二级下拉列表的选项能够根据第一个下拉列表输入的内容调整范围。

示例9-8　创建二级下拉列表

素材所在位置为：

光盘：\素材\第9章 数据有效性\示例9-8 创建二级下拉列表.xlsx

创建二级下拉
列表

如图9-24所示，在B列输入不同的省份，C列的有效性下拉列表中就会出现对应省份的城市名称。

制作这样的二级下拉菜单，需要准备一个包含省份和城市的对照表，如图9-25所示。

操作步骤如下：

步骤1 在"客户区域对照表"工作表中，按<F5>键调出【定位】对话框，单击【定位条件】按钮，在弹出的【定位条件】对话框中单击【常量】单选钮，然后单击【确定】按钮。此时表格中的常量全部被选中，如图9-26所示。

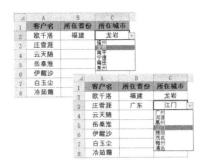

图9-24　二级下拉列表

	A	B	C	D	E	F
1	安徽	福建	甘肃	广东	河北	湖北
2	安庆	福州	兰州	广州	保定	武汉
3	蚌埠	龙岩	临夏	河源	沧州	仙桃
4	亳州	南平	陇南	惠州	承德	咸宁
5	巢湖	宁德	平凉	江门	邯郸	襄樊
6	池州	莆田	庆阳	揭阳	衡水	
7	滁州	泉州		茂名	廊坊	
8	阜阳			梅州		
9				清远		

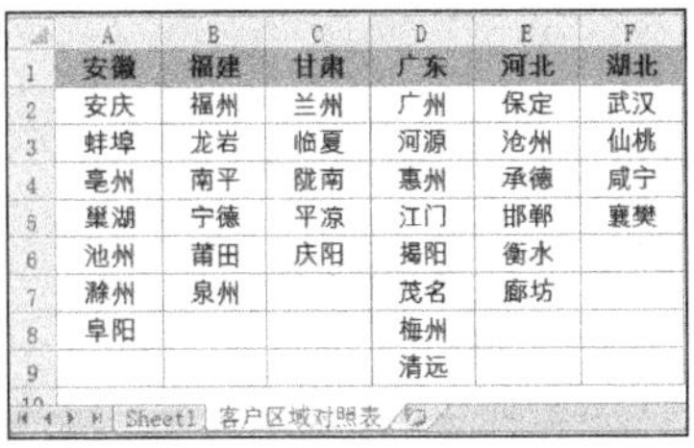

图9-25　客户区域对照表

步骤 2 依次单击【公式】→【根据所选内容创建】按钮，在弹出的【以选定区域创建名称】对话框中勾选【首行】复选框，然后单击【确定】按钮，完成创建定义名称，如图9-27所示。

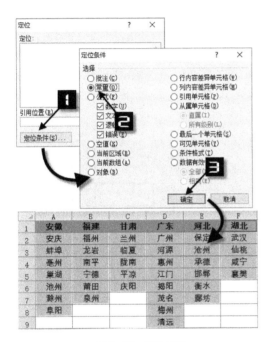

图9-26　定位常量

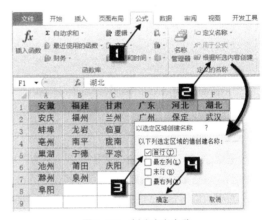

图9-27　创建定义名称

按<Ctrl+F3>组合键打开【名称管理器】，可以看到刚刚定义的名称，如图9-28所示。

图9-28　已定义的名称

步骤 3 创建省份下拉列表。

切换到Sheet1工作表，选中要输入省份的B2:B8单元格区域，打开【数据有效性】对话框。在【允许】下拉列表中选择“序列”，单击【来源】编辑框右侧的折叠按钮，选中“客户区域对照表”工作表A1:F1单元格区域，单击【确定】按钮，如图9-29所示。

步骤 4 创建二级下拉列表。

选中要输入城市名称的C2:C8单元格区域，打开【数据有效性】对话框，在【允许】下拉列表中选择“序列”，在【来源】编辑框输入以下公式，单击【确定】按钮，如图9-30所示。

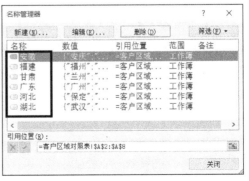

```
=INDIRECT(B2)
```

图9-29　创建一级下拉列表

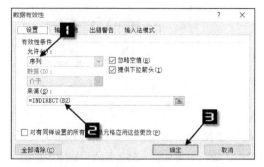

图9-30　创建二级下拉列表

步骤 5 此时会弹出"源当前包含错误。是否继续"的警告，这是因为B2单元格还没有输入省份内容，INDIRECT函数无法返回正确的引用结果，单击【确定】按钮即可，如图9-31所示。

二级下拉列表制作完成，在B列单元格选择不同的省份，C列的城市下拉列表会动态变化。

通过这样设置的数据有效性，在B列没有输入省份的情况下，C列可以手工输入任意内容，且不会有任何提示，如图9-32所示。

图9-31　错误提示

图9-32　手工输入不符合项

选中C2单元格，依次单击【数据】→【数据有效性】，打开【数据有效性】对话框。去掉【忽略空值】的勾选，勾选【对有同样设置的所有其他单元格应用这些更改】，单击【确定】按钮，如图9-33所示。

当再次尝试B列为空白的情况下，在C列手工输入内容，Excel就会弹出警告对话框，并且拒绝输入，如图9-34所示。

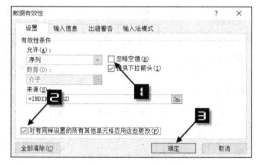

图9-33　忽略空值

图9-34　警告对话框

示例结束

 **习题**

新建一个工作簿。

1）对Sheet1工作表的A1:A10单元格区域设置数据有效性，允许输入的最大值为100，最小值为30，设置错误警告信息为"请输入30~100内的数据"。

2）对Sheet1工作表的B1:B10单元格区域设置输入提示，提示信息为"请先在A列输入内容"。

3）对Sheet1工作表的C1:C10单元格区域设置数据有效性，如果同一行中的A~B列的任意一列没有输入数据，则拒绝录入。

4）对Sheet1工作表的D1:D10单元格区域设置数据有效性，当选中该区域任意单元格时，在其右侧显示下拉箭头，下拉列表中的选项为"采购部""信息部"和"质保部"。

 上机实验

1. 如需清除已设置的数据有效性，可以选中已设置数据有效性的单元格区域，单击【数据】选项卡下的【数据有效性】按钮，在打开的【数据有效性】对话框中单击（　　）按钮。

2. 设置数据有效性只能限制（　　）的内容，对复制粘贴操作则无法进行限制。

3. 利用数据有效性的（　　）条件，可以限制在单元格区域中必须输入某一特定序列中的内容。

4. 手工输入序列来源时，在不同的内容项之间需要用（　　）隔开。

5. 使用（　　）功能，可以对不符合要求的数据进行检查。

第10章

使用 Excel 进行数据处理

　　本章主要讲解如何使用多样性的外部数据，以及如何在工作表中使用排序、筛选、高级筛选、分类汇总等基础功能。读者熟练使用这些基础功能，对原始数据进行必要的处理，可以更方便地实现数据的汇总分析。

　　本章重点学习使用外部数据、操作Excel中的"智能表"、在数据列表中排序及筛选，以及高级筛选的运用和在数据列表中创建分类汇总的方法。

10.1 使用多样性的数据源

Excel不仅可以使用工作簿中的数据，还可以访问外部数据库文件。用户通过执行导入和查询操作，可以在Excel中使用熟悉的工具对外部数据进行处理和分析。能够导入Excel的数据文件可以是文本文件、Microsoft Access 数据库、Microsoft SQL Server数据库、Microsoft OLAP 多维数据集以及 dBASE 数据库等。

以下介绍四种常用的外部数据导入方法，分别是从文本文件导入数据、从Access导入数据、自网站获取数据以及使用【现有连接】的方法导入多种类型的外部数据。

10.1.1 从文本文件导入数据

素材所在位置为：

光盘：\素材\第10章 使用Excel进行数据处理\10.1.1 从文本文件导入数据.xlsx

Excel提供了3种可以从文本文件获取数据的方法。

方法1 依次单击【文件】选项卡→【打开】命令，可以直接导入文本文件。使用该方法时，如果文本文件的数据发生变化，不能在Excel中体现，除非重新进行导入。

方法2 单击【数据】选项卡，在【获取外部数据】命令组中单击【自文本】命令，可以导入文本文件。使用该方法时，Excel会在当前工作表的指定位置上显示导入的数据，同时Excel会将文本文件作为外部数据源，一旦文本文件中的数据发生变化，可以在Excel工作表中进行刷新操作。

从文本文件导入数据

方法3 使用Microsoft Query。使用该方法时，用户可以添加查询语句，以选择符合特定需要的记录。设置查询语句需要用户有一定的SQL基础，限于篇幅，本书对该部分内容暂不做深入介绍。

用户如果需要引用局域网内共享文件中的数据，可以通过Excel的"获取外部数据"功能，在外部数据源位置不变的前提下，方便地获得外部数据源中的最新数据。

操作步骤如下：

步骤1 打开需要导入外部数据的Excel工作簿。

步骤2 单击【数据】选项卡下【获取外部数据】组中的【自文本】按钮，在弹出的【导入文本文件】对话框中，选择文本文件所在路径，选中该文件后，单击【导入】按钮。可支持的文本文件类型包括.prn、.txt和.csv三种格式，如图10-1所示。

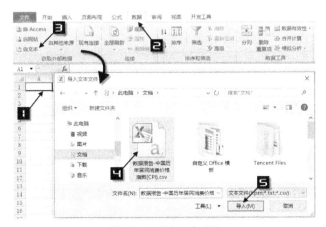

图10-1 导入文本文件

步骤 3 在弹出的【文本导入向导-第1步，共3步】对话框中，保留默认选项，单击【下一步】按钮，会弹出【文本导入向导-第2步，共3步】对话框。勾选【分隔符号】中的【逗号】复选框，此时数据预览区域的显示效果会发生变化，如图10-2所示。

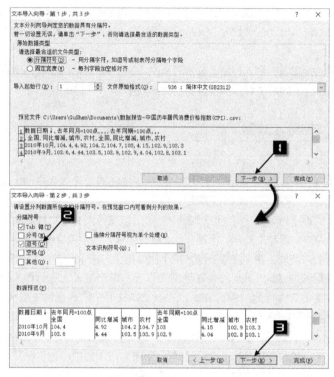

图10-2　文本导入向导1

步骤 4 单击【下一步】按钮，出现【文本导入向导-第3步，共3步】对话框，在【列数据格式】中，有常规、文本和日期3种数据格式。如果在【数据预览】区域中单击一列数据，然后在【列数据格式】区域内选择要设置的数据类型，可以快速改变该列的数据类型，如图10-3所示。

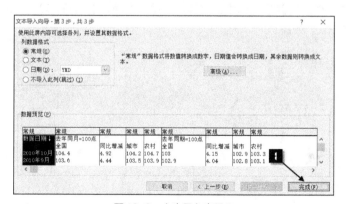

图10-3　文本导入向导2

步骤 5 单击【完成】按钮，弹出【导入数据】对话框，单击【属性】按钮，打开【外部数据区域属性】对话框。在【刷新控件】区域，去掉【刷新时提示文件名】的勾选，刷新频率设置为30分钟，勾选【打开文件时刷新数据】复选框。依次单击【确定】按钮，关闭对话框，如图10-4所示。

导入完成后，要获取最新的数据，可以在【数据】选项卡下单击【全部刷新】下拉按钮，在下拉菜单中选择【刷新】命令，也可以在右键快捷菜单中单击【刷新】命令，如图 10-5 所示。

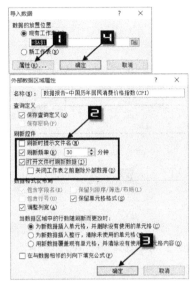

图 10-4　设置外部数据区域属性

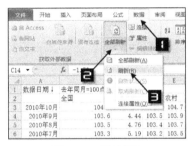

图 10-5　刷新数据

10.1.2 | 从 Access 数据库文件导入数据

素材所在位置为：

光盘：\素材\第 10 章 使用 Excel 进行数据处理\10.1.2 从 Access 文件导入数据 .xlsx

从 Access 数据库文件中导入数据，用户可以方便地使用自己熟悉的软件执行数据分析汇总操作。操作步骤如下：

步骤 1 打开需要导入外部数据的 Excel 工作簿。

步骤 2 单击【数据】选项卡下【获取外部数据】组中的【自 Access】按钮，在弹出的【选取数据源】对话框中，选择数据库文件所在路径，选中文件后，单击【打开】按钮。可支持的数据库文件类型包括 .mdb、.mde、.accdb 和 .accde 四种格式，如图 10-6 所示。

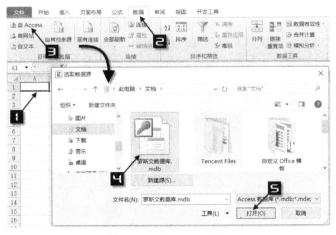

图 10-6　自 Access 导入

步骤 3 在弹出的【选择表格】对话框中，选中需要导入的表格，如"发货单"，单击【确定】按钮，如图 10-7 所示。

步骤 4 在弹出的【导入数据】对话框中，可以选择该数据在工作簿中的显示方式，包括"表"、数据透视表以及数据透视图和数据透视表等，本例选择"表"，如图 10-8 所示。

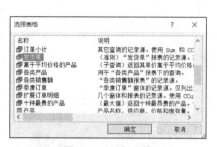

图 10-7 选择表格

图 10-8 选择显示方式

步骤 5 单击【属性】按钮，在弹出的【连接属性】对话框中，勾选【允许后台刷新】和【打开文件时刷新数据】复选框，设置刷新频率为 30 分钟，依次单击【确定】按钮，关闭对话框，如图 10-9 所示。

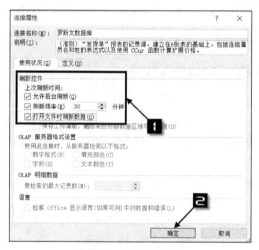

图 10-9 设置连接属性

导入完成后，要获取最新的数据，除了可以依次单击【数据】→【全部刷新】命令和在右键快捷菜单中单击【刷新】命令之外，还可以单击数据区域中的任意单元格，在表格工具的【设计】选项卡下，单击【刷新】按钮，如图 10-10 所示。

图 10-10 刷新数据

当用户首次打开已经导入外部数据的工作簿时，会出现【安全警告】提示栏，单击【启用内容】按钮，即可正常打开文件，如图 10-11 所示。

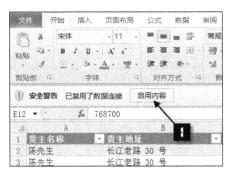

图 10-11 【安全警告】提示栏

10.1.3 自网站获取数据

素材所在位置为：

光盘：\素材\第10章 使用 Excel 进行数据处理\10.1.3 从网站获取数据.xlsx

Excel 不仅可以从外部数据中获取数据，还可以从 Web 网页中获取数据。

操作步骤如下：

步骤1 打开需要获取数据的 Excel 工作簿。

步骤2 在【数据】选项卡中单击【自网站】按钮，弹出【新建 Web 查询】对话框，如图 10-12 所示。

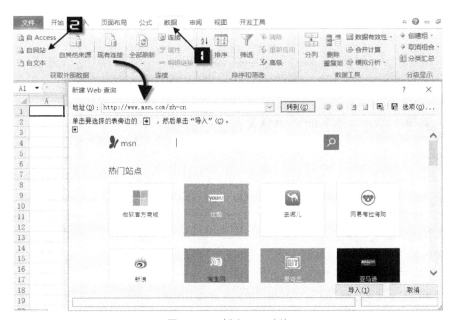

图 10-12 新建 Web 查询

步骤3 在【新建 Web 查询】对话框的地址栏中输入目标网址，如 "http://www.waihuipaijia.cn/"，单击【转到】按钮，出现网页内容，单击要查询数据表左上角的 ⬛ 图标，选中要查询的数据表，单击【导入】按钮，如图 10-13 所示。

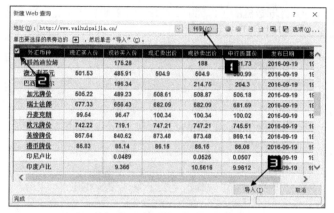

图10-13　选择网页中的数据表

步骤 4 在弹出的【导入数据】对话框中，单击【属性】按钮，打开【外部数据区域属性】对话框。在【刷新控件】区域，勾选【允许后台刷新】和【打开文件时刷新数据】复选框，依次单击【确定】按钮，关闭对话框。

导入后的数据如图10-14所示。

	A	B	C	D	E	F
1	外汇币种	现汇买入价	现钞买入价	现汇卖出价	现钞卖出价	中行折算价
2	阿联酋迪拉姆		175.28		188	181.73
3	澳大利亚元	502.13	486.49	505.5	505.5	500.99
4	巴西里亚尔		195.61		213.95	204.3
5	加元牌价	504.83	488.85	508.22	508.48	506.18
6	瑞士法郎	677.6	656.69	682.36	682.36	681.69
7	丹麦克朗	99.61	96.53	100.41	100.41	100.02
8	欧元牌价	742.68	719.54	747.67	747.67	745.51
9	英镑牌价	869.64	842.55	875.48	875.48	869.14
10	港币牌价	85.83	85.14	86.15	86.15	86.08
11	印尼卢比		0.0489		0.0525	0.0507
12	印度卢比		9.3623		10.5575	9.9612
13	日元牌价	6.5337	6.3302	6.5776	6.5776	6.5286
14	韩元牌价	0.5929	0.5721	0.5977	0.6194	0.5939

图10-14　自网站导入的数据

10.1.4 通过【现有连接】的方法导入Excel数据

素材所在位置为：

光盘：\素材\第10章 使用Excel进行数据处理\10.1.4 通过【现有连接】的方法导入Excel数据.xlsx

通过【现有连接】的方法，能够导入所有Excel支持类型的外部数据源。操作步骤如下：

步骤 1 打开需要导入数据的Excel工作簿。

步骤 2 依次单击【数据】→【现有连接】，在弹出的【现有连接】对话框中，单击【浏览更多】按钮，如图10-15所示。

步骤 3 在弹出的【选取数据源】对话框中，选择文本文件所在路径，选中要导入的Excel文件后，单击【打开】按钮，如图10-16所示。

图10-15　使用【现有连接】导入数据

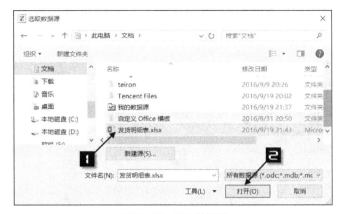

图 10-16　选取数据源

步骤 4 在弹出的【选择表格】对话框中，单击要导入的工作表名称，保留【数据首行包含列标题】的勾选，单击【确定】按钮，如图 10-17 所示。

其他操作请参考 10.1.2 小节中的步骤 4~步骤 5，导入完毕的工作表如图 10-18 所示。

图 10-17　选择表格

	A	B	C	D
1	货主名称	货主地址	货主城市	货主地区
2	陈先生	长江老路 30 号	天津	华北
3	陈先生	长江老路 30 号	天津	华北
4	陈先生	长江老路 30 号	天津	华北
5	陈先生	长江老路 30 号	天津	华北
6	陈先生	车站东路 831 号	石家庄	华北
7	陈先生	车站东路 831 号	石家庄	华北
8	陈先生	车站东路 831 号	石家庄	华北
9	陈先生	车站东路 831 号	石家庄	华北
10	陈先生	车站东路 831 号	石家庄	华北
11	陈先生	承德东路 281 号	天津	华北
12	陈先生	承德东路 281 号	天津	华北

图 10-18　导入后的工作表

10.2　Excel 中的"超级"表格

Excel 中的"表"，实际是一个数据处理的列表。使用该功能可以将现有的普通表格转换为一个规范的可自动扩展的数据表单。"表"能够自动扩展数据区域，还可以分别地进行排序和筛选操作，并且在求和、极值、平均值等计算时，不需要手工输入公式，同时还可以方便地转换为普通单元格区域，从而方便数据管理和分析操作。

Excel 中的超级表格

10.2.1　"表"的创建和转换

素材所在位置为：

光盘：\素材\第 10 章 使用 Excel 进行数据处理\10.2.1 "表"的创建和转换 .xlsx

用户可以使用以下三种方法，将普通表格创建为"表"。

方法 1 单击数据区域中的任意单元格，如 A3，在【插入】选项卡中单击【表格】按钮，弹出【创建表】对话框，在【表数据的来源】编辑框中，会自动选中当前连续的数据区域，保留【表包含标题】的默认勾选，单击【确定】按钮完成对"表"的创建，创建的表默认使用蓝白相间的表格样式，如图 10-19 所示。

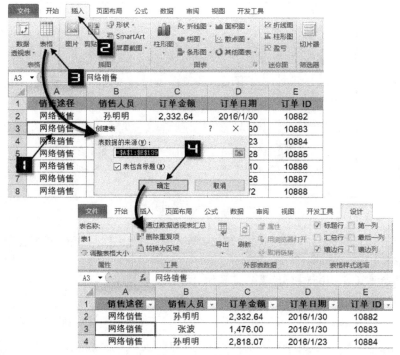

图10-19　创建表

方法2　单击数据区域的任意单元格，按<Ctrl+T>或是按<Ctrl+L>组合键，也可以调出【创建表】对话框。

方法3　单击数据区域的任意单元格，再依次单击【开始】→【套用表格格式】，在样式列表中选择一种表样式，在弹出的【套用表格式】对话框中，单击【确定】按钮，如图10-20所示。

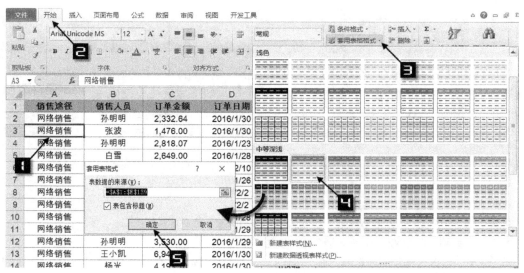

图10-20　套用表格格式

单击创建完成后的"表"区域中任意单元格，在【设计】选项卡下单击【转换为区域】按钮，可以将表转换为带格式的普通区域，如图10-21所示。

图 10-21　将表转换为普通区域

10.2.2 "表"的特征和功能

素材所在位置为：

光盘：\素材\第10章 使用Excel进行数据处理\10.2.2 "表"的特征和功能.xlsx

执行插入【表格】命令后，创建完成的表格首行自动添加筛选按钮，并且自动应用表格格式，同时会具有一些特殊的功能。

1. 常用汇总计算不需要手工输入公式

单击表格的任意单元格区域，功能区自动出现【表格工具】关联选项卡。在【设计】选项卡下勾选【汇总行】复选框，表格最后一行将自动添加"汇总"行，默认汇总方式为求和，如图10-22所示。

单击汇总行中的单元格，会出现一个下拉按钮，可以在下拉菜单中选择不同的汇总方式，单元格内能够根据选择汇总方式的不同而显示不同的结果，如图10-23所示。

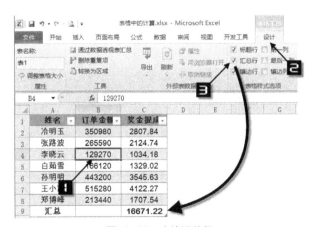

图 10-22　表格汇总行

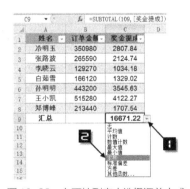

图 10-23　在下拉列表中选择汇总方式

此时如果单击A1单元格右侧的下拉按钮，对姓名进行筛选，公式将仅对筛选后处于显示状态的数据进行汇总，如图10-24所示。

2. "表"滚动时，标题行始终显示

即便是当前工作表没有使用冻结窗格命令，当用户单击"表"中任意单元格，再向下滚动浏览时，"表"的列标题也会始终显示在Excel的工作表列标区域，如图10-25所示。

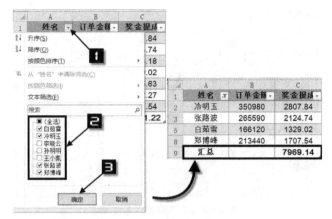

图10-24　筛选后的汇总结果

	销售途径	销售人员	订单金额	订单日期	订单 ID
10	网络销售	郑博峰	2,300.10	2016/1/28	10890
11	网络销售	郑博峰	1,808.93	2016/1/29	10891
12	网络销售	孙明明	3,530.00	2016/1/29	10892
13	网络销售	王小凯	6,942.11	2016/1/30	10893
14	网络销售	杨光	4,193.10	2016/1/30	10894
15	网络销售	王小凯	7,819.40	2016/2/2	10895
16	网络销售	郑博峰	2,190.50	2016/2/6	10896
17	网络销售	王小凯	12,275.24	2016/2/4	10897

图10-25　标题行始终显示

3."表"范围的自动扩展

"表"具有自动扩展特性，利用这一特性，用户可以方便地向现有的"表"中添加新的行或列数据记录。

单击"表"中最后一个数据记录的单元格（不包括汇总行数据），按<Tab>键即可向"表"中添加新的一行，而且汇总行中的公式引用范围也会自动扩展，如图10-26所示。

图10-26　自动扩展行

在"表"没有使用汇总行的前提下，在"表"下方相邻单元格中直接输入数据，"表"的范围也会自动扩展。

如果希望向"表"中添加新的一列，可以选中与"表"标题相邻的右侧空白单元格，如F1单元格，输入列标题"提成"，按<Enter>键，"表"区域即可自动向右扩展一列，如图10-27所示。

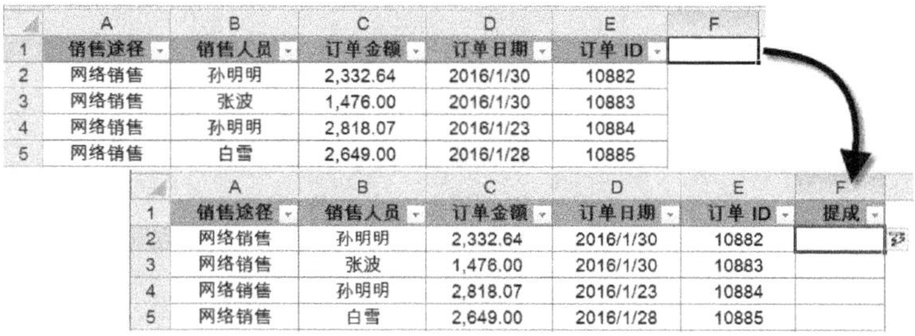

图 10-27　自动扩展列

4．自动填充公式

如图 10-28 所示，单击 F2 单元格，依次输入等号"="，单击选择 C2 单元格，再输入"*0.8%"，编辑栏中会出现以下公式：

=[@订单金额]*0.8%

此时按<Enter>键，公式将自动填充到"表"数据范围的最后一行。

图 10-28　自动填充公式

如图 10-29 所示，如果用户在【Excel选项】中去掉了【在公式中使用表名】的勾选，当在公式内引用"表"中的单元格区域时，则和普通数据区域中的公式有相同的显示效果。按照上述方法输入时，公式显示为"=C2*0.8%"。

图 10-29　Excel选项

10.3　数据排序应用

Excel最常用的任务之一，就是管理一系列的数据列表，例如电话号码表、客户名单、供应商名单等等。Excel提供了多种方法对数据列表进行排序，可以根据需要按行或列，进行升序、降序或是自定义排序操作。Excel 2010能够支持64个排序条件，而且可以根据单元格内的背景色以及字体颜色进行排序。如果数据列表中使用了条件格式中的图标集，还可以按照单元格内显示的图标进行排序。

Excel 中的排序应用

10.3.1 按单列排序

素材所在位置为：

光盘：\素材\第10章 使用Excel进行数据处理\10.3.1 按单列排序.xlsx

未经排序的数据列表往往会显得比较杂乱，不便于查找分析数据。

如图10-30所示，单击要排序的"运货商公司"所在列的任意单元格，如A4，单击【数据】选项卡下的升序按钮，即可对数据表按照A列运货商公司名称的拼音字母顺序升序排序。

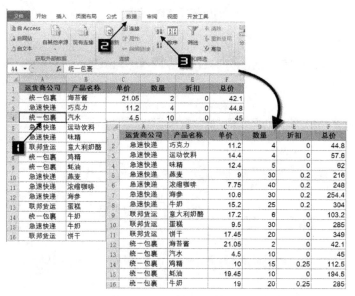

图10-30　按运货商公司名称升序排序

10.3.2 按多列排序

素材所在位置为：

光盘：\素材\第10章 使用Excel进行数据处理\10.3.2 按多列排序.xlsx

如图10-31所示，要对考试成绩表中的数据进行排序，排序关键字依次为"总分""笔试成绩"和"听力测试"。

姓名	笔试成绩	听力测试	总分
汪诗敏	89	8.9	97.9
殷千寻	83	8.2	91.2
楼歌晓	90	8.9	98.9
俞心庭	90	8.3	98.3
原舒羽	88	8.5	96.5
玄知枫	85	9.7	94.7
晴川铭	82	8.5	90.5
卓均彦	88	8.3	96.3
乔沐枫	86	8.7	94.7
云天随	82	8.9	90.9

姓名	笔试成绩	听力测试	总分
晴川铭	82	8.5	90.5
云天随	82	8.9	90.9
殷千寻	83	8.2	91.2
玄知枫	85	9.7	94.7
乔沐枫	86	8.7	94.7
卓均彦	88	8.3	96.3
原舒羽	88	8.5	96.5
汪诗敏	89	8.9	97.9
俞心庭	90	8.3	98.3
楼歌晓	90	8.9	98.9

图10-31　考试成绩表

操作步骤如下：

步骤1　选中数据区域中的任意单元格，如A3，在【数据】选项卡中单击【排序】按钮，弹出【排序】对话框。

步骤 2 单击【主要关键字】右侧的下拉按钮，选择"总分"。然后单击【添加条件】按钮，单击【次要关键字】右侧的下拉按钮，设置次要关键字"笔试成绩"。用同样的方法设置次要关键字"听力测试"，最后单击【确定】按钮完成排序操作，如图 10-32 所示。

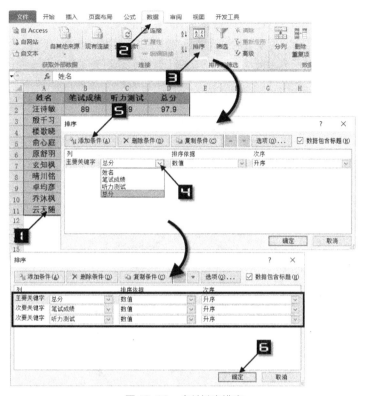

图 10-32　多关键字排序

10.3.3 按笔画排序

在默认情况下，Excel 是按照字母顺序对汉字排序。以中文姓名为例，字母顺序即按姓的拼音首字母在 26 个英文字母中出现的顺序进行排列，如果同姓，则依次计算姓名中的第二、第三个字。如图 10-33 所示，员工信息表格中包含了对姓名字段按照字母顺序升序排列的数据。

	A	B	C
1	姓名	性别	籍贯
2	白彩玲	女	北京
3	白金飞	男	上海
4	蔡燕娟	女	广州
5	陈安东	男	北京
6	陈春秀	女	河北
7	程建男	男	吉林
8	丁一民	男	福建
9	董大伟	男	江苏
10	董艳慧	女	浙江
11	任小伟	男	江苏

图 10-33　姓名按字母顺序排序

按照中国人的习惯，多数情况下需要按照"姓氏笔画"顺序来对姓名进行排序，这种排序的规则是按照姓氏笔画数的多少排列，同笔画的姓名按起笔顺序排列。如果同姓则对姓名第二、第三字按该规则排序。

示例 10-1　按笔画排列姓名

素材所在位置为：

光盘：\素材\第10章 使用Excel进行数据处理\示例10-1 按笔画排列姓名.xlsx

以图 10-33 所示的表格为例，需要使用姓氏笔画的顺序排序，操作步骤如下：

步骤 1 单击数据区域中的任意单元格，如A3，在【数据】选项卡中单击【排序】按钮，弹出【排序】对话框。

步骤 2 在【排序】对话框中，主要关键字选择为"姓名"，排序次序为"升序"，单击【选项】按钮，弹出【排序选项】对话框。

步骤 3 在【排序选项】对话框中选中【笔划排序】单选钮，依次单击【确定】按钮，关闭对话框，如图 10-34 所示。

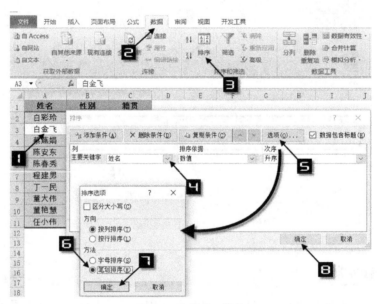

图 10-34　按笔画排序

排序完成的效果如图 10-35 所示。

姓名	性别	籍贯
丁一民	男	福建
白金飞	男	上海
白彩玲	女	北京
任小伟	男	江苏
陈安东	男	北京
陈春秀	女	河北
董大伟	男	江苏
董艳慧	女	浙江
程建男	男	吉林
蔡燕娟	女	广州

图 10-35　按笔画排序的效果

示例结束

10.3.4 按行排序

Excel 默认按列进行排序，如需按行排序，则需要进行必要的设置。

示例 10-2　按行排序

素材所在位置为：

光盘：\素材\第 10 章 使用 Excel 进行数据处理\示例 10-2 按行排序.xlsx

图 10-36 所示为某单位各月份费用支出的记录，需要对费用支出进行降序排序。

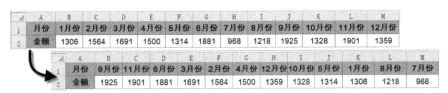

图 10-36　费用支出记录

操作步骤如下：

步骤 1 单击数据区域中的任意单元格，如 B2，单击【数据】选项卡下的【排序】按钮，弹出【排序】对话框。

步骤 2 单击【排序】对话框中的【选项】按钮，在弹出的【排序选项】对话框中，选中【按行排序】单选钮，单击【确定】按钮，关闭【排序选项】对话框，返回【排序】对话框，如图 10-37 所示。

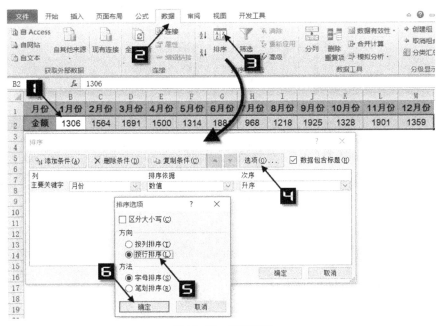

图 10-37　按行排序

步骤 3 在【排序】对话框中，主要关键字选择"行 2"，也就是数据区域的第二行，次序选择"降序"，单击【确定】按钮，完成按行排序，如图 10-38 所示。

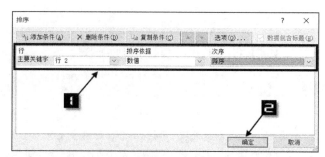

图 10-38　设置主要关键字和次序

10.3.5　按自定义序列排序

在实际排序应用中，往往需要使用特殊的次序，实现自定义规则的排序，如按照职务排序、按照单位职能部门排序等等。

示例 10-3　按职务大小排序

素材所在位置为：

光盘：\素材\第10章 使用Excel进行数据处理\示例10-3 按职务大小排序.xlsx

图10-39所示为某单位参加职工会议的人员名单，需要按照内部职务顺序对人员名单进行排序。

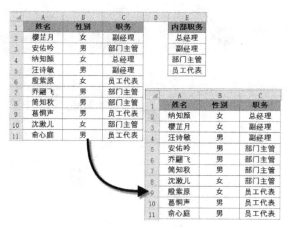

图 10-39　参加会议的人员名单

1. 首先编辑自定义列表，操作步骤如下：

步骤 1 依次单击【文件】→【选项】，打开【Excel选项】对话框，切换到【高级】选项卡，单击右侧的【编辑自定义列表】按钮，打开【自定义序列】对话框。

步骤 2 单击【自定义序列】对话框中的折叠按钮，选中存放自定义排序规则的E2:E5单元格区域，单击【导入】按钮，完成自定义列表的编辑。

也可以在【输入序列】编辑区域中直接输入自定义的序列，每输入一项后按<Enter>键，输入完成后单击【添加】按钮。

最后依次单击【确定】按钮关闭对话框，如图 10-40 所示。

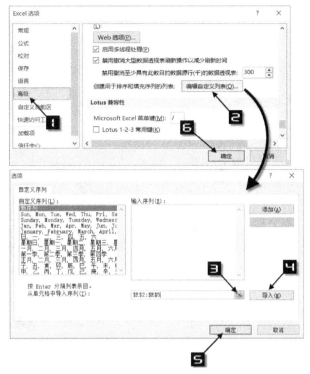

图 10-40　编辑自定义列表

用户也可以在其他工作簿中使用添加的自定义序列。

2. 编辑自定义列表完成后，再按照此规则对数据进行排序操作，操作步骤如下：

步骤 1 单击数据区域中的任意单元格，如 B2，单击【数据】选项卡下的【排序】按钮，弹出【排序】对话框。

步骤 2 设置主要关键字为"职务"。在【次序】下拉列表中，选择【自定义序列…】，此时会弹出【自定义序列】对话框，如图 10-41 所示。

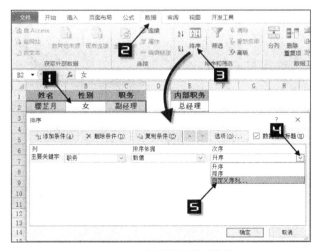

图 10-41　按自定义序列排序

步骤3 在左侧的【自定义序列】列表中单击选中之前编辑的自定义序列，再单击【确定】按钮，返回【排序】对话框，单击排序对话框的【确定】按钮，完成自定义序列的排序，如图10-42所示。

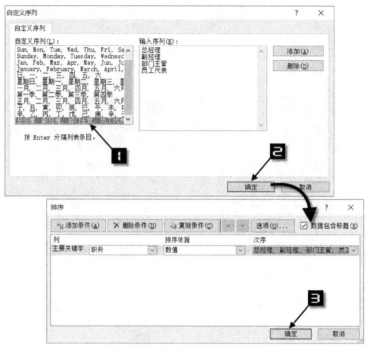

图10-42　选择自定义序列

3. 如需删除已有的自定义序列，可在【自定义序列】对话框的【自定义序列】列表中，单击选中之前编辑的自定义序列，再单击【删除】按钮，Excel会弹出提示对话框，依次单击【确定】按钮关闭对话框即可，如图10-43所示。

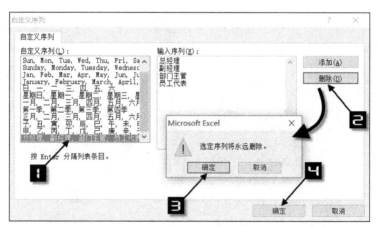

图10-43　删除自定义序列

示例结束

10.3.6 按颜色或图标集排序

很多用户习惯使用字体颜色或是单元格颜色标识数据，Excel支持以颜色作为条件对数据进行排序，从而实现更加灵活的数据整理操作。

1. 按单元格颜色排序

示例 10-4 将红色单元格在表格中置顶显示

素材所在位置为：

光盘：\素材\第10章 使用Excel进行数据处理\示例10-4 将红色单元格在表格中置顶显示.xlsx

图10-44所示为某学校考试成绩表的部分内容，部分学生的考试成绩所在单元格被设置为红色底纹。现在希望将这些添加颜色标识的数据排到表格最上方。

操作步骤如下：

步骤 1 选中表格中任意一个红色底纹的单元格，如C3。

步骤 2 单击鼠标右键，在快捷菜单中依次单击【排序】→【将所选单元格颜色放到最前面】命令，即可将所有红色底纹的单元格排列到表格最前面，如图10-45所示。

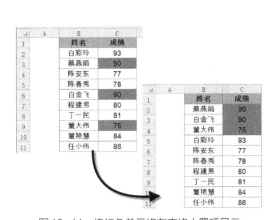

图10-44 将红色单元格在表格中置顶显示

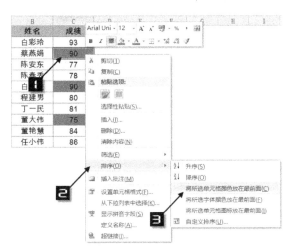

图10-45 以颜色排序

示例结束

2. 按单元格多种颜色排序

示例 10-5 按红色、黄色和浅蓝色顺序排列表格

素材所在位置为：

光盘：\素材\第10章 使用Excel进行数据处理\示例10-5 按红色、黄色和浅蓝色顺序排列表格.xlsx

如图10-46所示的考试成绩表中，手工设置了多种单元格底纹颜色，希望按颜色次序，以红色、黄色和浅蓝色排列数据。

操作步骤如下：

步骤 1 单击数据区域任意单元格，如B2，在【数据】选项卡中，单击【排序】按钮，弹出【排序】对话框。

	A	B	C	D
1	姓名	语文	数学	总成绩
2	白彩玲	72	76	148
3	蔡燕娟	86	89	175
4	陈安东	68	85	153
5	陈春秀	86	92	178
6	白金飞	69	65	134
7	程建男	98	79	177
8	丁一民	92	65	157
9	董大伟	86	95	181
10	董艳慧	82	96	178
11	任小伟	92	82	174
12	杜郎清	68	85	153
13	宋敏知	86	92	178
14	伊弄巧	69	65	134
15	俞醒薇	86	89	175

	A	B	C	D
1	姓名	语文	数学	总成绩
2	蔡燕娟	86	89	175
3	白金飞	69	65	134
4	董大伟	86	95	181
5	杜郎清	68	85	153
6	宋敏知	86	92	178
7	陈春秀	86	92	178
8	任小伟	92	82	174
9	白彩玲	72	76	148
10	陈安东	68	85	153
11	程建男	98	79	177
12	丁一民	92	65	157
13	董艳慧	82	96	178
14	伊弄巧	69	65	134
15	俞醒薇	86	89	175

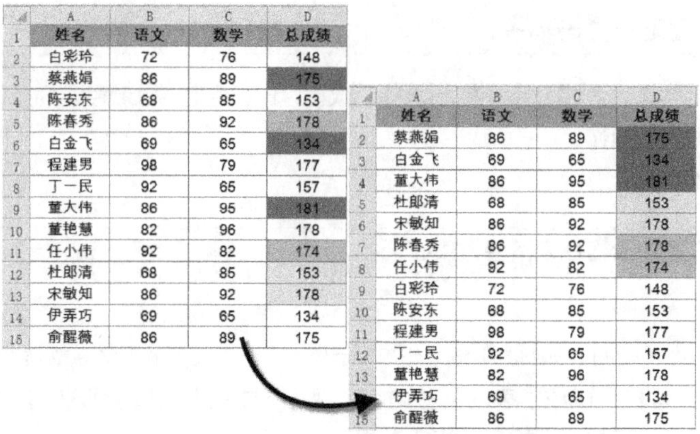

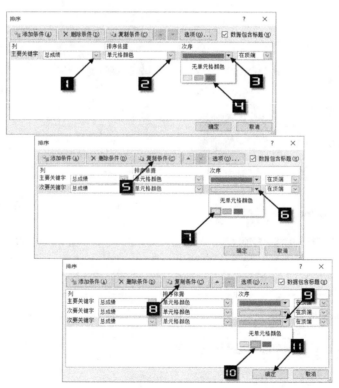

图10-46　需要按颜色次序排序的成绩表

步骤 2 在弹出的【排序】对话框中，设置【主要关键字】为“总成绩”，排序依据为“单元格颜色”，次序为“红色”在顶端，单击【复制条件】按钮。

步骤 3 重复步骤2操作，分别设置“黄色”和“浅蓝色”为次级次序，最后单击【确定】按钮，关闭对话框，如图10-47所示。

图10-47　以颜色排序

示例结束

3. 按字体颜色和单元格图标排序

除了单元格颜色之外，Excel还能够根据字体颜色和由条件格式生成的单元格图标进行排序，排序方法与单元格颜色排序类似，不再赘述。

注意

如果表格中的单元格含有公式，有可能会因为排序造成引用错误。排序操作时要注意检查。

10.4 数据筛选应用

筛选数据列表的作用是只显示符合用户指定条件的行，隐藏不符合条件的其他行。Excel 中有两种筛选数据列表的命令，一是筛选，适用于简单的条件筛选；二是高级筛选，适用于复杂的条件筛选。

10.4.1 筛选

素材所在位置为：

光盘：\素材\第 10 章 使用 Excel 进行数据处理\10.4.1 筛选.xlsx

Excel 中的筛选功能，能够根据某种条件筛选出匹配的数据。对于工作表中的普通数据列表，可以使用以下方法进入筛选状态。

1. 如图 10-48 所示，先选中数据区域中的任意单元格，如 B4，然后单击【数据】选项卡中的【筛选】按钮，即可启用筛选功能。此时，功能区中的【筛选】按钮呈现高亮显示状态，数据列表中所有字段的列标题单元格中也会出现下拉箭头。

再次单击【数据】选项卡下的【筛选】按钮，可取消当前工作表中的筛选状态。

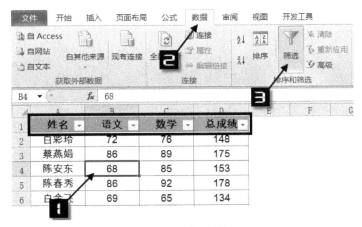

图 10-48　启用筛选 1

2. Excel 中的"表"功能默认开启筛选功能，因此也可以将普通数据列表转换为"表"，然后使用筛选功能。

数据列表进入筛选状态后，单击每个字段标题单元格的下拉箭头，都将弹出下拉菜单，提供有关【排序】和【筛选】的信息选项。除了直接单击下拉菜单中的复选框来选择要显示的项目，还能够根据字段类型的不同，使用更加详细的筛选选项，如图 10-49 所示。

执行筛选操作后，被筛选字段的下拉按钮形状会发生改变，同时数据列表中的行号颜色也会改变，图 10-50 所示为对"语文"字段执行了筛选操作后的显示结果。

图10-49　文本和数值类型的筛选选项

对于已经执行筛选的字段，可以从字段中清除筛选。如图10-51所示，单击"语文"字段标题单元格的下拉箭头，在下拉菜单中单击【从"语文"中清除筛选】命令，可清除当前字段的筛选，工作表将恢复筛选前的状态。

	A	B	C	D	E
1	日期	姓名	语文	数学	总成绩
2	2017/2/11	白彩玲	72	76	148
3	2017/2/12	蔡燕娟	86	89	175
5	2017/2/14	陈春秀	86	92	178
7	2017/2/16	程建男	98	79	177
8	2017/2/17	丁一民	92	65	157
9	2017/2/18	董大伟	86	95	181
10	2017/2/19	董艳慧	82	96	178
11	2017/2/20	任小伟	92	82	174
13	2017/2/22	宋敏知	86	92	178
15	2017/2/24	俞醒薇	86	89	175

图10-50　筛选状态下的数据列表

图10-51　从字段中清除筛选

1. 按照文本特征筛选

对于文本型数据字段，下拉菜单中会显示【文本筛选】的更多选项，选择其中的任意一项，将进入【自定义自动筛选方式】对话框，通过选择逻辑条件和指定具体的条件值，最终完成自定义的筛选条件，如图10-52所示。

 注意

　　在【自定义字段自动筛选方式】对话框中设置的条件，Excel不区分字母大小写。另外，列表框中显示的逻辑运算符也并非适用于每种数据类型的字段，例如"包含"运算符就不能适用于数值型的数据字段。

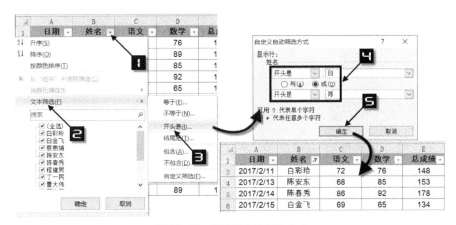

图 10-52　自定义字段筛选方式

2. 按照数字特征筛选

对于数值型的数据字段，筛选下拉菜单中会显示【数字筛选】的更多选项。

当选择【10 个最大的值】选项时，会进入【自动筛选前 10 个】对话框，用于筛选最大或最小的 N 个项或 N 个百分比。

当选择【高于平均值】和【低于平均值】选项时，则根据当前字段中的所有数据的值来进行相应的筛选。

当选择"等于""不等于""大于"等选项时，则进入【自定义自动筛选方式】对话框。需要通过选择逻辑条件和输入具体的条件值，完成自定义的筛选条件，如图 10-53 所示。

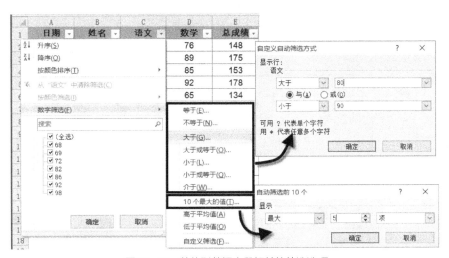

图 10-53　数值型数据字段相关的筛选选项

3. 按照日期特征筛选

如图 10-54 所示，对于日期型的数据字段，筛选下拉菜单中的【日期筛选】选项更加丰富。

（1）日期分组列表中以年月分组的分层形式显示。

（2）包含大量预置的动态筛选条件，将数据列表中的日期与当前系统日期的比较结果作为筛选条件。

（3）【期间所有日期】菜单下的命令只按时间段进行筛选，不考虑年。例如选择"第 2 季度"时，即表示数据列表中任何年度的第 2 季度。

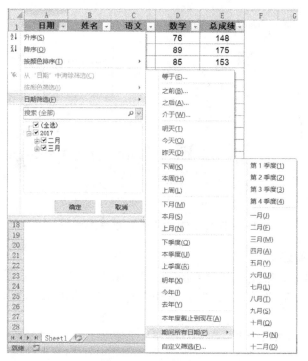

图 10-54　日期筛选选项

用户也可以根据需要，取消筛选菜单中的日期分组显示，以便按具体的日期值进行筛选。操作步骤如下：

步骤 1 依次单击【文件】选项卡→【Excel 选项】，打开【Excel 选项】对话框。

步骤 2 在【高级】选项卡的【此工作簿的显示选项】右侧选择工作簿。

步骤 3 取消勾选【使用"自动筛选"菜单分组日期】复选框，单击【确定】按钮，如图 10-55 所示。

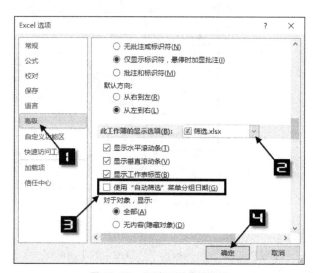

图 10-55　取消日期分组显示

4. 按照颜色或单元格图标筛选

如果要筛选的字段中设置过字体颜色或是单元格底纹颜色时，筛选下拉菜单中的【按颜色筛选】选项会变为可用状态，并列出当前字段中应用的字体颜色和单元格颜色，如图 10-56 所示。

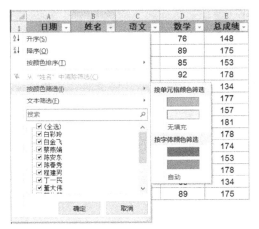

图 10-56　按字体颜色或单元格颜色筛选

选中相应的颜色项，即可筛选出应用了该种颜色的数据。如果选择其中的"无填充"或"自动"，则可筛选出没有应用颜色的数据。但无论是单元格颜色或是字体颜色，一次只能按一种颜色进行筛选。

如果数据列表中包含了由条件格式生成的单元格图标，Excel 还能根据不同的图标进行筛选。

5．使用通配符进行模糊筛选

使用通配符，可以在不能明确指定某项内容时，对某一类的内容进行模糊筛选，例如筛选姓"白"的员工，第三位是"A"的商品编号等。

模糊筛选中通配符的使用需要借助【自定义自动筛选方式】对话框来完成，并允许使用问号"?"和星号"*"两种通配符。问号"?"代表一个字符，星号"*"代表任意多个字符。

通配符仅能用于文本型数据，对其他类型的数据无效。

6．筛选多列数据

用户可以对数据列表中的任意多列同时指定筛选条件。即先对某一列进行筛选后，再从筛选出的记录中对另一列进行筛选。在对多列同时应用筛选时，筛选条件是"与"的关系。

例如要在成绩表中筛选出语文大于等于 85，并且数学大于等于 90 的记录，操作步骤如下：

步骤 1 先对语文字段进行筛选，如图 10-57 所示。

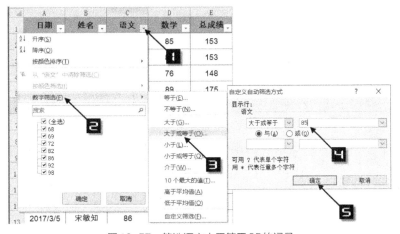

图 10-57　筛选语文大于等于 85 的记录

步骤 2 然后再对数学字段进行筛选，如图 10-58 所示。

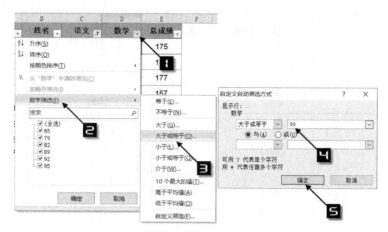

图 10-58　继续筛选数学大于等于 90 的记录

筛选后的效果如图 10-59 所示。

7. 在右键快捷菜单中执行筛选

在数据列表中，选中某个具有颜色特征或是由条件格
式生成了图标的单元格，单击鼠标右键，在快捷菜单中选择
【筛选】，可以看到不同的筛选选项，包括【按所选单元格的
值筛选】【按所选单元格的颜色筛选】【按所选单元格的字体
颜色筛选】以及【按所选单元格的图标筛选】。单击其中的命令时，Excel 则以选中单元格的颜色、图标特
征或是值作为依据，对数据执行相应的筛选操作，如图 10-60 所示。

	A	B	C	D	E
1	日期	姓名	语文	数学	总成绩
6	2017/2/25	陈春秀	86	92	178
10	2017/3/1	董大伟	86	95	181
13	2017/3/5	宋敏知	86	92	178

图 10-59　筛选多列数据效果

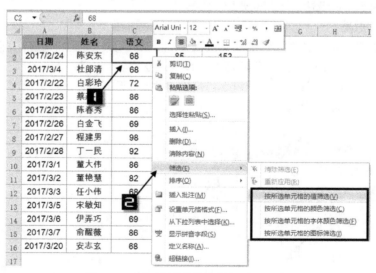

图 10-60　在右键快捷菜单中执行筛选操作

8. 重新应用筛选规则

执行筛选操作后，如果在数据区域添加新数据，或是修改了筛选结果中的数据，单击【数据】选项卡
下的【重新应用】按钮，则可以依照之前的筛选规则，重新对数据区域进行筛选，如图 10-61 所示，在
"语文大于等于 85，并且数学大于等于 90"的记录中添加一行数据，执行【重新应用】命令，新添加的记
录由于不符合之前的筛选规则，将不再显示。

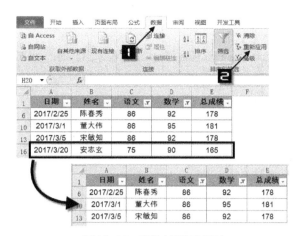

图 10-61 重新应用筛选规则

9. 取消和清除筛选

如果要取消对指定列的筛选,可以单击该列筛选下拉箭头,在筛选列表框中选择【从"(字段名)"中清除筛选】命令。或是单击【(全选)】,再单击【确定】按钮即可,如图 10-62 所示。

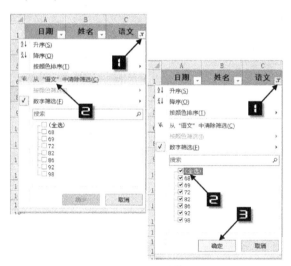

图 10-62 取消筛选

单击【数据】选项卡下的【清除】按钮,可以清除当前工作表中的所有筛选,如图 10-63 所示。或者单击【数据】选项卡下的【清除】按钮,取消当前工作表中的筛选状态。

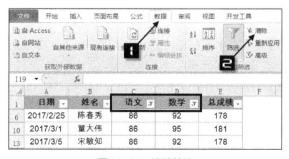

图 10-63 清除筛选

10.4.2 高级筛选

高级筛选功能是自动筛选的升级，不仅包含了自动筛选的所有功能，而且能够设置更多更复杂的筛选条件。

认识 Excel 中的高级筛选

1. 设置高级筛选的条件区域

高级筛选的筛选条件需要在一个工作表区域内单独指定，并需要与基础数据区域分开。通常情况下，高级筛选的条件区域放置在数据列表的上部或是底部。

一个高级筛选的条件区域至少要包含两行，第一行是列标题，列标题应和数据列表中的标题相同；第二行是高级筛选的条件值。

2. 两列之间运用关系“与”条件

素材所在位置为：

光盘：\素材\第10章 使用Excel进行数据处理\10.4.2-2 两列之间运用关系“与”条件.xlsx

以图10-64所示的员工信息表为例，需要运用高级筛选功能，将性别为“男”，并且职务为“部门主管”的数据筛选出来，将结果存放到H1单元格所在的区域中。

操作步骤如下：

步骤 1 首先在E1:F1单元格区域中，写入筛选条件的列标题。在E2:F2单元格区域中，写上用于描述条件的文本，如图10-65所示。

	A	B	C
1	姓名	性别	职务
2	樱芷月	女	副经理
3	安佑吟	男	部门主管
4	纳知颜	女	总经理
5	乔翩飞	男	部门主管
6	汪诗敏	男	副经理
7	殷紫原	女	员工代表
8	简知秋	男	部门主管
9	暮恫声	男	员工代表
10	沈漱儿	女	部门主管
11	俞心庭	男	员工代表

图10-64 员工信息表

	A	B	C	D	E	F
1	姓名	性别	职务		性别	职务
2	樱芷月	女	副经理		男	部门主管
3	安佑吟	男	部门主管			
4	纳知颜	女	总经理			
5	乔翩飞	男	部门主管			
6	汪诗敏	男	副经理			
7	殷紫原	女	员工代表			
8	简知秋	男	部门主管			
9	暮恫声	男	员工代表			
10	沈漱儿	女	部门主管			
11	俞心庭	男	员工代表			

图10-65 指定筛选条件

步骤 2 选中数据区域中的任意单元格，然后单击【数据】选项卡下的【高级】按钮，弹出【高级筛选】对话框，并且自动添加【列表区域】的范围。

步骤 3 在【高级筛选】对话框内，选择【将筛选结果复制到其他位置】选项。

步骤 4 单击【条件区域】编辑框，再拖动鼠标或是使用右侧的折叠按钮，选择条件区域为“$E$1:$F$2”。

步骤 5 单击【复制到】编辑框，再拖动鼠标或是使用右侧的折叠按钮，选择$H$1单元格。单击【确定】按钮，符合条件的结果即复制到指定区域内，如图10-66所示。

图10-66 关系“与”的高级筛选

最终筛选出性别为“男”，并且职务为“部门主管”的结果，如图10-67所示。

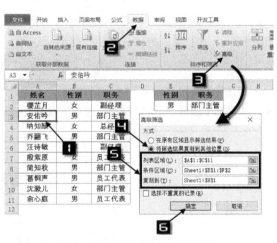

3. 两列之间运用关系 "或" 条件

素材所在位置为：

光盘：\素材\第10章 使用Excel进行数据处理\10.4.2-3 两列之间运用关系 "或" 条件 .xlsx

仍以图 10-64 所示的员工信息表为例，需要运用高级筛选功能，筛选出性别为 "男" 或职务为 "部门经理" 的记录。

高级筛选使用 "或" 条件，设置条件区域的范围和使用 "与" 条件有所不同。使用两种不同关系的高级筛选，首行都要求必须是标题行。区别在于条件值的描述区域：

（1）位于同一行的各个条件表示相互之间是 "与" 的关系。

（2）位于不同行的各个条件则表示相互之间是 "或" 的关系。

两列之间运用关系 "或" 条件时，条件区域的设置如图 10-68 中的 E1:F3 单元格区域所示。

图 10-67　筛选结果　　　　　　　　　图 10-68　指定筛选条件

参考图 10-66 所示的操作步骤完成高级筛选，筛选后的结果如图 10-69 所示。

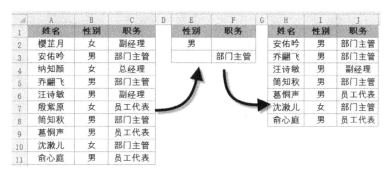

图 10-69　运用关系 "或" 条件的高级筛选结果

4. 在一列中使用多个关系 "或" 条件

素材所在位置为：

光盘：\素材\第10章 使用Excel进行数据处理\10.4.2-4 在一列中使用多个关系 "或" 条件 .xlsx

再以图 10-64 为例，需要运用高级筛选功能，筛选出职务为 "总经理" "副经理" 和 "部门主管" 的记录。条件区域的设置如图 10-70 中的 E1:E4 单元格区域所示。

参考图 10-66 所示的操作步骤完成高级筛选，筛选后的结果如图 10-71 所示。

5. 在筛选条件中使用公式

素材所在位置为：

光盘：\素材\第10章 使用Excel进行数据处理\10.4.2-5 在筛选条件中使用公式 .xlsx

在高级筛选的条件中可以使用公式，即筛选条件是由某种算法计算而来。图 10-72 所示的成绩表中，需要筛选出大于平均分的记录，并将结果放到其他区域。

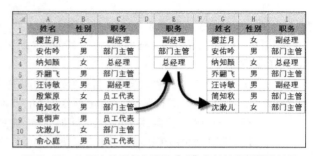

图 10-70　指定筛选条件　　　　　图 10-71　一列中使用多个关系"或"条件的高级筛选结果

E3 单元格输入以下公式。

```
=C2>AVERAGE($C$2:$C$11)
```

参考图 10-66 所示的操作步骤完成高级筛选，在【高级筛选】对话框中，选择条件区域"E2:E3"，如图 10-73 所示。

图 10-72　成绩表　　　　　　图 10-73　在筛选条件中使用公式

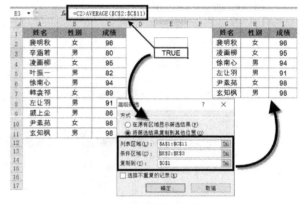

提示

　　在使用计算条件作为高级筛选的条件时，允许使用空白行作为字段标题，或是创建一个新的字段标题，而不能使用与数据列表中同名的字段标题。

　　使用数据列表中首行数据来创建的计算条件公式，首行的单元格引用要使用相对引用方式。

6. 筛选不重复的数据项并输出到其他工作表

素材所在位置为：

光盘：\素材\第 10 章 使用 Excel 进行数据处理\10.4.2-6 筛选不重复的数据项并输出到其他工作表.xlsx

在【高级筛选】对话框中，如果勾选【选择不重复记录】选项，在筛选时将删除重复的记录行。如图 10-74 所示，数据表中有大量的重复数据，需要提取不重复的记录，输出到"结果表"工作表中。

	A	B	C	D	E	F
1	货主名称	货主地址	货主城市	货主地区	货主邮政编码	客户ID
17	陈先生	川明东街 37 号	重庆	西南	234324	FOLKO
18	陈先生	川明东街 37 号	重庆	西南	234324	FOLKO
19	陈先生	川明东街 37 号	重庆	西南	234324	FOLKO
20	陈先生	川明东街 37 号	重庆	西南	234324	FOLKO
21	陈先生	方分大街 38 号	南京	华东	645645	VICTE
22	陈先生	复兴路丁 37 号	北京	华北	785678	FOLKO
23	陈先生	共振路 390 号	南京	华东	677890	VICTE
24	陈先生	共振路 390 号	南京	华东	677890	VICTE
25	陈先生	共振路 390 号	南京	华东	677890	VICTE
26	陈先生	冠成南路 3 号	重庆	西南	653892	KOENE
27	陈先生	冠成南路 3 号	重庆	西南	653892	KOENE
28	陈先生	冠成南路 3 号	重庆	西南	653892	KOENE
29	陈先生	冠成南路 3 号	重庆	西南	653892	KOENE

图 10-74　有重复项的数据记录

操作步骤如下：

步骤 1 切换到"结果表"工作表，单击【数据】选项卡中的【高级】按钮，弹出【高级筛选】对话框，如图 10-75 所示。

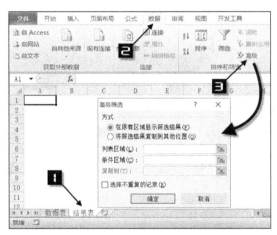

图 10-75　选择要存放筛选结果的工作表

步骤 2 在【高级筛选】对话框中，单击【列表区域】右侧的折叠按钮，单击【数据表】工作表标签，并选取数据表中实际的数据区域。

步骤 3 选择【将筛选结果复制到其他位置】选项，单击【复制到】编辑框，选择存放位置的起始单元格，如"结果表!$A$1"。勾选【选择不重复的记录】复选框，最后单击【确定】按钮完成筛选，如图 10-76 所示。

筛选后的结果如图 10-77 所示。

图 10-76　高级筛选设置

	A	B	C	D	E	F
1	货主名称	货主地址	货主城市	货主地区	货主邮政编码	客户ID
2	陈先生	长江老路 30 号	天津	华北	786785	FOLKO
3	陈先生	车站东路 831 号	石家庄	华北	147765	KOENE
4	陈先生	承德东路 281 号	天津	华北	768700	FOLKO
5	陈先生	承德路 28 号	张家口	华北	256076	KOENE
6	陈先生	崇明西路丁 93 号	南昌	华东	566975	FOLKO
7	陈先生	川明东街 37 号	重庆	西南	234324	FOLKO
8	陈先生	方分大街 38 号	南京	华东	645645	VICTE
9	陈先生	复兴路丁 37 号	北京	华北	785678	FOLKO
10	陈先生	共振路 390 号	南京	华东	677890	VICTE

图 10-77　不重复记录输出到指定工作表

10.5 其他数据工具

借助Excel中的删除重复项、分列、分类汇总等功能，可以快速整理数据，提高工作效率。

10.5.1 删除重复项

素材所在位置为：

光盘：\素材\第10章 使用Excel进行数据处理\10.5.1 删除重复项.xlsx

仍以图10-74中有重复项的数据表为例，使用【删除重复项】命令，可以快速获取不重复的记录。

操作步骤如下：

步骤1 选中数据区域中的任意单元格，如A2，单击【数据】选项卡下的【删除重复项】按钮，弹出【删除重复项】对话框。

步骤2 在【删除重复项】对话框中，可以选择一个或多个包含重复项的列，单击【确定】按钮，Excel弹出提示对话框，再次单击【确定】按钮，即可提取出不重复的记录，如图10-78所示。

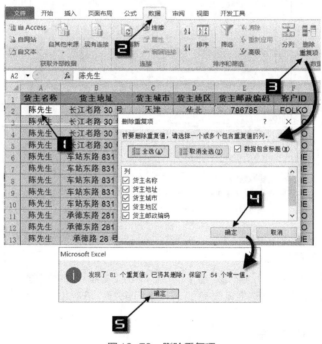

图10-78 删除重复项

10.5.2 分列功能

Excel中的分列功能，能够对某一列数据按一定的规则分成两列或多列，使数据表更加美观，用以分别提取各种独立的信息，更便于后续的数据分析汇总。

使用分列可以对数据进行重新识别与存储，能够批量转换文本型数字格式，也能够识别不规则的日期信息。

认识 Excel 中
的分列功能

示例 10-6　快速转换文本型数字格式

素材所在位置为：

光盘：\素材\第 10 章 使用 Excel 进行数据处理\示例 10-6 快速转换文本型数字格式.xlsx

在银行、电信等系统导出的数据中，往往会有不可见字符，影响正常的汇总计算。如图 10-79 所示，G 列的数据中就含有不可见字符，无法进行求和计算，选中 G 列数据区域后，在状态栏中也仅有计数的选项。

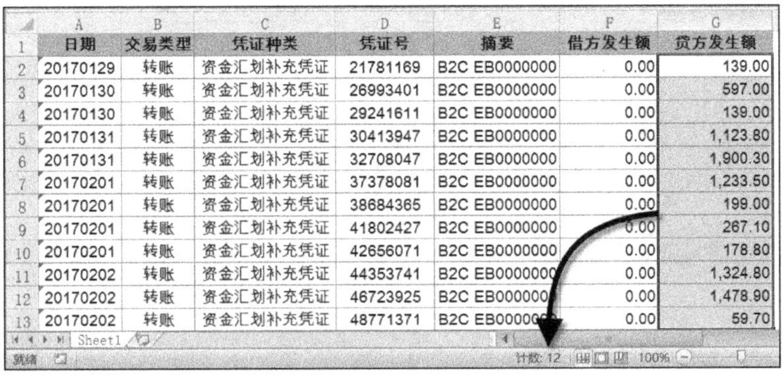

图 10-79　系统导出的数据无法求和

要去除不可见字符，可以在辅助列中使用 CLEAN 函数进行处理，例如在 H2 单元格输入以下公式，向下复制到数据区域最后一行。

`=CLEAN(G2)*1`

使用分列功能，也可以快速去除单元格中的不可见字符，操作步骤如下：

单击 G 列列标，再单击【数据】选项卡下的【分列】按钮。在弹出【文本分列向导–第 1 步，共 3 步】对话框中，单击【完成】按钮，如图 10-80 所示。

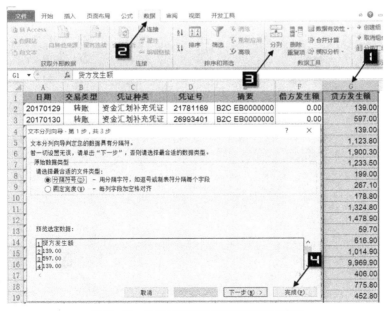

图 10-80　使用分列快速转换文本型数字格式

分列处理完成后，再使用 SUM 函数对 G 列数据进行求和，即可正常计算，如图 10-81 所示。

	凭证号	摘要	借方发生额	贷方发生额
65	79662071	B2C EB0000000	0.00	288
66	82285749	B2C EB0000000	0.00	920
67	83417389	B2C EB0000000	0.00	1,588.00
68	84809033	B2C EB0000000	0.00	183
69	88717485	B2C EB0000000	0.00	763.2
70	89914397	B2C EB0000000	0.00	908.6
71	92014121	B2C EB0000000	0.00	360
72				69032.8

G72 =SUM(G2:G71)

图 10-81　求和计算

示例结束

示例 10-7　转换不规范的日期格式

素材所在位置为：

光盘：\素材\第 10 章 使用 Excel 进行数据处理\示例 10-7 转换不规范的日期格式 .xlsx

以图 10-82 中的数据为例，A 列中使用 8 位连续的数字表示日期，这样的表示形式在 Excel 中只能识别为数字，而无法识别为真正的日期。如果要按日期进行汇总，则需要对数据进行必要的处理，使其转换为真正的日期格式。

操作步骤如下：

步骤 1　单击 A 列列标，再单击【数据】选项卡下的【分列】按钮。在弹出的【文本分列向导−第 1 步，共 3 步】对话框中，单击【下一步】按钮，如图 10-83 所示。

	日期	交易类型	凭证种类	凭证号
2	20170129	转账	资金汇划补充凭证	21781169
3	20170130	转账	资金汇划补充凭证	26993401
4	20170130	转账	资金汇划补充凭证	29241611
5	20170131	转账	资金汇划补充凭证	30413947
6	20170131	转账	资金汇划补充凭证	32708047
7	20170201	转账	资金汇划补充凭证	37378081
8	20170201	转账	资金汇划补充凭证	38684365
9	20170201	转账	资金汇划补充凭证	41802427
10	20170201	转账	资金汇划补充凭证	42658071

图 10-82　不规范的日期格式

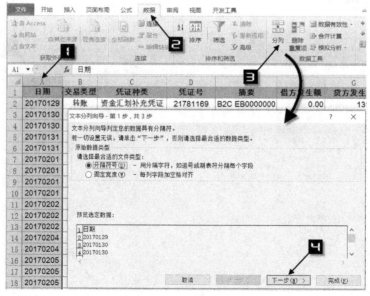

图 10-83　转换不规范的日期格式 1

步骤 2 在弹出的【文本分列向导-第2步，共3步】对话框中，单击【下一步】按钮，弹出【文本分列向导-第3步，共3步】对话框。

步骤 3 在【文本分列向导-第3步，共3步】对话框中选择【列数据格式】为"日期"，在格式列表中选择"YMD"，即"年月日"。单击【完成】按钮，如图10-84所示。

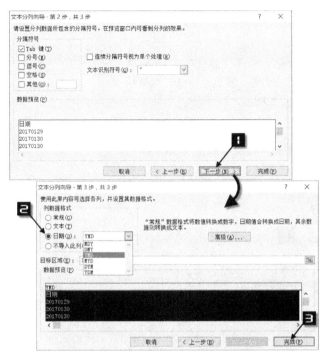

图 10-84　转换不规范的日期格式2

A列中的8位数字已全部转换为日期格式，转换后的效果如图10-85所示。

	A	B	C	D
1	日期	交易类型	凭证种类	凭证号
2	2017/1/29	转账	资金汇划补充凭证	21781169
3	2017/1/30	转账	资金汇划补充凭证	26993401
4	2017/1/30	转账	资金汇划补充凭证	29241611
5	2017/1/31	转账	资金汇划补充凭证	30413947
6	2017/1/31	转账	资金汇划补充凭证	32708047
7	2017/2/1	转账	资金汇划补充凭证	37378081
8	2017/2/1	转账	资金汇划补充凭证	38684365
9	2017/2/1	转账	资金汇划补充凭证	41802427
10	2017/2/1	转账	资金汇划补充凭证	42656071
11	2017/2/2	转账	资金汇划补充凭证	44353741
12	2017/2/2	转账	资金汇划补充凭证	46723925
13	2017/2/2	转账	资金汇划补充凭证	48771371

图 10-85　转换为规范的日期格式

示例结束

示例 10-8　将数据拆分到多列

素材所在位置为：

光盘：\素材\第10章 使用Excel进行数据处理\示例10-8 将数据拆分到多列 .xlsx

图 10-86 所示为从银行系统中导出的员工账户开户信息，每个人的序号、卡号以及姓名、余额等信息都存放在同一个单元格内，需要将这些数据拆分到不同单元格。

操作步骤如下：

步骤 1 单击 A 列列标，再单击【数据】选项卡下的【分列】按钮。在弹出的【文本分列向导-第 1 步，共 3 步】对话框中，单击【下一步】按钮。

步骤 2 在弹出的【文本分列向导-第 2 步，共 3 步】对话框中，勾选【分隔符号】中的【逗号】复选框，此时数据预览区域的显示效果会发生变化，如图 10-87 所示。

图 10-86 系统导出的数据

图 10-87 设置分隔符号

步骤 3 单击【下一步】按钮，弹出【文本分列向导-第 3 步，共 3 步】对话框。因为卡号的字符长度超过 15 位，直接导入时将无法正常显示，因此需要将该列设置为文本格式。单击预览区域中的"卡号"列标题，设置列数据格式为"文本"，单击【完成】按钮，如图 10-88 所示。

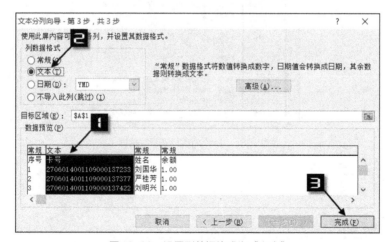

图 10-88 设置列数据格式为"文本"

步骤 4 对分列后的数据设置单元格格式，最终效果如图 10-89 所示。

	A	B	C	D
1	序号	卡号	姓名	余额
2	1	270601400110900 0137233	刘国华	1
3	2	270601400110900 0137377	严桂芳	1
4	3	270601400110900 0137422	刘明兴	1
5	4	270601400110900 0137570	刘明福	1
6	5	270601400110900 0137619	刘长银	1
7	6	270601400110900 0137771	王跃英	1
8	7	270601400110900 0137824	刘建华	1
9	8	270601400110900 0137980	钟寿东	1
10	9	270601400110900 0138037	钟明军	1
11	10	270601400110900 0138197	钟建生	1
12	11	270601400110900 0138258	钟海峰	1

图 10-89　分列后的效果

示例结束

分列功能不仅可以根据指定的字符标记进行拆分单元格，也可以根据字符的个数来进行拆分。

示例 10-9　提取身份证号码中的出生日期

素材所在位置为：

光盘：\素材\第 10 章 使用 Excel 进行数据处理\示例 10-9 提取身份证号码中的出生日期.xlsx

图 10-90 所示为某公司员工信息表的部分内容，需要根据 B 列身份证号码提取出生日期。

除了使用公式提取，也可以使用分列的方法提取出出生日期，操作步骤如下：

步骤 1 选中存放身份证号码的 B2:B10 单元格区域，再单击【数据】选项卡下的【分列】按钮，弹出【文本分列向导–第 1 步，共 3 步】对话框。选择【固定宽度】选项，单击【下一步】按钮，弹出【文本分列向导–第 2 步，共 3 步】对话框，如图 10-91 所示。

	A	B	C
1	姓名	身份证号码	出生日期
2	何雨佳	500107201010132429	
3	张文琪	500107200708221548	
4	刘瑾睿	500107201008081642	
5	何思源	500106200910210313	
6	杨沙宣	500107201003181644	
7	戴子诚	500107201003251614	
8	陈远东	500107201006012424	
9	于尘雨	500107201007221623	
10	袁承志	500107200912031227	

图 10-90　员工信息表

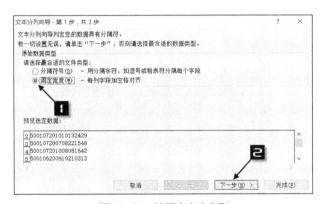

图 10-91　按固定宽度分列

步骤 2 因为身份证号码的第 7 至 14 位表示出生年月日，因此在数据预览区域中第 6 位数字之后和第 14 位数字之后的位置依次单击鼠标左键，会自动添加一个带黑色箭头的分列线，表示要分列的位置，单击【下一步】按钮，弹出【文本分列向导–第 3 步，共 3 步】对话框，如图 10-92 所示。

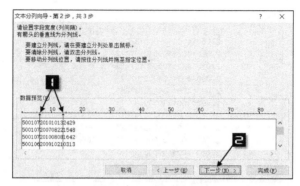

图 10-92　设置字段宽度

步骤 3 单击数据预览区域的最左侧列，设置列数据格式为"不导入此列（跳过）"。

单击数据预览区域的中间列，设置列数据格式为"日期"，类型为"YMD"。

单击数据预览区域的最右侧列，设置列数据格式为"不导入此列（跳过）"。

目标区域选择 C2 单元格，单击【完成】按钮，如图 10-93 所示。

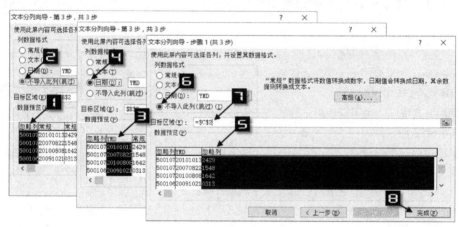

图 10-93　设置列数据格式

分列操作完成后，在 C 列即可得到身份证号码中的日期序列值，再将 C2:C10 单元格的数字格式设置为"日期"即可，如图 10-94 所示。

	A	B	C
1	姓名	身份证号码	出生日期
2	何雨佳	5001072010101032429	2010/10/13
3	张文琪	5001072007082221548	2007/8/22
4	刘瑾睿	5001072010008081642	2010/8/8
5	何思源	5001062009102210313	2009/10/21
6	杨沙宣	5001072010003181644	2010/3/18
7	戴子诚	5001072010003251614	2010/3/25
8	陈远东	5001072010006012424	2010/6/1
9	于尘雨	5001072010007221623	2010/7/22
10	袁承志	5001072009012031227	2009/12/3

图 10-94　提取出的出生日期

示例结束

10.5.3 分级显示数据列表

素材所在位置为：

光盘：\素材\第 10 章 使用 Excel 进行数据处理\10.5.3 分级显示数据列表.xlsx

分级显示功能可以将包含类似标题且行列数较多的数据表进行组合汇总，分级后会自动产生+、-和1、2、3等数字符号。单击这些符号，则可以显示或隐藏明细数据，如图 10-95 所示。

使用分级显示可以快速显示摘要行或摘要列，或者显示每组的明细数据。用户可以单独创建行或列的分级显示，也可以同时创建行和列的分级显示，通常采用自动建立分级显示的方式。

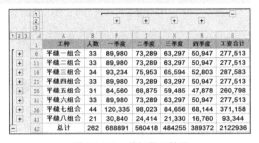

图 10-95　分级显示效果

1. 自动建立分级显示

如图 10-96 所示，需要将数据列表自动建立分级显示，实现如图 10-95 所示的效果。

	工种	人数	11月工资合计	12月工资合计	四季度	工资合计
32	车工	32	18,349	18,038	49,090	267,440
33	副工	5	2,867	2,818	7,670	41,788
34	检验	5	2,867	2,818	7,670	41,788
35	组长	2	1,388	1,364	3,712	20,141
36	平缝七组合计	44	25,471	25,039	68,144	371,158
37	车工	16	4,553	4,476	12,181	67,987
38	副工	2	569	559	1,523	8,499
39	检验	2	569	559	1,523	8,499
40	组长	1	573	564	1,534	8,358
41	平缝八组合计	21	6,265	6,158	16,760	93,344
42	总计	262	145539.9374	143073.1588	389371.5144	2122936.03

图 10-96　需要建立分级显示的数据表

单击输入区域中的任意单元格，如 P38，在【数据】选项卡中，单击【创建组】按钮，在下拉菜单中单击【自动建立分级显示】命令即可，如图 10-97 所示。

图 10-97　自动建立分级显示

建立分级显示后，分别单击行、列分级显示符号，即可快速查看不同分级的汇总数据。

2. 清除分级显示

如果用户希望将已经创建了分级显示的工作表恢复到分级显示前的状态，可以在【数据】选项卡下单击【取消组合】按钮，在下拉菜单中单击【清除分级显示】命令即可，如图 10-98 所示。

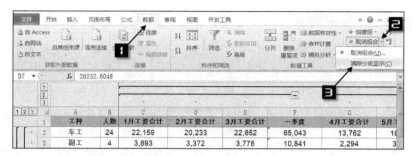

图10-98　清除分级显示

10.5.4 分类汇总

素材所在位置为：

光盘：\素材\第10章 使用Excel进行数据处理\10.5.4 分类汇总.xlsx

分类汇总能够快速地以某个字段为分类项，对数据列表中其他字段的数值进行求和、计数、平均值以及最大值、最小值等统计计算。

1. 设置分类汇总

如图10-99所示的商品运送记录表中，需要计算每个运货商的运货费总额。

操作步骤如下：

步骤 1 使用分类汇总前，必须要对需要分类的字段进行排序。单击A列任意单元格，单击【数据】选项卡下的【升序】按钮，对"运货商"字段排序。

步骤 2 单击数据区域中的任意单元格，如B5，在【数据】选项卡中单击【分类汇总】按钮，弹出【分类汇总】对话框。

	A	B	C	D	E	F	G
1	运货商	产品ID	产品名称	单价	数量	总价	运货费
2	统一包裹	24	汽水	4.5	10	45	77.78
3	急速快递	75	浓缩咖啡	6.2	4	18.6	16.27
4	急速快递	75	浓缩咖啡	7.75	40	248	1.26
5	急速快递	23	燕麦	9	30	216	88.01
6	联邦货运	47	蛋糕	9.5	30	285	208.5
7	急速快递	41	虾子	9.65	12	115.8	1.23
8	统一包裹	74	鸡精	10	15	112.5	22.11
9	统一包裹	3	蕃茄酱	10	49	490	0.56
10	急速快递	68	绿豆糕	10	21	157.5	16.27
11	急速快递	58	海参	10.6	30	254.4	63.36
12	急速快递	25	巧克力	11.2	4	44.8	4.88
13	急速快递	15	味精	12.4	5	62	4.88

图10-99　商品运送记录

步骤 3 在【分类汇总】对话框中，【分类字段】选择"运货商"，【汇总方式】选择"求和"，【选定汇总项】勾选"运货费"，单击【确定】按钮，如图10-100所示。

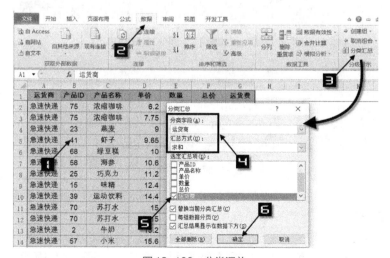

图10-100　分类汇总

步骤 4 分类汇总完成后，单击分级显示符号2，可以方便地查看不同运货商的运货费汇总，如图10-101所示。

1 2 3		A	B	C	D	E	F	G
	1	运货商	产品ID	产品名称	单价	数量	总价	运货费
	20	急速快递 汇总						605.32
	31	联邦货运 汇总						1527.8
	46	统一包裹 汇总						1005.5
	47	总计						3138.6

图 10-101　分类汇总结果

2．使用自动分页符

如果希望打印分类汇总后的结果，可以在【分类汇总】对话框中勾选【每组数据分页】选项，Excel会在每组数据后自动添加分页符，将每组数据分页打印。

3．取消分类汇总

打开【分类汇总】对话框，单击【全部删除】按钮，可以取消已经设置的分类汇总。

习题

1. 新建一个工作簿，从此链接http://quote.hexun.com/default.html导入数据，设置刷新时间为30分钟。

2. 新建一个工作簿，将练习文件"练习10-1.accdb"中的任意工作表数据导入Excel，设置刷新时间为30分钟，打开文件时刷新，导入数据类型为"表"。

3. 新建一个工作簿，将练习文件"练习10-2.txt"中的数据导入Excel，不同城市名称要在不同列中存放。

4. 新建一个工作簿，随机输入本班级部分同学姓名，然后按姓氏笔画排序。

5. 对"练习10-3.xlsx"中员工信息表，按照"经理、科长、职员"的职务顺序排序。

6. 对"练习10-4.xlsx"中的数据，筛选出职务为"经理"，年龄小于40的记录。

7. 使用高级筛选，将"练习10-5.xlsx"中的数据，筛选出职务为"经理"并且年龄小于40的记录，将记录放到G1单元格开始的区域。

8. 使用高级筛选，将"练习10-5.xlsx"中的数据，筛选出性别为"男"，或者职务为"科长"的记录，将记录放到G10单元格开始的区域。

9. 使用高级筛选，将"练习10-5.xlsx"中的数据，筛选出大于平均年龄的记录，将记录放到G20单元格开始的区域。

10. 使用分列功能，将"练习10-6.xlsx"中的数据，分隔到不同的列存储，注意卡号要正常显示。

11. （　　）功能可以将包含类似标题且行列数较多的数据表进行组合汇总，分级后会自动产生+、-和1、2、3等数字符号。

12. （　　）能够快速的以某个字段为分类项，对数据列表中其他字段的数值进行求和、计数、平均值以及最大值、最小值等统计计算。

13. 使用（　　）命令，可以快速获取不重复的记录。

上机实验

1. 创建"表"的方法有哪几种？

2. 以下说法正确的是（   ）。

（1）"表"能够转换为普通数据区域；（2）"表"不能转换为普通数据区域。

3. "表"的范围能够根据数据的增加而（   ）。

第 11 章

创建图表入门

图表具有直观形象的特点，可以形象地反映数据的差异、构成比例或变化趋势，增强工作表的视觉效果。Excel 2010图表以其丰富的图表类型和色彩样式成为最常用的图表工具之一。通过本章的学习读者能够掌握Excel 2010的图表基础知识，了解多种类型的内置图表和迷你图的制作技巧。

11.1 图表及其特点

图表是图形化的数据，由点、线、面与数据组合匹配而成。一般情况下，用户使用Excel工作簿内的数据制作图表，生成的图表也存放在工作簿中。图表是Excel的重要组成部分，具有直观形象、种类丰富、实时更新等特点。

使用图表，能使数据的大小、差异以及变化趋势等更加直观形象，展示数据所包含的更有价值的信息，图11-1所示为某市全年平均气温变化趋势，它至少反映了两个信息：一是七月份的平均气温最高，一月份的平均气温最低；二是从一月份到七月份气温逐月升高，从八月份到十二月份气温逐月降低。

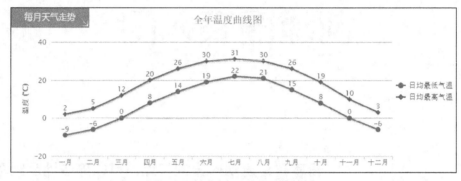

图11-1　某市全年平均气温变化趋势

11.2 创建图表

素材所在位置为：

光盘：\素材\第11章 创建图表入门\11.2 创建图表.xlsx

Excel 2010内置了11种图表类型，包括：柱形图、折线图、饼图、条形图、面积图、XY散点图、股价图、曲面图、圆环图、气泡图和雷达图，每种图表类型还包含多种子图表类型。

数据是图表的基础，若要创建图表，首先要为图表准备数据。在Excel 2010中创建图表有以下两种方法：

方法 1 选中数据区域中的任意单元格，单击【插入】选项卡【图表】组中的相应图表类型按钮，创建出所选图表类型的图表。

方法 2 选中数据区域中的任意单元格，按<F11>键，Excel会自动在新工作表中生成默认格式的柱形图。

11.2.1 插入图表

如图11-2所示，单击数据区域中的任意单元格，如A3，单击【插入】选项卡中的【折线图】→【带数据标记的折线图】命令，即可在工作表中插入一个默认样式的折线图。

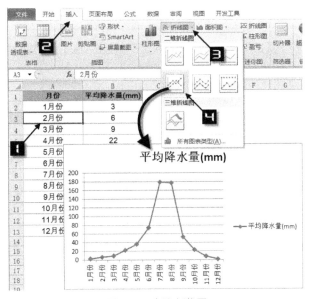

图 11-2　插入折线图

11.2.2　选择数据

对于已经生成的图表，可以通过选择数据来修改图表数据源的范围。如图 11-3 所示，选中图表，然后单击【设计】选项卡下的【选择数据】按钮，打开【选择数据源】对话框，单击【图表数据区域】编辑框右侧的折叠按钮，更改数据源范围。在【图例项（系列）】编辑区域和【水平（分类）轴标签】编辑区域中单击【编辑】按钮也可以修改对应的数据源范围。

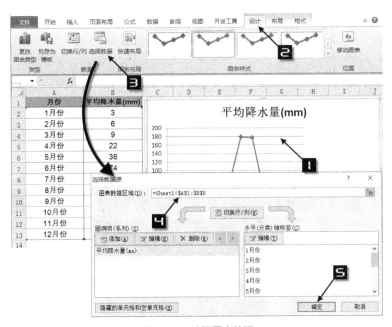

图 11-3　选择图表数据

选中图表后，单击鼠标右键，在快捷菜单中单击【选择数据源】命令，也可以打开【选择数据源】对话框。

11.2.3 | 图表布局

选中图表，单击【设计】选项卡中的【快速布局】下拉按钮，在下拉列表中可以选择不同的布局类型应用到所选图表中，如图 11-4 所示。

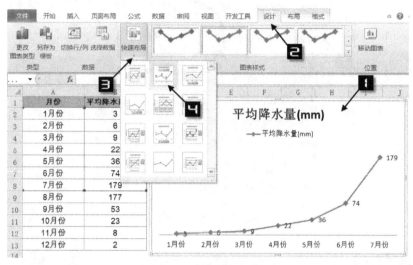

图 11-4　图表布局

11.2.4 | 图表样式

选中图表，单击【设计】选项卡中的【图表样式】下拉按钮，在样式列表中选择一种样式单击，即可将该样式应用到所选图表，如图 11-5 所示。

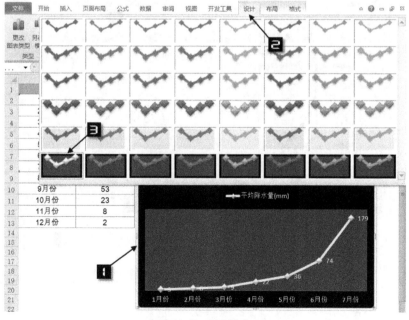

图 11-5　图表样式

11.2.5 | 移动图表

如需移动图表，可以使用以下三种方法。

方法1 选中图表，按住鼠标左键在工作表中拖动，移动图表位置。

方法2 使用【剪切】和【粘贴】命令，可以在不同工作表之间移动图表。

方法3 选中图表，单击【设计】选项卡中的【移动图表】按钮，打开【移动图表】对话框，可以选择将图表移动到当前工作簿中的其他工作表，或是移动到名为"Chart1"的图表工作表中，如图11-6所示。

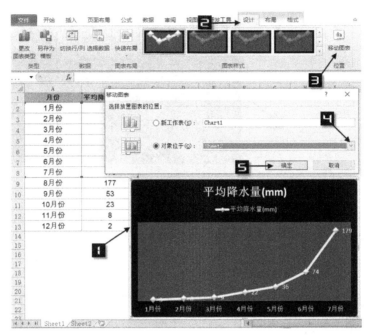

图11-6　移动图表

11.2.6 | 调整图表大小

为了满足打印或显示的需要，可以对图表大小进行调整，调整方法有以下几种。

方法1 选中图表，在图表边框会显示8个控制点，光标移动到任意控制点，变成双向箭头形状时，拖动鼠标即可调整图表大小，如图11-7所示。

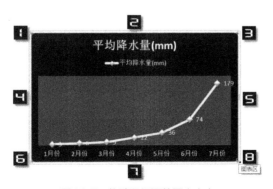

图11-7　拖动鼠标调整图表大小

方法2 选中图表，在【格式】选项卡下的【形状高度】和【形状宽度】文本框中输入图表尺寸，或是按右侧的微调按钮，调整图表高度和宽度，如图11-8所示。

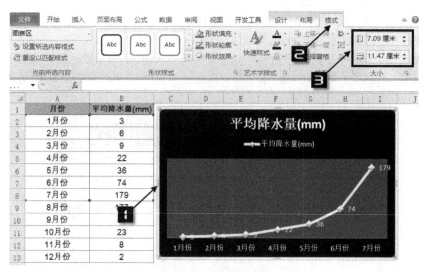

图11-8 精确设置图表尺寸

方法3 选中图表，在右键快捷菜单中单击【设置图表区域格式】命令，打开【设置图表区格式】对话框，在【大小】选项卡下，可以调整宽度和高度或是设置缩放比例，如图11-9所示。

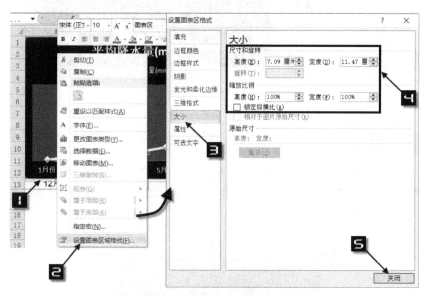

图11-9 设置图表区格式

11.3 图表的构成元素

　　Excel图表由图表区、绘图区、图表标题、数据系列、图例和网格线等基本元素构成，各个元素能够根据需要设置显示或隐藏，如图11-10所示。

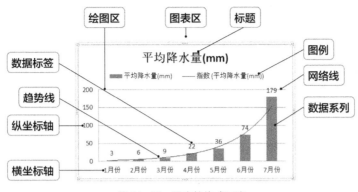

图 11-10　图表的构成元素

11.3.1　图表区

图表区是指图表的全部范围，选中图表区时，将显示图表对象边框以及用于调整图表大小的控制点。

11.3.2　绘图区

绘图区是指图表区内以两个坐标轴为边组成的矩形区域，选中绘图区时，将显示绘图区边框以及用于调整绘图区大小的控制点。

11.3.3　标题

图表标题显示在绘图区上方，用于说明图表要表达的主要内容。图 11-10 所示的图表中，如果图表标题使用"1~7月份平均降水量逐月增加"，则比默认的"平均降水量（mm）"更能体现图表要表达的主题。

11.3.4　数据系列和数据点

一个或多个数据点构成数据系列，每个数据点对应工作表中某个单元格的数据。

11.3.5　坐标轴

坐标轴按位置不同分为主坐标轴和次坐标轴，默认显示左侧主要纵坐标轴和底部主要横坐标轴。

11.3.6　图例

图例是由图例项和图例项标识组成，是一个无边框的矩形区域，默认显示在绘图区右侧。

11.4　设置图表格式

素材所在位置为：

光盘：\素材\第11章 创建图表入门\11.4 设置图表格式.xlsx

Excel中插入的图表为默认样式，只能满足制作简单图表的需求，如果需要用图表清晰表达数据的含义，制作出美观、实用的图表，则需要对图表进行格式设置和处理。

设置图表格式

11.4.1　选中图表元素

用户可以对Excel图表中的所有元素进行个性化设置，在设置之前，需要先选中对应的图表元素。选中图表元素的方法有以下三种。

方法 1　鼠标左键单击选取。

方法 2　使用键盘上的方向键切换选取。

方法 3　选中图表，通过【布局】选项卡下的【图表元素】组合框下拉列表选取。在数据系列差异较大的图表中，使用此方法选择图表元素较为方便，如图11-11所示。

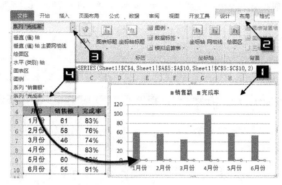

图11-11　选取图表元素

11.4.2　添加或删除图表元素

用户可以根据需要添加新的图表元素。首先选中图表，在【布局】选项卡中选择要添加的图表元素，并设置该元素的显示位置，如图11-12所示。

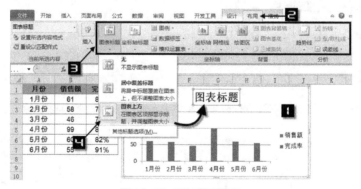

图11-12　添加图表元素

如需删除已有的图表元素，可以选中该元素后按<Delete>键。

11.4.3　设置图表元素格式

选中图表元素后，可以对该元素的文字、颜色、线条等进行设置和美化，使图表更有个性。

以设置图表区格式为例，先选中图表区，然后单击【格式】选项卡中的【设置所选内容格式】按钮，打开【设置图表区格式】对话框。也可以通过双击图表区的空白处，或是在右键快捷菜单中打开【设置图表区格式】对话框。在该对话框中，通过切换不同的选项卡，可以对填充、线条颜色、边框样式、阴影、三维格式等进行设置，如图 11-13 所示。

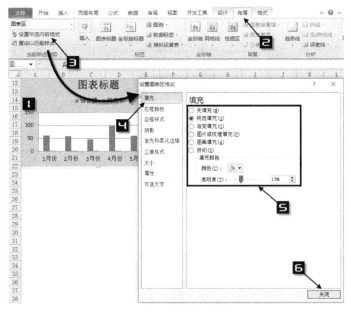

图 11-13　设置绘图区格式

在【设置图表区格式】对话框打开的情况下，单击图表中的任意元素，对话框中会变成对应的设置命令。如图 11-14 所示，单击任意一个数据系列，对话框变成【设置数据系列格式】，再单击图表中的坐标轴时，对话框变成【设置坐标轴格式】，使用此方法可以十分方便地对图表中的多个元素逐一进行设置。

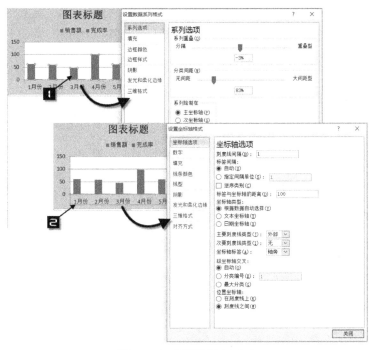

图 11-14　设置图表元素格式

　　【格式】选项卡中提供了常用的格式命令按钮，能够快速设置【形状填充】【形状轮廓】以及【形状效果】，也可以在【形状样式】下拉列表中选择内置的形状样式，如图11-15所示。

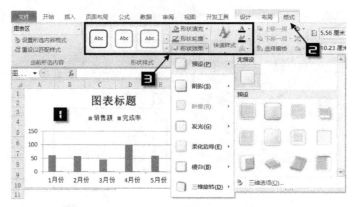

图 11-15　快速设置图表元素格式

11.5　更改图表类型

素材所在位置为：
光盘：\素材\第11章 创建图表入门\11.5 更改图表类型 .xlsx

对于已有的图表，可以根据需要更改图表类型或是更改其中某个数据系列的图表类型。

11.5.1　折线图和柱形图并存

　　如图11-16所示，单击鼠标左键，选中图表中的"完成率"数据系列后，单击【设计】选项卡下的【更改图表类型】按钮，在弹出的【更改图表类型】对话框中，选择【折线图】，单击【确定】按钮，即可将"完成率"数据系列更改为折线图。

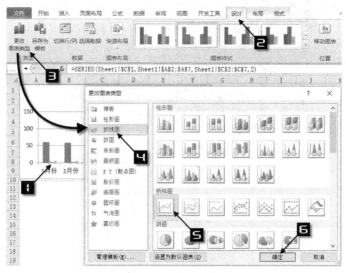

图 11-16　更改图表类型

设置完成后的效果如图 11-17 所示。

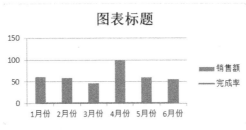

图 11-17　折线图和柱形图并存

11.5.2 │ 使用次坐标轴展示总量和比率

在图 11-17 中，由于完成率和销售额的数值差异很大，所以将"完成率"数据系列设置为折线图后呈直线状态显示，无法展示数据变化趋势，使用次坐标轴可以很好地解决这个问题。

双击"完成率"数据系列，打开【设置数据系列格式】对话框，在【系列选项】选项卡中，单击【次坐标轴】单选钮，单击【关闭】按钮。在绘图区的右侧将显示次坐标轴，"完成率"数据系列以次坐标轴中的刻度为参照，如图 11-18 所示。

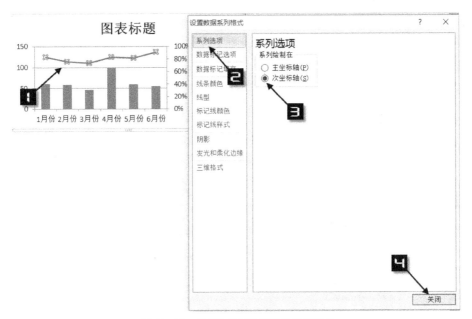

图 11-18　使用次坐标轴展示总量和比率

11.6　图表美化

素材所在位置为：

光盘：\素材\第 11 章 创建图表入门\11.6 图表美化.xlsx

通过对图表元素进行自定义设置，可以使图表更加美观，如图 11-19 所示。

操作步骤如下：

步骤1 双击"完成率"数据系列，打开【设置数据系列格式】对话框，切换到【数据标记选项】选项卡，设置数据标记类型为内置的菱形，大小设置为7，如图11-20所示。

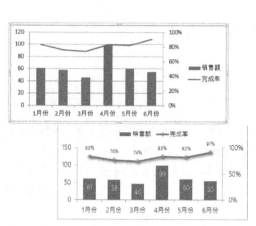

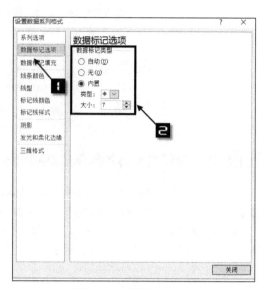

图11-19　美化图表　　　　　　　　　　　图11-20　数据标记选项

步骤2 切换到【数据标记填充】选项卡，单击【纯色填充】单选钮，单击【填充颜色】按钮，在【主题颜色】列表框中选择"水绿色，强调文字颜色5，深色25%"，如图11-21所示。

步骤3 切换到【线条颜色】选项卡，单击【实线】单选钮，设置颜色为"水绿色，强调文字颜色5，深色25%"，如图11-22所示。

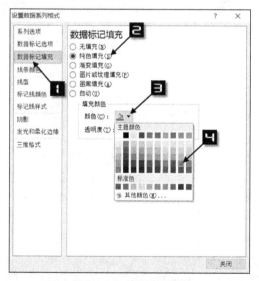

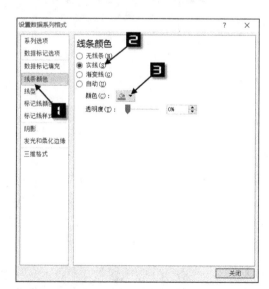

图11-21　数据标记填充　　　　　　　　　图11-22　设置线条颜色

步骤4 切换到【线型】选项卡，设置线型宽度为2.5磅，如图11-23所示。

步骤5 切换到【标记线颜色】选项卡，单击【实线】单选钮，设置颜色为"水绿色，强调文字颜色5，深色25%"，如图11-24所示。

图 11-23　设置线型

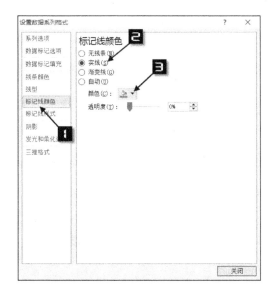

图 11-24　设置标记线颜色

步骤 6 切换到【阴影】选项卡，单击【预设】下拉按钮，选择一种预设效果，如图 11-25 所示。

步骤 7 单击"销售额"数据系列，在【系列选项】选项卡中，设置分类间距为 95% 左右，如图 11-26 所示。

图 11-25　设置阴影

图 11-26　设置分类间距

步骤 8 切换到【填充】选项卡，参考步骤 2 的方法，设置填充颜色。

步骤 9 单击【图例选项】选项卡，设置图例位置为"靠上"，单击【关闭】按钮，关闭【设置图例格式】对话框，如图 11-27 所示。

步骤 10 单击图表网格线，按 <Delete> 键删除。

步骤 11 单击图表区，设置字体为 "Microsoft JhengHei Light"，如图 11-28 所示。

步骤 12 单击图表区，在【布局】选项卡下，单击【数据标签】下拉按钮，在下拉菜单中选择【数据标签内】命令，如图 11-29 所示。

步骤 13 单击"销售额"数据系列的任意一个标签，设置字体颜色为"白色"，如图 11-30 所示。

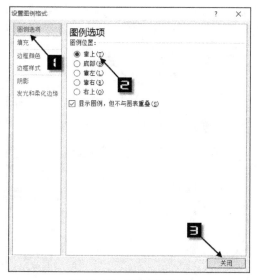

图 11-27　设置图例位置

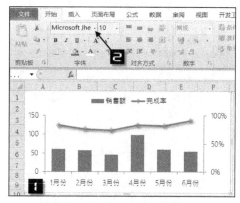

图 11-28　设置图表字体

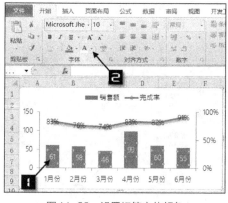

图 11-29　设置标签字体颜色

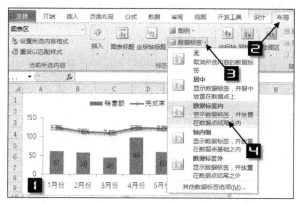

图 11-30　添加数据标签

步骤 14 单击"完成率"数据系列的任意一个标签，在【布局】选项卡下，单击【数据标签】下拉按钮，在下拉菜单中选择【上方】命令，如图 11-31 所示。

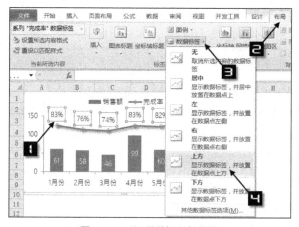

图 11-31　设置数据标签位置

11.7 使用模板创建统一样式的图表

素材所在位置为：

光盘：\素材\第11章 创建图表入门\11.7 使用模板创建统一样式的图表.xlsx

将设置完成的自定义图表类型保存为模板后，可以快速创建样式统一的图表。

11.7.1 保存模板

选中已经设置好自定义样式的图表，单击【设计】选项卡中的【另存为模板】按钮，打开【保存图表模板】对话框，输入文件名，单击【保存】按钮完成保存图表模板，如图11-32所示。

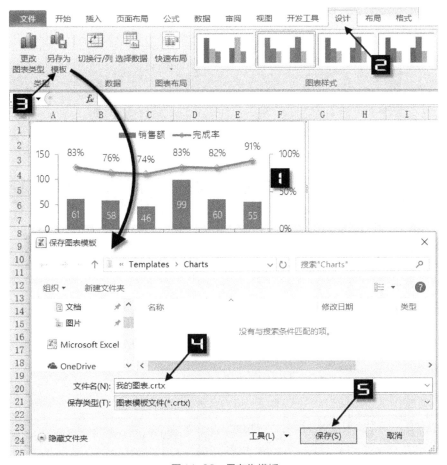

图11-32　另存为模板

11.7.2 应用模板

运用图表模板和一般的绘制图表过程相同，先选择数据区域，再单击【插入】选项卡下的【创建图表】对话框启动按钮，打开【插入图表】对话框。选择【模板】组中的自定义模板，单击【确定】按钮，完成自定义样式的图表，如图11-33所示。

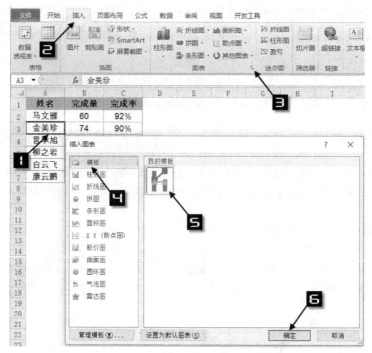

图 11-33　应用模板

11.8　图表制作实例

11.8.1　制作带平均线的柱形图

素材所在位置为：

光盘：\素材\第11章 创建图表入门\11.8.1 制作带平均线的柱形图 .xlsx

如图 11-34 所示，在销售完成情况的柱形图中添加一条平均值的水平线，使各个业务员的任务完成情况更加直观。

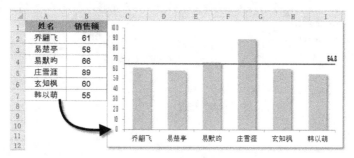

带平均线的柱形图

图 11-34　带平均线的柱形图

操作步骤如下：

步骤 1　单击数据区域中的任意单元格，如A3，依次单击【插入】→【柱形图】→【二维柱形图】→【簇状柱形图】，插入一个默认样式的柱形图，如图 11-35 所示。

步骤 2 单击图表标题，按<Delete>键清除。用同样的方法清除图例和网格线，完成后的效果如图11-36所示。

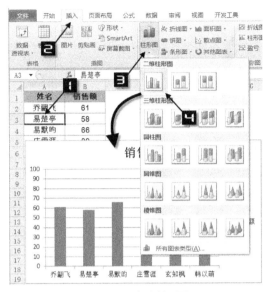

图 11-35　插入柱形图

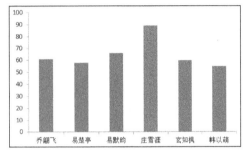

图 11-36　清除图表部分原始元素

步骤 3 双击数据系列，在弹出的【设置数据系列格式】对话框中，“分类间距”设置为95%，单击【关闭】按钮，如图11-37所示。

步骤 4 C1单元格输入“平均值”，C2单元格输入以下公式，计算B列销售额的平均值并保留一位小数，向下复制公式到C7单元格，如图11-38所示。

```
=ROUND(AVERAGE(B$2:B$7),1)
```

图 11-37　设置分类间距

C2　=ROUND(AVERAGE(B$2:B$7),1)

	A	B	C	D
1	姓名	销售额	平均值	
2	乔翩飞	61	64.8	
3	易楚亭	58	64.8	
4	易默昀	66	64.8	
5	庄雪涯	89	64.8	
6	玄知枫	60	64.8	
7	韩以萌	55	64.8	

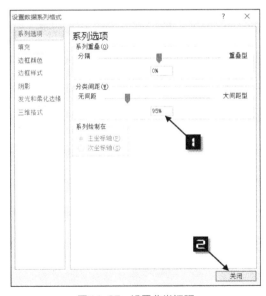

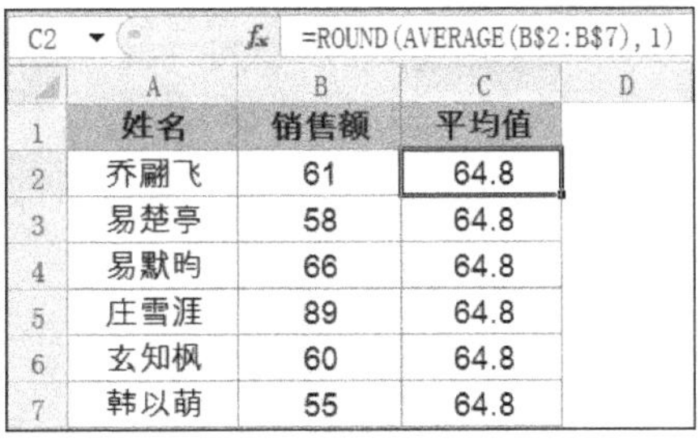

图 11-38　计算平均值

步骤 5 选中C1:C7单元格区域，按<Ctrl+C>组合键复制，单击图表绘图区，按<Ctrl+V>粘贴，粘贴后，图表中添加了一个新的数据系列，如图11-39所示。

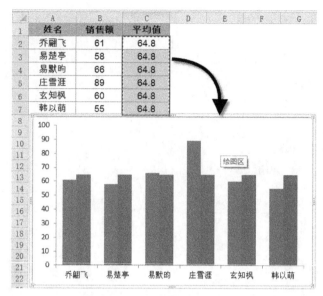

图 11-39　添加平均值数据系列

步骤 6　单击新添加的平均值数据系列，在【设计】选项卡中单击【更改图表类型】，弹出【更改图表类型】对话框，选择【折线图】，单击【确定】按钮，如图 11-40 所示。

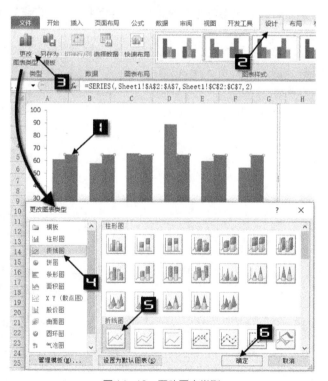

图 11-40　更改图表类型

步骤 7　至此已经有了平均线的雏形，但是折线图的左右两侧还有空隙，需要进一步设置。单击【折线图】，在【布局】选项卡下单击【趋势线】下拉按钮，在下拉菜单中选择【其他趋势线选项】，打开【设置趋势线格式】对话框，如图 11-41 所示。

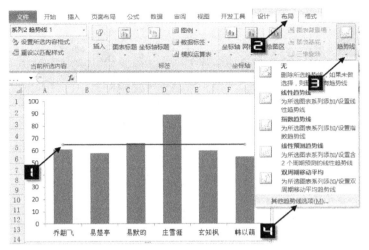

图 11-41　添加趋势线

步骤 8 在【设置趋势线格式】对话框的【趋势线选项】选项卡下，设置趋势预测前推0.5周期，倒推0.5周期，如图11-42所示。

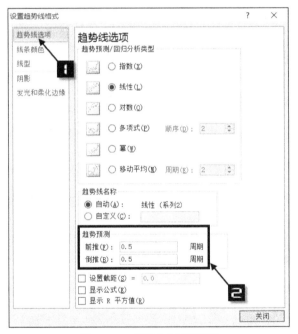

图 11-42　设置趋势预测周期

步骤 9 切换到【线条颜色】选项卡，勾选【实线】单选钮，设置颜色为"红色"。切换到【线型】选项卡，设置宽度为2磅，单击【关闭】按钮。

步骤 10 单击柱形图数据系列，在【格式】选项卡下，单击【形状填充】下拉按钮，在颜色面板中选择"橙色"，如图11-43所示。

步骤 11 选中图表，在【格式】选项卡下，单击【图表元素】下拉按钮，选择"系列2"，也就是平均值的数据系列。然后单击选中平均值数据系列最右侧的数据点，单击鼠标右键，在快捷菜单中选择【添加数据标签】命令，如图11-44所示。

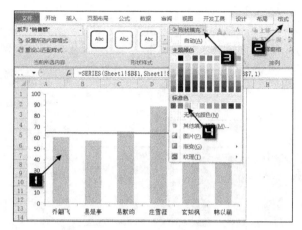

图11-43 设置填充颜色

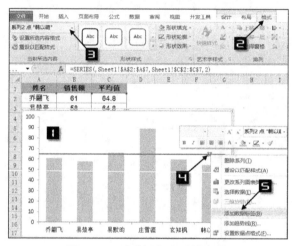

图11-44 为数据点添加数据标签

步骤12 单击图表绘图区，设置字体为"Agency FB"。选中数据标签，拖动数据标签边框移动数据点的位置，设置字体加粗显示。

步骤13 选中柱形图数据系列，单击【格式】选项卡下的【形状效果】→【阴影】，选择一种内置阴影效果，如图11-45所示。用同样的方法为图表区添加阴影。

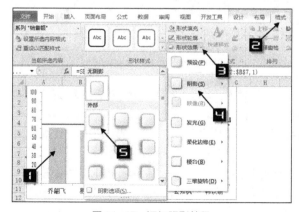

图11-45 添加阴影效果

11.8.2 | 突出显示最高值的折线图

素材所在位置为:

光盘:\素材\第11章 创建图表入门\11.8.2 突出显示最高值的折线图.xlsx

制作折线图时,如果单元格内容为错误值"#N/A",图表显示为直线连接数据点。

如图11-46所示,需要将A~B列的销售数据制作成折线图,并且在折线图中能够自动突出显示最高值的数据点。

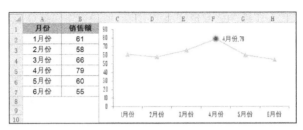

图 11-46 突出显示最高值的折线图

操作步骤如下:

步骤 1 在C列建立辅助列,C2单元格输入以下公式,向下复制到C7单元格,如图11-47所示。

=IF(B2=MAX($B$2:$B$7),B2,NA())

NA()函数用于生成错误值"#N/A"。公式的意思是,如果B2等于B2:B7单元格区域的最大值,则返回B2本身的值,否则返回错误值"#N/A"。

步骤 2 选中单击A1:C7单元格区域,插入带数据标记的折线图,如图11-48所示。

步骤 3 删除图例和网格线,设置图表区字体。

步骤 4 为辅助列数据系列添加数据标签,双击数据标签,打开【设置数据标签格式】对话框,在标签选项中勾选【类别名称】复选框,单击【关闭】按钮关闭对话框,如图11-49所示。

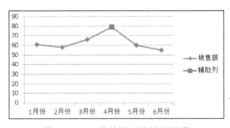

图 11-47 建立辅助列

图 11-48 带数据标记的折线图

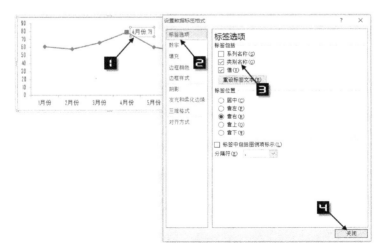

图 11-49 设置数据标签格式

最后对图表进行美化，完成设置。

11.8.3 不同季度的数据单独着色

素材所在位置为：

光盘：\素材\第11章 创建图表入门\11.8.3 不同季度的数据单独着色.xlsx

Excel图表中的每个数据系列默认使用同一种颜色，通过调整数据源的结构，能够绘制出同一类数据按不同分组着色的效果。

如图11-50所示，要将全年销售数据绘制成柱形图，并且对不同季度的数据点使用不同的颜色进行区分。

季度	月份	销售额
一季度	1月	99
	2月	87
	3月	49
二季度	4月	85
	5月	62
	6月	89
三季度	7月	52
	8月	95
	9月	84
四季度	10月	68
	11月	92
	12月	75

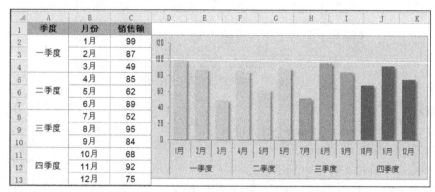

图11-50　不同季度的数据单独着色

Excel在绘制柱形图时，会将不同列的数据作为柱形图中不同的数据系列，因此需要首先对数据源进行调整，将不同季度的数据单独存放到一列内。

操作步骤如下：

步骤 1 如图11-51所示，将二季度的销售额存放到D列对应区域，将三季度和四季度的销售额分别存放到E列和F列对应区域内。

步骤 2 选中A2:F13单元格区域，插入簇状柱形图，如图11-52所示。

季度	月份	销售额			
一季度	1月	99			
	2月	87			
	3月	49			
二季度	4月		85		
	5月		62		
	6月		89		
三季度	7月			52	
	8月			95	
	9月			84	
四季度	10月				68
	11月				92
	12月				75

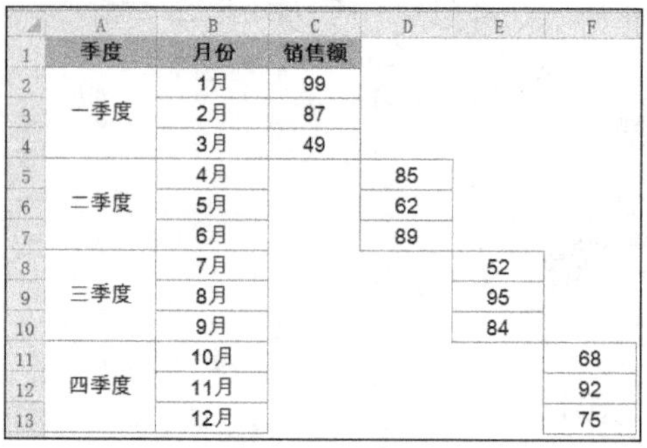

图11-51　修改数据源

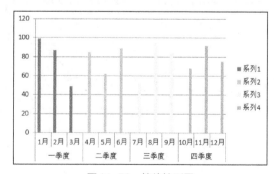

图11-52　簇状柱形图

步骤 3 单击图例，按<Delete>键清除。用同样的方法清除网格线。

步骤 4 双击任意数据系列，打开【设置数据系列格式】对话框，在【系列选项】选项卡下，将“系列重叠”设置为100%，“分类间距”设置为60%，单击【关闭】按钮，如图11-53所示。

步骤 5 对图表进一步美化，完成设置。

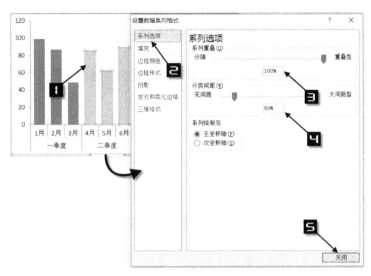

图 11-53 设置数据系列格式

11.8.4 | 动态显示最近 7 天数据的柱形图

素材所在位置为：

光盘：\素材\第 11 章 创建图表入门\11.8.4 动态显示最近 7 天数据的柱形图 .xlsx

图 11-54 所示为某销售部的销售流水记录，每天的销售情况都会按顺序记录到该工作表的 A~B 列中。需要将最近 7 天的销售额绘制成柱形图，也就是无论 A~B 列的数据记录添加多少，图表中始终显示最后 7 天的记录。

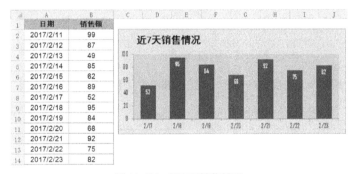

动态显示近 7 天
数据的柱形图

图 11-54 近 7 天销售情况

操作步骤如下：

步骤 1 如图 11-55 所示，按 <Ctrl+F3> 组合键打开【名称管理器】对话框，分别定义两个名称：

日期

`=OFFSET($A$1,COUNT($A:$A),0,-7)`

销售额

`=OFFSET($B$1,COUNT($A:$A),0,-7)`

OFFSET 函数以 A1 为基点，以 COUNT 的计算结果作为向下偏移的行数，也就是 A 列有多少个数值，就向下偏移多少行。OFFSET 函数新引用的行数是 -7，得到从 A 列数值的最后一行开始，向上 7 行这样一个动态的区域。

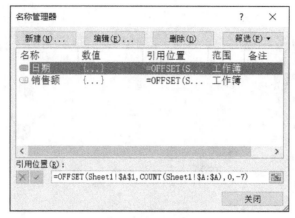

图 11-55　自定义名称

如果 A 列的数值增加，COUNT 函数的计数结果随之增加，OFFSET 函数的行偏移参数也会发生变化，即始终返回 A 列最后 7 行的引用。

步骤 2 选中 A1:B7 单元格区域，插入簇状柱形图，如图 11-56 所示。

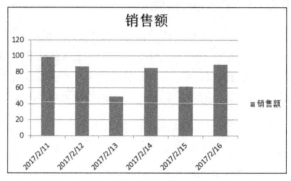

图 11-56　插入簇状柱形图

步骤 3 鼠标右键单击任意数据系列，在快捷菜单中，单击【选择数据】命令，打开【选择数据源】对话框，如图 11-57 所示。

图 11-57　选择数据源对话框

步骤 4 在【选择数据源】对话框中，单击【图例项（系列）】下的【编辑】按钮，在弹出的【设置数据系列】对话框中，将"系列值"设置为：

```
=Sheet1!销售额
```

单击【水平（分类）轴标签】下的【编辑】按钮，在弹出的【轴标签】对话框中，将"轴标签区域"设置为：

=Sheet1! 日期

如图 11-58 所示。

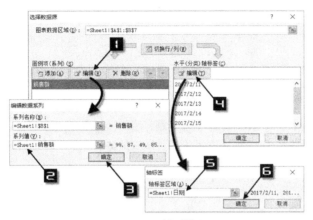

图 11-58　选择数据源

步骤 5　修改图表标题为"近 7 天销售情况"，单击标题边框，拖动到图表区左侧。

步骤 6　双击横坐标轴打开【设置坐标轴格式】对话框，切换到【数字】选项卡，在【格式代码】编辑框中输入"m/d"，单击【添加】按钮，此时横坐标轴中的日期变为"月 / 日"样式。最后单击【关闭】按钮，如图 11-59 所示。

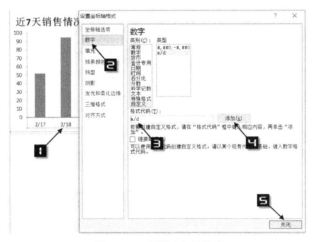

图 11-59　设置坐标轴格式

步骤 7　对图表进行美化，完成设置。当数据源增加后，图表会自动更新。

11.9　认识迷你图

素材所在位置为：

光盘：\素材\第 11 章 创建图表入门\11.9 认识迷你图 .xlsx

迷你图是工作表单元格中的微型图表，在数据表格的一侧显示迷你图，可以一目了然地反映一系列数据变化的趋势，如图11-60所示。

	A	B	C	D	E	F
1	姓名	一季度	二季度	三季度	四季度	迷你图
2	柳若馨	84	89	99	82	
3	白鹤天	45	71	45	50	
4	冷语嫣	93	46	83	96	
5	苗冬雪	79	53	62	46	
6	夏之春	78	83	63	72	

图11-60　迷你图

迷你图的图形比较简洁，没有坐标轴、图表标题、图例、网格线等图表元素，主要体现数据的变化趋势或对比。迷你图包括折线图、柱形图和盈亏图三种图表类型，创建一个迷你图之后，可以通过填充功能快速创建一组图表。

11.9.1 创建迷你图

如图11-61所示，为工作表中的一行数据创建迷你图，操作步骤如下：

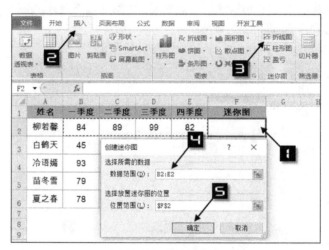

图11-61　插入迷你图

步骤1 选中F2单元格，单击【插入】选项卡下【迷你图】命令组中的【折线图】按钮，打开【创建迷你图】对话框。

步骤2 在【创建迷你图】对话框中，单击【数据范围】编辑框右侧的折叠按钮，选择数据范围为B2:E2单元格区域，单击【确定】按钮。

步骤3 拖动F2单元格右下角的填充柄，向下填充到F6单元格，即可生成一组具有相同特征的迷你图。

提示

单个迷你图只能使用一行或是一列数据作为数据源。

11.9.2 更改迷你图类型

如需改变迷你图的图表类型，可以选中迷你图中的任意一个单元格，单击【设计】选项卡下的【柱形图】按钮，即可将一组迷你图全部更改为柱形迷你图，如图 11-62 所示。

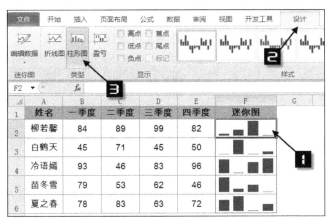

图 11-62 更改迷你图类型

11.9.3 突出显示数据点

用户可以根据需要为折线迷你图添加标记，或是突出显示迷你图的高点、低点、负点、首点和尾点，并且可以设置各个数据点的显示颜色。

如图 11-63 所示，选中迷你图中的任意一个单元格，在【设计】选项卡下，勾选【高点】【低点】和【标记】复选框，单击【标记颜色】下拉按钮，为各数据点设置自定义颜色。

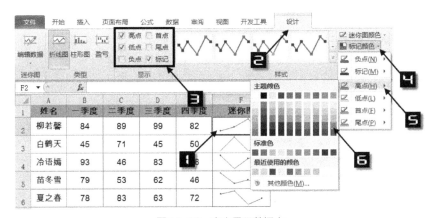

图 11-63 突出显示数据点

11.9.4 设置迷你图样式

Excel 提供了 36 种迷你图颜色样式组合供用户选择。选中迷你图中的任意一个单元格，单击【设计】选项卡中的【样式】下拉按钮，打开迷你图样式库，单击样式图标，即可将相应样式应用到一组迷你图中，如图 11-64 所示。

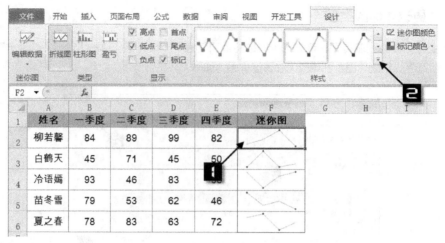

图 11-64　设置迷你图样式

11.9.5　清除迷你图

清除迷你图有以下几种方法。

方法1 选中迷你图所在单元格区域，单击鼠标右键，在弹出的快捷菜单上依次单击【迷你图】→【清除所选的迷你图】命令。

方法2 选中迷你图所在单元格区域，单击【设计】选项卡中的【清除】命令。

习题

1. 移动图表的方法有（　　）、（　　）和（　　）。

2. 调整图表大小的方法有（　　）、（　　）和（　　）。

3. 选中图表元素的方法有（　　）、（　　）和（　　）。

4. 简述图表的特点是什么？

5. Excel 2010内置了多种图表类型，请说出五种以上的图表类型。

6. 如果要更改已有图表的数据源，有哪些主要步骤？

7. 使用模板能快速创建统一样式的图表，请简述创建和使用模板的主要步骤。

8. 图表的构成元素主要有（　　）。

9. 在Excel 2010中创建图表有两种方法，分别是（　　）。

10. 将设置完成的自定义图表类型保存为（　　）后，可以快速创建样式统一的图表。

11. 迷你图包括（　　）、（　　）和（　　）三种图表类型，创建一个迷你图之后，可以通过填充功能，快速创建一组图表。

12. 清除迷你图有哪几种方法？

上机实验

1. 以"练习 11-1.xlsx"中的数据制作带平均线的柱形图,并进行美化。
2. 以"练习 11-2.xlsx"中的数据制作突出显示最低值的折线图。
3. 以"练习 11-3.xlsx"中的数据制作柱形迷你图。
4. 以"练习 11-4.xlsx"中的数据,使用次坐标轴绘制图表。
5. 手工模拟一组数据,绘制最近 7 天数据的柱形图。

第 12 章

使用数据透视表分析数据

　　本章介绍如何使用数据透视表、数据透视表格式设置、切片器功能、数据透视表组合以及创建数据透视图等。通过本章的学习，读者能够初步掌握创建数据透视表的基本方法和技巧运用。

12.1 初识数据透视表

素材所在位置为：

光盘：\素材\第12章 使用数据透视表分析数据\12.1 初识数据透视表.xlsx

数据透视表是用来从Excel数据列表或是从其他外部数据源中总结信息的分析工具，可以从基础数据中快速分析汇总，并可以通过选择其中的不同元素，从多个角度进行分析汇总。

数据透视表综合了数据排序、筛选、分类汇总等数据分析工具的功能，能够方便地调整分类汇总的方式，以多种不同方式展示数据的特征。数据透视表功能强大，但是操作却比较简单，仅靠鼠标移动字段位置，即可形成各种不同类型的报表。该工具也是最常用的Excel数据分析工具之一。

12.1.1 便捷的多角度汇总

图12-1所示展示了某公司销售数据清单的部分内容，包括订单日期、客户名称、产品名称、金额等信息。这样的表格虽然数据量很多，但是能够直观感受到的信息却非常有限。

	A	B	C	D	E
1	订单日期	客户	类别	产品	金额
2	2016/3/3	文成	饮料	啤酒	1400
3	2016/3/3	文成	干果和坚果	葡萄干	105
4	2016/3/8	国顶有限公司	干果和坚果	海鲜粉	300
5	2016/3/8	国顶有限公司	干果和坚果	猪肉干	530
6	2016/3/8	国顶有限公司	干果和坚果	葡萄干	35
7	2016/3/10	威航货运有限公司	饮料	苹果汁	270
8	2016/3/10	威航货运有限公司	饮料	柳橙汁	920
9	2016/3/18	迈多贸易	焙烤食品	糖果	276
10	2016/3/25	国顶有限公司	焙烤食品	糖果	184
11	2016/3/29	东旗	点心	玉米片	127.5
12	2016/4/11	坦森行贸易	汤	虾子	1930
13	2016/4/22	森通	调味品	胡椒粉	680
14	2016/4/26	康浦	饮料	柳橙汁	13800
15	2016/5/8	迈多贸易	点心	玉米片	1275
16	2016/5/10	广通	饮料	绿茶	598
17	2016/5/10	广通	果酱	酱油	250
	2016/5/10	广通	调味品	盐	220

图12-1　销售数据清单

使用数据透视表功能，只需简单几步操作，就可以将数据列表变成能够提供更有价值信息的报表，如图12-2所示。

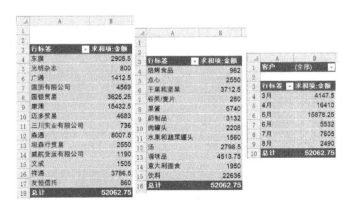

图12-2　数据透视表

左侧数据透视表按不同客户进行汇总，展示每个客户的销售总额。

中间的数据透视表按不同产品的类别进行汇总，展示每个产品类别的销售总额。

右侧的数据透视表则按不同月份进行汇总，展示每个月的销售总额。

12.1.2 认识数据透视表结构

素材所在位置为：

光盘：\素材\第12章 使用数据透视表分析数据\12.1.2 认识数据透视表结构.xlsx

数据透视表结构分为四个部分，如图12-3所示。

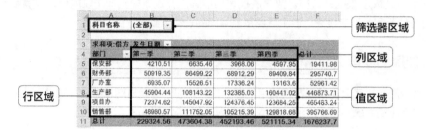

图12-3 数据透视表结构

（1）筛选器区域，该区域的字段将作为数据透视表的报表筛选字段。

（2）行区域，该区域中的字段将作为数据透视表的行标签显示。

（3）列区域，该区域中的字段将作为数据透视表的列标签显示。

（4）值区域，该区域中的字段将作为数据透视表显示汇总的数据。

单击数据透视表，默认会显示【数据透视表字段列表】对话框，该对话框可以清晰地反映出数据透视表的结构，如图12-4所示。借助【数据透视表字段列表】对话框，用户可以方便地向数据透视表内添加、删除和移动字段。

图12-4 数据透视表字段列表

12.1.3 数据透视表常用术语

数据透视表中的常用术语及其具体含义如表12-1所示。

表12-1 数据透视表常用术语

术语	含义
数据源	用于创建数据透视表的数据列表
列字段	等价于数据列表中的列
行字段	在数据透视表中具有行方向的字段
页字段	数据透视表中进行分页的字段
字段标题	用于描述字段内容
项	组成字段的成员，例如图12-2中的"光明杂志"就是组成客户字段的项
组	一组项目的组合，例如图12-2中的"3月""4月"就是日期项目的组合
分类汇总	数据透视表中对一行或一列单元格的分类汇总
刷新	重新计算数据透视表，反映目前数据源的状态

12.1.4　数据透视表可使用的数据源

数据透视表可使用的数据源包括以下四种。

（1）Excel数据列表。使用数据列表作为数据透视表的数据源时，标题行内不能有空白单元格或合并单元格，否则生成数据透视表时会提示错误。

（2）外部数据源。例如文本文件、Access数据库文件或是其他Excel工作簿中的数据。

（3）多个独立的Excel数据列表。在应用数据透视表时，可以将各个独立表格中的数据信息汇总到一起。

（4）其他数据透视表。创建完成的数据透视表可以作为数据源来创建新的数据透视表。

12.2　创建第一个数据透视表

素材所在位置为：

光盘：\素材\第12章 使用数据透视表分析数据\12.2 创建第一个数据透视表.xlsx

图12-5所示为某公司在不同销售地区的销售记录，需要统计不同销售地区的商品销售总额。

	A	B	C	D	E	F
1	销售地区	销售人员	品名	数量	单价	销售金额
8	北京	苏云珊	电脑主机	88	2500	220000
9	北京	苏云珊	笔记本	16	3000	48000
10	北京	赵盟盟	显示器	3	1000	3000
11	北京	赵盟盟	机械键盘	72	500	36000
12	北京	赵盟盟	电脑主机	65	2500	162500
13	北京	赵盟盟	笔记本	64	3000	192000
14	杭州	白云飞	显示器	116	1000	116000
15	杭州	白云飞	机械键盘	58	500	29000
16	杭州	白云飞	电脑主机	85	2500	212500
17	杭州	白云飞	笔记本	56	3000	168000
18	杭州	苏云珊	显示器	143	1000	143000
19	杭州	苏云珊	机械键盘	72	500	36000
20	杭州	苏云珊	电脑主机	6	2500	15000
21	杭州	苏云珊	笔记本	67	3000	201000
22	杭州	赵盟盟	显示器	103	1000	103000

图12-5　发货明细记录

操作步骤如下：

步骤1　单击数据区域中的任意一个单元格，在【插入】选项卡下单击【数据透视表】按钮，弹出【创建数据透视表】对话框，在【表/区域】列表框中，Excel会自动选取当前数据区域，如图12-6所示。

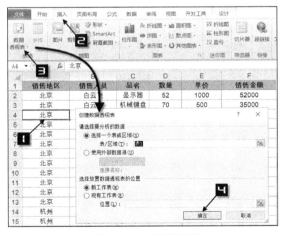

图12-6　插入数据透视表

步骤2 单击【确定】按钮，即可创建一个空的数据透视表，如图12-7所示。

步骤3 在【数据透视表字段列表】对话框中，分别勾选"销售地区"和"销售金额"字段的复选框后，会自动出现在对话框的"行标签"和"数值"区域，同时也被添加到数据透视表中，如图12-8所示。

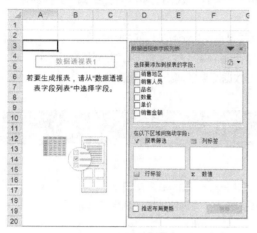

图12-7 空的数据透视表

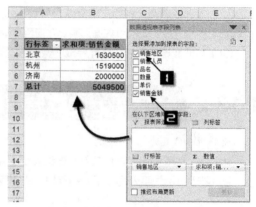

图12-8 向数据透视表中添加字段

12.3 设置数据透视表布局，多角度展示数据

素材所在位置为：

光盘：\素材\第12章 使用数据透视表分析数据\12.3 设置数据透视表布局，多角度展示数据.xlsx

数据透视表创建完成后，通过对数据透视表布局的调整，可以得到新的报表，实现不同角度的数据分析需求。

设置数据透视表布局

12.3.1 改变数据透视表的整体布局

只要在【数据透视表字段列表】中拖动字段按钮，就可以重新安排数据透视表的布局。以图12-9所示的数据透视表为例，希望调整"发货季"和"类别"字段的结构次序。

可以选中数据透视表区域中的任意单元格，单击【数据透视表字段列表】中的"类别"字段，在弹出的扩展菜单中选择【上移】命令，如图12-10所示。

	A	B	C
1			
2			
3	发货季 ▼	类别 ▼	求和项:销售额
4	1 季度	点心	21082.75
5		调味品	11696.88
6	2 季度	点心	22065.51
7		调味品	10377.27
8	3 季度	点心	17964.86
9		调味品	12664.35
10	4 季度	点心	20658.99
11		调味品	14446.18
12	总计		130956.79

图12-9 数据透视表

图12-10 改变数据透视表布局

除此之外，还可以在【数据透视表字段列表】中的各个区域间拖动字段，也可以实现对数据透视表的重新布局，如图 12-11 所示。

图 12-11　拖动字段重新布局

12.3.2　数据透视表报表筛选器的使用

当字段显示在列区域或是行区域时，能够显示字段中的所有项。当字段位于报表筛选区域中时，字段中的所有项都会成为数据透视表的筛选条件。

1. 显示报表筛选字段的单个数据项

单击筛选字段右侧的下拉箭头，在下拉列表中会显示该字段的所有项目，选中一项并单击【确定】按钮，数据透视表将以此项进行筛选，如图 12-12 所示。

2. 显示报表筛选字段的多个数据项

如果希望对报表筛选字段中的多个项进行筛选，可以单击该字段右侧的下拉按钮，在弹出的下拉列表中勾选【选择多项】复选框，依次取消"3 季度"和"4 季度"不需要显示项目的勾选，单击【确定】按钮，报表筛选字段"发货季"的内容由"（全部）"变为"（多项）"，数据透视表的内容也发生相应变化，如图 12-13 所示。

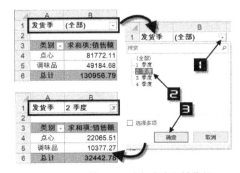

图 12-12　筛选 2 季度各类商品销售额

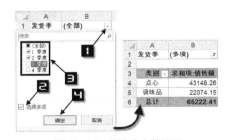

图 12-13　筛选多个数据项

3. 显示报表筛选页

通过在报表筛选字段中选择不同的项目，对数据透视表内容进行筛选后，筛选结果仍然显示在同一表格中，每次只能进行一种筛选。利用"显示报表筛选页"功能，可以在不同工作表内创建多个数据透视表，每个工作表显示报表筛选字段中的一项。

> **示例 12-1　快速生成各季度的分析报表**

素材所在位置为：

光盘：\素材\第12章 使用数据透视表分析数据\示例12-1 快速生成各季度的分析报表.xlsx

如图12-14所示，数据透视表中的"发货季"在筛选字段，需要根据该数据透视表生成不同季度的独立报表。

	A	B	C	D
1	发货季	(全部) ▼		
2				
3	求和项:销售额	类别 ▼		
4	产品 ▼	点心	调味品	总计
5	饼干	7180.15		7180.15
6	蛋糕	2930.75		2930.75
7	蕃茄酱		1724	1724
8	桂花糕	7314.3		7314.3
9	海苔酱		9331.08	9331.08
10	海鲜酱		9091.5	9091.5
11	蚝油		6543.43	6543.43
12	胡椒粉		4260	4260
13	花生	5341		5341
14	酱油		2500	2500
15	辣椒粉		4906.98	4906.98
16	绿豆糕	4757.5		4757.5
17	麻油		373.62	373.62
18	胡萝卜	11335.65		11335.65

图12-14　需要显示报表筛选页的数据透视表

操作步骤如下：

> **步骤 1** 单击数据透视表中的任意单元格，如A6，在【选项】选项卡下单击【选项】下拉按钮，选择【显示报表筛选页】命令，弹出【显示报表筛选页】对话框，如图12-15所示。

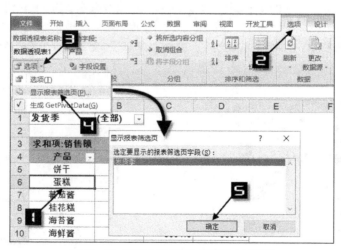

图12-15　调出【显示报表筛选页】对话框

步骤 2 单击【显示报表筛选页】对话框中的【确定】按钮，“发货季”字段中的每个季度的数据将分别显示在不同的工作表中，并且按照“发货季”字段中的各项对工作表命名，如图 12-16 所示。

	A	B	C	D
1	发货季	1 季度		
2				
3	求和项:销售额	类别		
4	产品	点心	调味品	总计
5	饼干	1685.36		1685.36
6	蛋糕	817		817
7	蕃茄酱		544	544
8	海苔酱		1347.36	1347.36
9	海鲜酱		2679	2679
10	蚝油		1994.85	1994.85
11	花生	1418		1418
12	辣椒粉		1112.8	1112.8
13	绿豆糕	1267.5		1267.5
14	棉花糖	5079.6		5079.6
15	牛肉干	1755		1755
16	巧克力	193.2		193.2
17	肉松		816	816

1 季度 2 季度 3 季度 4 季度 Sheet2 Sheet1

图 12-16 生成各季度的分析报表

示例结束

12.4 整理数据透视表字段

素材所在位置为：

光盘：\素材\第 12 章 使用数据透视表分析数据\12.4 整理数据透视表字段.xlsx

Excel 可以对数据透视表字段进行必要的整理，满足用户对数据透视表格式的不同需求。

12.4.1 重命名字段

向数据透视表中添加汇总字段后，Excel 会自动对其重命名，即在数据源字段标题基础上加上“求和项：”“计数项：”的汇总方式说明，如图 12-17 所示。

用户可以修改数据透视表的字段名称，使标题更加简洁。

数据透视表字段名称与数据源的标题行名称不能相同，两个数据透视表的字段也不能使用相同的名称。

单击数据透视表的列标题单元格“求和项：销售额”，在编辑栏内选中“求和项：”部分，输入一个空格，使其变成“销售额”，也可以直接输入其他内容作为字段标题，完成后的效果如图 12-18 所示。

	A	B	C
1			
2			
3			
4	发货季	求和项:销售额	计数项:产品
5	1 季度	32779.63	19
6	2 季度	32442.78	21
7	3 季度	30629.21	21
8	4 季度	35105.17	22
9	总计	130956.79	83

图 12-17 默认的数据字段名

	A	B	C
1			
2			
3			
4	发货季	销售额	产品数量
5	1 季度	32779.63	19
6	2 季度	32442.78	21
7	3 季度	30629.21	21
8	4 季度	35105.17	22
9	总计	130956.79	83

图 12-18 修改后的字段名称

12.4.2 删除字段

对于数据透视表中不再需要分析显示的字段，可以通过【数据透视表字段列表】删除。

在【数据透视表字段列表】对话框中单击需要删除的字段，在弹出的快捷菜单中选择【删除字段】即可，如图12-19所示。

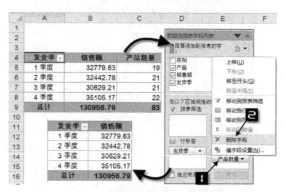

图12-19 删除数据透视表字段

除此之外，也可以将字段拖动到【数据透视表字段列表】之外的区域，或是在需要删除的数据透视表字段上单击鼠标右键，在快捷菜单中单击【删除"字段名"】命令。

12.4.3 隐藏字段标题

单击数据透视表，在【选项】选项卡中单击【字段标题】切换按钮，将隐藏或显示数据透视表中默认带有筛选按钮的行列字段标题，如图12-20所示。

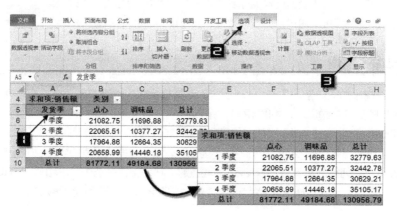

图12-20 隐藏字段标题

12.4.4 活动字段的折叠与展开

素材所在位置为：

光盘：\素材\第12章 使用数据透视表分析数据\12.4.4 活动字段的折叠与展开.xlsx

单击数据透视表，在【选项】选项卡下单击字段折叠与展开按钮，可以显示或隐藏明细数据，方便用户的汇总需求。

操作步骤如下：

单击数据透视表中的"类别"字段，在【选项】选项卡下单击【折叠整个字段】按钮，此时"类别"字段下的明细数据将被隐藏，如图 12-21 所示。

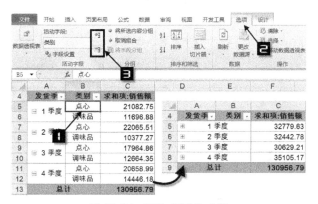

图 12-21　折叠"类别"字段

在"发货季"字段下，单击各项目前的"╋、━"按钮，可以展开或折叠该项的明细数据，如图 12-22 所示。

数据透视表中的字段被折叠后，在【选项】选项卡下单击【展开整个字段】按钮，即可展开所有字段。

如果用户希望去掉数据透视表中各字段项的"╋、━"按钮，可以在【选项】选项卡中单击【+/- 按钮】来进行切换，如图 12-23 所示。

图 12-22　展开或折叠某一项明细数据

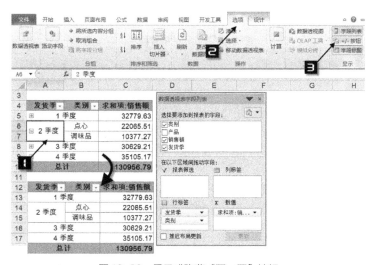

图 12-23　显示或隐藏"╋、━"按钮

12.5　改变数据透视表的报告格式

数据透视表创建完成后，通过【设计】选项卡下的【布局】命令组中的各个选项来设置数据透视表的报告格式。

12.5.1　报表布局

素材所在位置为：

光盘：\素材\第12章 使用数据透视表分析数据\12.5.1 报表布局.xlsx

数据透视表报表布局分为"以压缩形式显示""以大纲形式显示"和"以表格形式显示"三种显示形式。单击数据透视表，然后依次单击【设计】→【报表布局】下拉按钮，在下拉菜单中选择不同的显示形式，如图12-24所示。

图12-24　报表布局设置

三种不同显示形式如图12-25所示，从左到右依次为"以压缩形式显示""以大纲形式显示"和"以表格形式显示"。

图12-25　不同报表布局的显示效果

新创建的数据透视表显示方式默认为"以压缩形式显示"，所有行字段都压缩在一列内，不便于数据的观察，可以根据图12-24所示的步骤，在【报表布局】下拉菜单中选择【以表格形式显示】命令，使数据透视表以表格的形式显示。以表格形式显示的数据透视表更加直观和便于阅读，多数情况下数据透视表都会以此形式显示。

使用【重复所有项目标签】命令，能够将数据透视表中的空白字段填充相应的数值，使数据透视表的显示方式更接近于常规表格形式。

单击数据透视表，然后依次单击【设计】→【报表布局】下拉按钮，在下拉菜单中选择【重复所有项目标签】命令，如图12-26所示。

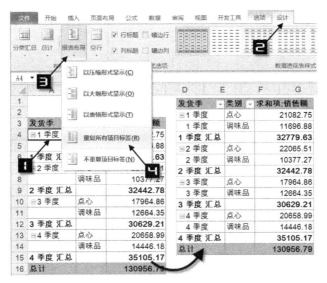

图12-26　重复所有项目标签

选择【不重复项目标签】命令，可以撤销数据透视表所有重复项目的标签。

12.5.2　分类汇总的显示方式

素材所在位置为：

光盘：\素材\第12章 使用数据透视表分析数据\12.5.2 分类汇总的显示方式.xlsx

以表格形式显示的数据透视表，会自动添加分类汇总，如果不需要使用分类汇总，可以将分类汇总删除。

单击数据透视表，在【设计】选项卡下，单击【分类汇总】下拉按钮，在弹出的下拉菜单中选择【不显示分类汇总】命令，如图12-27所示。

除此之外，也可以在数据透视表的相应字段名称列单击鼠标右键，在弹出的快捷菜单中选择【分类汇总 "字段名"】，实现分类汇总显示或隐藏的切换，如图12-28所示。

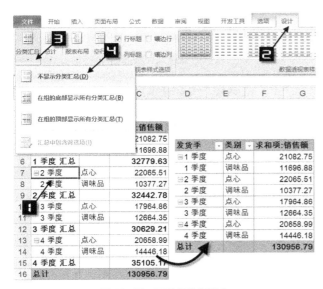

图12-27　不显示分类汇总

图12-28　在右键快捷菜单中切换

12.6　套用数据透视表样式

素材所在位置为：

光盘：\素材\第12章 使用数据透视表分析数据\12.6 套用数据透视表样式.xlsx

　　创建完成后的数据透视表，用户可以对其进行进一步的修饰美化。除了常规的单元格格式设置，Excel还内置了数十种数据透视表样式，并允许用户自定义修改设置。

　　单击数据透视表，在【设计】选项卡下的【数据透视表样式】命令组中，单击某种内置样式，数据透视表则会自动套用该样式，如图12-29所示。

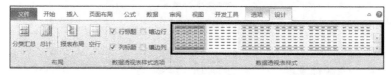

图12-29　数据透视表样式

　　在【数据透视表样式选项】命令组中，还提供了【行标题】【列标题】【镶边行】【镶边列】选项。勾选【行标题】或【列标题】复选框时，将对数据透视表的行标题和列标题应用特殊格式。勾选【镶边行】或【镶边列】时，将对数据透视表的奇数行（列）和偶数行（列）分别应用不同的格式。

12.7　刷新数据透视表

素材所在位置为：

光盘：\素材\第12章 使用数据透视表分析数据\12.7 刷新数据透视表.xlsx

　　如果数据透视表的数据源内容发生变化，数据透视表中的汇总结果不会实时自动更新，需要用户手动刷新。

12.7.1　手动刷新

　　用户可以在数据透视表区域中的任意单元格单击鼠标右键，在快捷菜单中单击【刷新】命令，如图12-30所示。

　　也可以单击数据透视表，在【选项】选项卡下单击【刷新】按钮。

12.7.2　打开文件时刷新

　　在数据透视表区域中的任意单元格上单击鼠标右键，在快捷菜单中单击【数据透视表选项】命令，打开【数据透视表选项】对话框。切换到【数据】选项卡，勾选【打开文件时刷新数据】复选框，单击【确定】按钮，如图12-31所示。

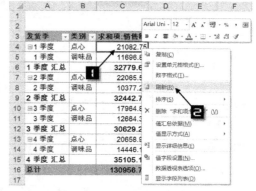

图12-30　刷新数据透视表

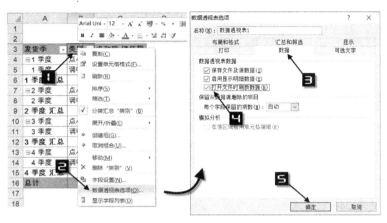

图 12-31　打开文件时刷新数据

设置完成后，每次打开数据透视表所在的工作簿时，将自动刷新数据透视表中的数据。

12.7.3 刷新使用外部数据源的数据透视表

素材所在位置为：

光盘：\素材\第12章 使用数据透视表分析数据\12.7.3 刷新使用外部数据源的数据透视表.xlsx

如果数据透视表的数据源是基于对外部数据的查询，Excel能够在后台执行数据刷新操作。

操作步骤如下：

步骤 1　单击数据透视表中的任意单元格，如A3，在【数据】选项卡中单击【属性】按钮，弹出【连接属性】对话框。

步骤 2　在【连接属性】对话框的刷新控件命令组中，勾选【允许后台刷新】，设置刷新频率为30分钟，单击【确定】按钮，如图12-32所示。

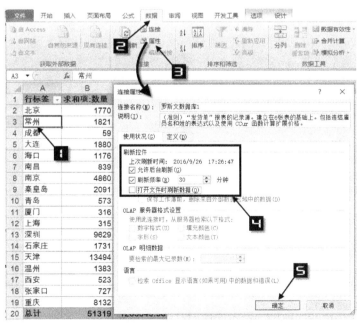

图 12-32　设置允许后台刷新

经典教程（微课版）

12.8 认识数据透视表切片器

素材所在位置为：

光盘：\素材\第12章 使用数据透视表分析数据\12.8 认识数据透视表切片器.xlsx

认识数据透视
表切片器

如果对数据透视表中的某个字段进行筛选，数据透视表中显示的只是筛选后的结果，只能通过筛选字段的下拉列表查看对哪些数据项进行了筛选。

使用切片器功能，不仅能够对数据透视表字段进行筛选操作，而且能够直观地在切片器中查看该字段的所有数据项信息。如图 12-33 所示，在数据透视表的筛选字段中，货主地区显示为"（多项）"，而右侧的切片器则可以直观地显示出全部货主地区的列表，并且突出标记当前筛选项。

数据透视表的切片器，可以看作是一种图形化的筛选方式，为数据透视表中的每个字段创建一个选取器，浮动于数据透视表之上。通过选取切片器中的字段项，能够实现比使用字段下拉列表筛选更加方便灵活的筛选功能。

图 12-33　切片器

12.8.1 | 插入切片器

如图 12-34 所示，在数据透视表中插入"货主地区"字段的切片器。

操作步骤如下：

步骤 1 单击数据透视表中的任意单元格，如 A6，在【选项】选项卡下，单击【插入切片器】按钮，弹出【插入切片器】对话框。

步骤 2 在【插入切片器】对话框中，勾选【货主地区】复选框，单击【确定】按钮，完成切片器的插入，如图 12-35 所示。

图 12-34　数据透视表

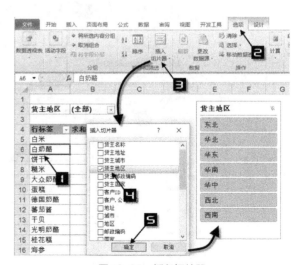

图 12-35　插入切片器

在切片器筛选框内，按住 <Ctrl> 键，可同时选中多个字段进行筛选。

12.8.2 多个数据透视表联动

素材所在位置为：

光盘：\素材\第12章 使用数据透视表分析数据\12.8.2 多个数据透视表联动.xlsx

对于由同一个数据源创建的多个数据透视表，使用"切片器"功能可以实现多个数据透视表的联动。

操作步骤如下：

步骤1 在任意一个数据透视表内插入"订购日期"字段的切片器。

步骤2 单击切片器的空白位置，在【选项】选项卡下，单击【数据透视表连接】按钮，调出【数据透视表连接（订购日期）】对话框。

步骤3 分别勾选对话框中的【数据透视表1】【数据透视表2】和【数据透视表3】，单击【确定】按钮完成设置，如图12-36所示。

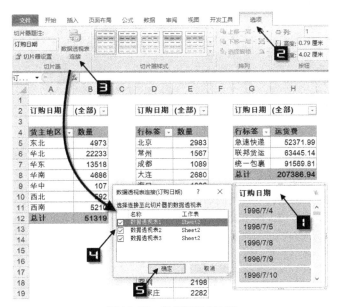

图12-36 数据透视表连接

在切片器内选择日期后，所有数据透视表都将显示该日期的数据，如图12-37所示。

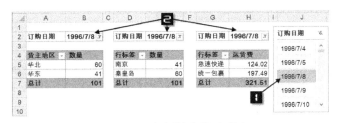

图12-37 多个数据透视表联动

12.8.3 切片器样式设置

素材所在位置为：

光盘：\素材\第12章 使用数据透视表分析数据\12.8.3 切片器样式设置.xlsx

1. 多列显示切片器内的字段项

如果切片器内字段项比较多，可以设置为多列显示，以便于筛选操作。

单击切片器空白位置，在【选项】选项卡中将"列"的数字调整为5，然后拖动切片器边框调整大小，如图12-38所示。

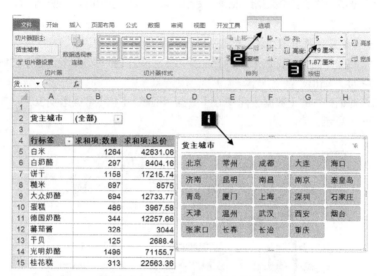

图12-38　多列显示切片器内的字段项

2. 自动套用切片器样式

切片器样式库中内置了14种可以套用的切片器样式，单击切片器空白位置，在【选项】选项卡中单击【切片器样式】下拉按钮，在下拉菜单中选择一种样式，如图12-39所示。

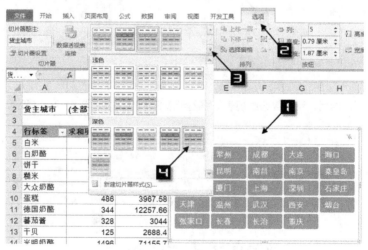

图12-39　自动套用切片器样式

12.8.4　清除切片器的筛选

清除切片器的筛选有多种方法，一是单击切片器内右上角的【清除筛选器】按钮；二是单击切片器，按<Alt+C>组合键；三是在切片器内单击鼠标右键，从快捷菜单中选择【从"字段名"中清除筛选器】命令。

12.8.5 | 删除切片器

如需删除切片器，可以在切片器内单击鼠标右键，从快捷菜单中选择【删除"字段名"】命令即可。

12.9 数据透视表中的项目组合

数据透视表中的组合功能，能够对日期、数字等不同数据类型的数据项采取多种组合方式，增强数据透视表分类汇总的适用性，使得数据透视表的分类方式能够适合更多的应用场景。

12.9.1 | 日期项组合

素材所在位置为：

光盘：\素材\第12章 使用数据透视表分析数据\12.9.1 日期项组合.xlsx

对于日期型数据，数据透视表提供了多种组合选项，可以按秒、分、小时、日、月、季度、年等多种时间单位进行组合。

图 12-40 所示为按日期汇总的数据透视表，通过对日期项进行分组，可以显示出不同年份、不同季度的汇总数据。

◢	A	B	C	D	E	F	G	H
1								
2								
3	运货费	列标签						
4	日期	东北	华北	华东	华南	西北	西南	总计
5	2015/9/3		97.14					97.14
6	2015/9/4			23.22				23.22
7	2015/9/7		124.02	197.49				321.51
8	2015/9/8		153.9					153.9
9	2015/9/9			174.51				174.51
10	2015/9/10		68.94					68.94
11	2015/9/11			593.32				593.32
12	2015/9/14				27.94			27.94
13	2015/9/15				245.73			245.73
14	2015/9/16				421.53			421.53
15	2015/9/17	6.5						6.5
16	2015/9/18		6.1		220.36			226.46
17	2015/9/21			144.87				144.87
18	2015/9/22				584.24			584.24
19	2015/9/23			7.34				7.34
20	2015/9/24	110.56						110.56
21	2015/9/25		25.73					25.73

图 12-40　按日期汇总的数据透视表

操作步骤如下：

步骤1 在数据透视表"日期"字段上单击数标右键，在弹出的快捷菜单中单击【创建组】命令，弹出【分组】对话框。

步骤2 在【分组】对话框中，保持"起始于"和"终止于"日期的默认设置，在【步长】列表框中，选中"年"和"季度"，单击【确定】按钮，如图 12-41 所示。

分组后的数据透视表，能够显示出不同年份和不同季度的汇总数据，如图 12-42 所示。

图 12-41　【分组】对话框

	A	B	C	D	E	F	G	H
1								
2								
3	运货费	列标签 ▾						
4	日期 ▾	东北	华北	华东	华南	西北	西南	总计
5	⊟2015年							
6	第三季	117.06	1234.15	1149.87	1499.8			4000.88
7	第四季	216.98	5552.27	4119.24	941.02	330.17	1919.41	13079.09
8	⊟2016年							
9	第一季	1892.04	9570.78	1927.83	6743.03		1871.7	22005.38
10	第二季	861.61	7742.03	5210.47	6227.07	32.74	2918.45	22992.37
11	第三季	2893.08	9713.92	5522.52	2326.13		5125.61	25581.26
12	第四季	467.19	15676.59	4098.35	6847.86	184.2	6930.69	34204.88
13	⊟2017年							
14	第一季	54.8	12908.56	6707.94	8876.32	1002.31	6477.36	36027.29
15	第二季	66.52	16788.1	8316.39	10003.19	124.46	11932.81	47231.47
16	第三季		331.12	775.82	1042.54		114.84	2264.32
17	总计	6569.28	79517.52	37828.43	44506.96	1673.88	37290.87	207386.94

图 12-42　按日期组合后的数据透视表

12.9.2　数值项组合

素材所在位置为：

光盘：\素材\第12章 使用数据透视表分析数据\12.9.2 数值项组合.xlsx

对于数据透视表中的数值型字段，可以使用"组合"功能，按指定区间进行分组汇总。

图 12-43 所示为某公司员工信息表的部分内容，需要统计不同年龄段的学历分布情况。

	A	B	C	D		计数项:姓名	列标▾				
1	姓名	性别	年龄	学历		行标签 ▾	高中	大专	本科	研究生	总计
2	欧阳崚	女	36	本科		22				1	1
3	王梦雅	女	26	高中		24				1	1
4	舒圣闲	男	26	大专		26	1	1			2
5	穆晨阳	男	40	高中		27	1		1		2
6	陌亦殇	男	42	大专		33		1		1	2
7	裴清琅	男	46	研究生		36	1	1	1		3
8	林羽涟	女	45	大专		38		3	1		4
9	洛少泽	男	36	高中		40	1				1
10	辛涵若	男	43	大专		41		2			2
11	李让庭	男	46	大专		42		2	1		3
12	尤沙秀	男	33	大专		43		1		1	2
13	明与雁	女	38	大专		44				1	1
14	乔昭宁	男	45	大专		45		2			2
15	杜郎清	男	42	本科		46	1	1		1	3
16	柳千佑	女	27	本科		总计	5	14	4	6	29
17	庄秋言	男	38	大专							

图 12-43　数据透视表

操作步骤如下：

步骤1 在行标签字段单击鼠标右键，在弹出的快捷菜单中选择【创建组】，弹出【组合】对话框。

步骤2 在【组合】对话框中，【起始于】编辑框中输入"25"，【终止于】编辑框中输入"45"，【步长】编辑框中输入"5"，单击【确定】按钮，如图 12-44 所示。

设置完毕后，数据透视表即可按指定区间进行组合。修改字段标题和行标签中的组合说明文字，完成对不同年龄段的学历分布情况统计，如图 12-45 所示。

图 12-44　【组合】对话框

计数项:姓名	列标签				
行标签	高中	大专	本科	研究生	总计
<25				2	2
25-29	2	1	1		4
30-34		1		1	2
35-39	1	4	2		7
40-45	1	7	1	2	11
>45	1	1		1	3
总计	5	14	4	6	29

人数	学历				
年龄段	高中	大专	本科	研究生	总计
25岁以下				2	2
25-29	2	1	1		4
30-34		1		1	2
35-39	1	4	2		7
40-45	1	7	1	2	11
45岁以上	1	1		1	3
总计	5	14	4	6	29

图12-45　统计不同年龄段的学历分布情况

12.9.3　取消组合及组合出错的原因

素材所在位置为：

光盘：\素材\第12章 使用数据透视表分析数据\12.9.3 取消组合及组合出错的原因.xlsx

如需取消数据透视表中已经创建的组合，可以在此组合上单击鼠标右键，在弹出的快捷菜单中选择【取消组合】命令，数据透视表字段将恢复到组合前的状态。

在对数据透视表进行分组时，有可能会弹出"选定区域不能分组"的错误提示，如图12-46所示。

出现分组失败的原因主要有以下几种：一是组合字段的数据类型不一致，二是日期数据格式不正确，三是数据源引用失效。可以通过修改数据源中的数据类型、更改数据透视表的数据源等方法进行处理。

图12-46　错误提示

12.10　选择不同的数据汇总方式

素材所在位置为：

光盘：\素材\第12章 使用数据透视表分析数据\12.10 选择不同的数据汇总方式.xlsx

数据透视表对数值字段默认使用求和汇总方式，对非数值字段默认使用计数方式汇总。Excel数据透视表还包括平均值、最大值、最小值和乘积等多种汇总方式，实际操作时可以根据需要选择不同的汇总方式。

在数据透视表的数值区域选中相应字段的任意单元格，单击鼠标右键，在弹出的快捷菜单中单击【值字段设置】，在弹出的【值字段设置】对话框中选择所需要的汇总方式，单击【确定】按钮完成设置，如图12-47所示。

在右键快捷菜单中选择【值汇总依据】命令，也可以选择多种不同的汇总方式。

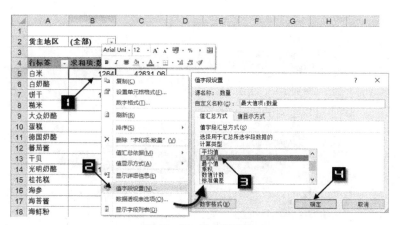

图 12-47　值字段设置

12.10.1　对同一字段使用多种汇总方式

数值区域中的同一个字段，可以同时使用多种汇总方式，从不同角度分析数据。只要在【数据透视表字段列表】中将某个字段多次添加到数值区域，再从【值字段设置】对话框中选择不同的汇总方式即可。

12.10.2　丰富的值显示方式

素材所在位置为：

光盘：\素材\第12章 使用数据透视表分析数据\12.10.2 丰富的值显示方式.xlsx

除了【值字段设置】对话框内的汇总方式，Excel数据透视表还提供了更多的计算方式，如"父行汇总的百分比""父列汇总的百分比""父级汇总的百分比""按某一字段汇总的百分比"等。利用这些功能，能够显示数据透视表的数值区域中每项占同行或同列数据总和的百分比，或是显示每个数值占总和的百分比等。

有关数据透视表值显示方式功能的简要说明，如表 12-2 所示。

表12-2　　　　　　　　　　　　数据透视表值显示方式

选项	数值区域字段显示为
无计算	数据透视表中的原始数据
总计的百分比	每个数值项占所有汇总的百分比值
列汇总的百分比	每个数值项占列汇总的百分比值
行汇总的百分比	每个数值项占行汇总的百分比值
百分比	以选定的参照项为100%，其余项基于该项的百分比
父行汇总的百分比	在多个行字段的情况下，以父行汇总为100%，计算每个数值项的百分比
父列汇总的百分比	在多个列字段的情况下，以父列汇总为100%，计算每个数值项的百分比
父级汇总的百分比	某一项数据占父级总和的百分比

续表

选项	数值区域字段显示为
差异	以选中的某个基本项为参照，显示其余项与该项的差异值
差异百分比	以选中的某个基本项为参照，显示其余项与该项的差异值百分比
按某一字段汇总	根据选定的某一字段进行汇总
按某一字段汇总的百分比	将根据字段汇总的结果显示为百分比
升序排列	对某一字段进行排名，显示按升序排列的序号
降序排列	对某一字段进行排名，显示按降序排列的序号
指数	计算数据的相对重要性。使用公式：单元格的值 × 总体汇总之和 /（行总计 × 列总计）

示例 12-2　计算各地区不同产品的销售占比

素材所在位置为：

光盘：\素材\第 12 章 使用数据透视表分析数据\示例 12-2 计算各地区不同产品的销售占比 .xlsx

图 12-48 所示为某公司在不同销售地区的销售记录，需要分析各销售地区不同产品的销售占比。

操作步骤如下：

步骤 1　单击数据区域中的任意单元格，插入数据透视表。

步骤 2　在【数据透视表字段列表】中，将"销售地区"和"品名"字段拖动到行标签区域，将"销售金额"字段拖动到数值区域。设置数据透视表报表布局为"以表格形式显示"，修改字段标题，如图 12-49 所示。

图 12-48　销售记录

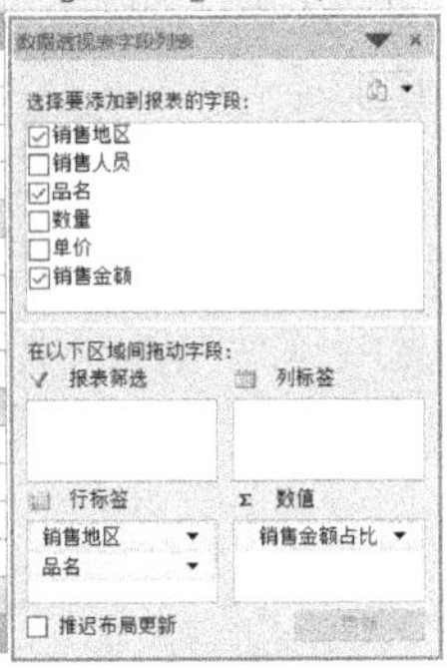

图 12-49　调整数据透视表字段

步骤 3　选中数据透视表"销售金额占比"字段下的任意单元格，单击鼠标右键，在弹出的快捷菜单中单击【值显示方式】→【父级汇总的百分比】，弹出【值显示方式（销售金额占比）】对话框，【基本字段】保留默认的【销售地区】选项，单击【确定】按钮，如图 12-50 所示。

完成后的效果如图 12-51 所示，每个销售地区的销售金额为 100%，以此为基准，显示每种商品的销售金额在该销售地区所占的百分比。

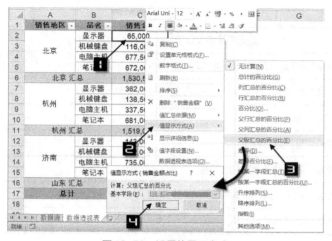

图 12-50　设置值显示方式

销售地区	品名	销售金额占比
北京	显示器	4.25%
	机械键盘	7.58%
	电脑主机	44.27%
	笔记本	43.91%
北京 汇总		100.00%
杭州	显示器	23.83%
	机械键盘	9.12%
	电脑主机	22.22%
	笔记本	44.83%
杭州 汇总		100.00%
济南	显示器	7.15%
	机械键盘	5.10%
	电脑主机	36.75%
	笔记本	51.00%
济南 汇总		100.00%
总计		

图 12-51　各地区不同产品的销售占比

示例结束

示例 12-3　快速实现销售业绩汇总与排名

素材所在位置为：

光盘 \ 素材 \ 第12章 使用数据透视表分析数据 \ 示例12-3 快速实现销售业绩汇总与排名.xlsx

图12-52所示为某单位的销售流水记录，需要汇总出每名销售人员的个人销售总额、销售业绩占比以及销售业绩排名。

	销售人	业务日期	产品名称	单价	数量	折扣	金额
2143	张颖	2017/1/17	海鲜粉	30	12	0	360
2144	张颖	2017/1/17	饼干	17.45	15	0	261.75
2145	张颖	2017/1/17	虾子	9.65	5	0	48.25
2146	金士鹏	2016/7/11	墨鱼	62.5	8	0	500
2147	孙林	2017/2/12	棉花糖	31.23	5	0	156.15
2148	孙林	2017/2/12	虾子	9.65	6	0	57.9
2149	孙林	2017/2/12	浓缩咖啡	7.75	10	0	77.5
2150	郑建杰	2017/2/12	猪肉	39	6	0	234
2151	郑建杰	2017/2/12	浪花奶酪	2.5	7	0	17.5
2152	李芳	2016/12/5	糖果	9.2	2	0	18.4
2153	李芳	2016/12/5	蜜桃汁	18	8	0	144
2154	李芳	2016/12/5	绿茶	263.5	8	0	2108
2155	李芳	2016/12/5	柳橙汁	46	9	0	414
2156	郑建杰	2017/1/24	桂花糕	81	5	0	405
2157	郑建杰	2017/1/24	三合一麦片	7	5	0	35
2158	郑建杰	2017/1/24	柠檬汁	18	20	0	360

图 12-52　销售流水记录

快速实现销售业绩汇总与排名

操作步骤如下：

步骤1　单击数据区域中的任意单元格，插入数据透视表。

步骤2　在数据透视表字段列表中，将"销售人"字段拖动到行标签区域，将"金额"字段拖动3次到"数值"区域，如图12-53所示。

步骤3　选中"求和项：金额2"字段下的任意单元格，单击鼠标右键，在弹出的快捷菜单中依次单击【值显示方式】→【父行汇总的百分比】，如图12-54所示。

步骤4　选中"求和项：金额3"字段下的任意单元格，单击鼠标右键，在弹出的快捷菜单中依次单击【值显示方式】→【降序排列】，弹出【值显示方式（求和项：金额3）】对话框，【基本字段】保留默认的

【销售人】选项，单击【确定】按钮，如图 12-55 所示。

图 12-53　调整数据透视表字段

图 12-54　设置值显示方式 1

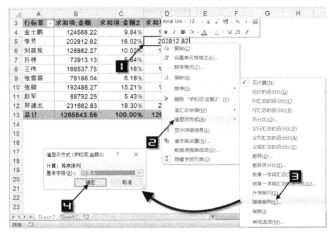

图 12-55　设置值显示方式 2

步骤 5 依次修改字段标题，将“行标签”修改为“姓名”，“求和项:金额”修改为“销售金额”，“求和项:金额2”修改为“销售占比”，“求和项:金额3”修改为“销售排名”，如图 12-56 所示。

	A	B	C	D
3	姓名	销售金额	销售占比	销售排名
4	金士鹏	124568.22	9.84%	6
5	李芳	202812.82	16.02%	2
6	刘英玫	126862.27	10.02%	5
7	孙林	73913.13	5.84%	8
8	王伟	166537.75	13.16%	4
9	张雪眉	78186.04	6.18%	7
10	张颖	192488.27	15.21%	3
11	赵军	68792.25	5.43%	9
12	郑建杰	231682.83	18.30%	1
13	总计	1265843.58	100.00%	

图 12-56 修改字段标题

示例结束

12.11 在数据透视表中使用计算字段和计算项

数据透视表不允许用户手工更改其内容，也不允许用户直接在数据透视表中插入单元格或添加公式进行计算。如果需要在数据透视表中执行自定义计算，用户可以使用添加“计算字段”和“计算项”功能。

计算字段是通过对数据透视表中现有的字段执行计算后得到的新字段。

计算项是在数据透视表的现有字段中插入新的项，通过对该字段的其他项执行计算后得到该项的值。

计算字段和计算项可以对数据透视表中现有的数据以及指定的常量进行运算，但是无法引用数据透视表之外的工作表数据。

12.11.1 创建计算字段

素材所在位置为：

光盘：\素材\第 12 章 使用数据透视表分析数据\12.11.1 创建计算字段.xlsx

图 12-57 展示了根据某物流公司业务记录表所创建的数据透视表，汇总了各城市的运货费总额。如需要根据运货费总额计算提成，提成比例为 1.5%，可以通过添加计算字段的方法实现。

	A	B	C	D	E	F
1	负责人	城市	地址	订单ID	发货日期	运货费
117	黄雅玲	温州	华翠南路 276 号	10405	2015/12/14	34.82
118	方先生	南昌	九江西街 374 号	10406	2015/12/5	108.04
119	方先生	昆明	幸福西大路 237 号	10408	2015/12/6	11.26
120	谢丽秋	上海	南京路丁 93 号	10409	2015/12/6	29.83
121	王先生	上海	云南路 912 号	10410	2015/12/7	2.4
122	王先生	天津	天大东路 347 号	10411	2015/12/13	23.65
123	成先生	天津	柳明辅路 361 号	10412	2015/12/7	3.77
124	苏先生	昆明	城东路 12 号	10413	2015/12/8	95.66
125	徐先生	厦门	同兴北路 364 号	10414	2015/12/9	21.48
126	徐先生	温州	承德路 73 号	10415	2015/12/16	0.2
127	成先生	天津	光德新路 237 号	10416	2015/12/19	22.72
128	方先生	成都	西跃进路 34 号	10419	2015/12/22	137.35
129	何先生	天津	黄河老路 358 号	10420	2015/12/19	44.12
130	刘先生	天津	宏伟辅路 383 号	10421	2015/12/19	99.23
131	成先生	秦皇岛	光明北路 643 号	10422	2015/12/23	3.02
132	刘维国	天津	复后路 713 号	10424	2015/12/19	370.61
133	林丽莉	天津	瀚顺口南街 52 号	10427	2016/1/23	31.29
134	王先生	大连	明成街 9 号	10431	2015/12/30	44.17
135	唐小姐	南京	黄河路 58 号	10432	2015/12/30	4.34

3	行标签	求和项:运货费
4	北京	1697.11
5	成都	273.92
6	大连	395.88
7	济南	493.98
8	昆明	296.24
9	南昌	288.5
10	南京	797.29
11	秦皇岛	280.22
12	青岛	302.95
13	厦门	375.35
14	上海	394.43
15	深圳	96.67
16	天津	3045.72
17	温州	176.33
18	总计	8914.59

图 12-57 需要创建计算字段的数据透视表

操作步骤如下：

步骤1 单击数据透视表值区域中的任意单元格，如B5，单击【选项】选项卡下的【域、项目和集】下拉按钮，在下拉菜单中选择【计算字段】命令，弹出【插入计算字段】对话框，如图12-58所示。

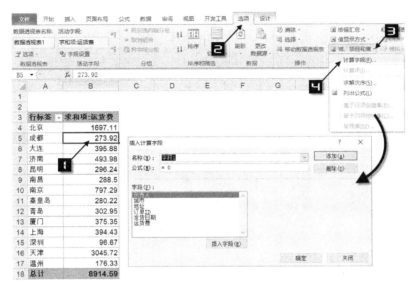

图12-58　插入计算字段

步骤2 在【插入计算字段】对话框的【名称】编辑框内输入"提成"。将光标定位到【公式】编辑框内，清除默认的"= 0"。

双击字段列表框中的"运货费"字段，然后输入"*0.015"，单击【添加】按钮，最后单击【确定】按钮关闭对话框，如图12-59所示。

设置完成后，数据透视表中新增一个名为"提成"的字段，如图12-60所示。

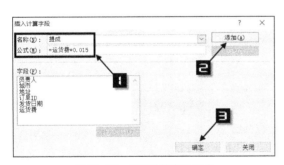

图12-59　设置计算字段公式

	A	B	C
1			
2			
3	行标签	求和项:运货费	求和项:提成
4	北京	1697.11	25.45665
5	成都	273.92	4.1088
6	大连	395.88	5.9382
7	济南	493.98	7.4097
8	昆明	296.24	4.4436
9	南昌	288.5	4.3275
10	南京	797.29	11.95935
11	秦皇岛	280.22	4.2033
12	青岛	302.95	4.54425
13	厦门	375.35	5.63025
14	上海	394.43	5.91645
15	深圳	96.67	1.45005
16	天津	3045.72	45.6858
17	温州	176.33	2.64495
18	总计	8914.59	133.71885

图12-60　添加了计算字段的数据透视表

12.11.2 添加计算项

素材所在位置为：

光盘：\素材\第12章 使用数据透视表分析数据\12.11.2 添加计算项.xlsx

图12-61展示了根据某商城电子产品销售记录所创建的数据透视表，汇总了不同商品在不同年份的销

售总额。在该数据透视表中包含了"2015"和"2016"两个年份的列字段，如需要计算每种商品在两个年份之间的销售差异，可以通过添加计算项的方法实现。

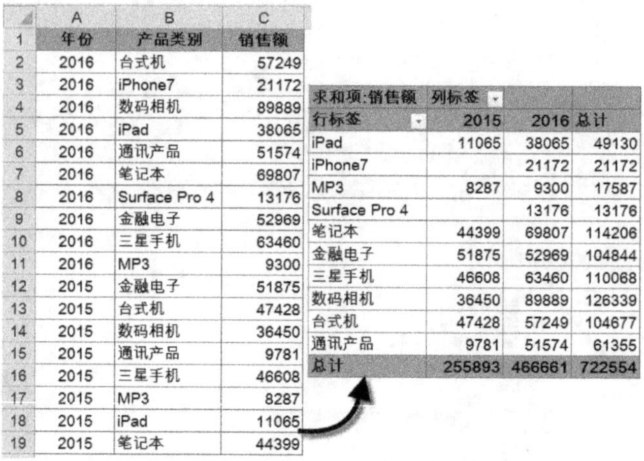

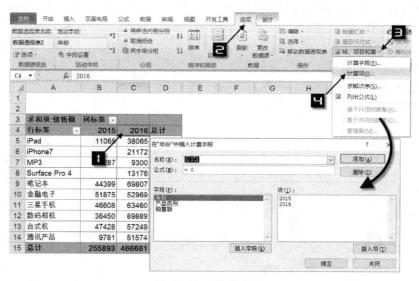

图 12-61　需要添加计算项的数据透视表

操作步骤如下：

步骤 1 单击数据透视表的列字段标题，如C4，单击【选项】选项卡下的【域、项目和集】下拉按钮，在下拉菜单中选择【计算项】命令，弹出【在"年份"中插入计算字段】对话框，如图12-62所示。

图 12-62　插入计算项

步骤 2 在【在"年份"中插入计算字段】对话框的【名称】编辑框内输入"年增量"。将光标定位到【公式】编辑框内，清除默认的"= 0"。

单击【字段】列表框中的"年份"字段，在【项】列表框中双击"2016"项，然后输入减号"−"，再双击【项】列表框中的"2015"项，单击【添加】按钮，最后单击【确定】按钮关闭对话框，如图12-63所示。

设置完成后，数据透视表中新增一个名为"年增量"的字段，其数值就是"2016"项与"2015"项的数值之差，如图12-64所示。

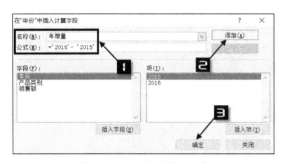

图 12-63　设置计算项公式

求和项:销售额	列标签			
行标签	2015	2016	年增量	总计
iPad	11065	38065	27000	76130
iPhone7		21172	21172	42344
MP3	8287	9300	1013	18600
Surface Pro 4		13176	13176	26352
笔记本	44399	69807	25408	139614
金融电子	51875	52969	1094	105938
三星手机	46608	63460	16852	126920
数码相机	36450	89889	53439	179778
台式机	47428	57249	9821	114498
通讯产品	9781	51574	41793	103148
总计	255893	466661	210768	933322

图 12-64　添加了计算项的数据透视表

此时数据透视表中的行总计默认汇总所有的行项目，包括新添加的"年增量"项，因此汇总结果已没有实际意义，可以选中数据透视表的"总计"列字段标题，单击鼠标右键，在弹出的快捷菜单中单击【删除总计】命令，如图 12-65 所示。

完成后的数据透视表如图 12-66 所示。

图 12-65　删除总计项

求和项:销售额	列标签		
行标签	2015	2016	年增量
iPad	11065	38065	27000
iPhone7		21172	21172
MP3	8287	9300	1013
Surface Pro 4		13176	13176
笔记本	44399	69807	25408
金融电子	51875	52969	1094
三星手机	46608	63460	16852
数码相机	36450	89889	53439
台式机	47428	57249	9821
通讯产品	9781	51574	41793
总计	255893	466661	210768

图 12-66　设置完成后的数据透视表

12.12　使用数据透视图展示数据

数据透视图是建立在数据透视表基础上的图表，利用数据透视图中的筛选按钮，能够方便地从不同角度展示数据。

使用数据透视图展示数据

12.12.1　以数据表创建数据透视图

素材所在位置为：

光盘：\素材\第 12 章 使用数据透视表分析数据\12.12.1 以数据表创建数据透视图 .xlsx

图 12-67 所示为某公司销售记录的部分内容，需要以此为数据源创建数据透视图。

操作步骤如下：

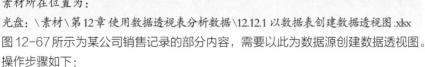 单击数据区域中的任意单元格，如 A5，单击【插入】选项卡下的【数据透视表】下拉按钮，在下拉菜单中选择【数据透视图】，弹出【创建数据透视表及数据透视图】对话框，如图 12-68 所示。

	A	B	C	D	E
1	日期	客户名称	金额	数量	商品名称
2	2016/9/12	白云飞	57249	37	空调
3	2016/9/16	叶孤城	21172	5	洗衣机
4	2016/9/20	蓝天阔	89889	21	洗衣机
5	2016/9/24	申成宇	38065	37	净水器
6	2016/9/28	华雪春	51574	79	电冰箱
7	2016/10/2	白云飞	69807	34	洗衣机
8	2016/10/6	叶孤城	13176	16	净水器
9	2016/10/10	蓝天阔	52969	21	电冰箱
10	2016/10/14	申成宇	63460	23	空调
11	2016/10/18	华雪春	9300	43	洗衣机
12	2016/10/22	白云飞	51875	44	洗衣机
13	2016/10/26	叶孤城	47428	14	净水器
14	2016/10/30	蓝天阔	36450	17	电冰箱
15	2016/11/3	申成宇	9781	8	空调
16	2016/11/7	华雪春	46608	66	电冰箱
17	2016/11/11	白云飞	8287	23	空调

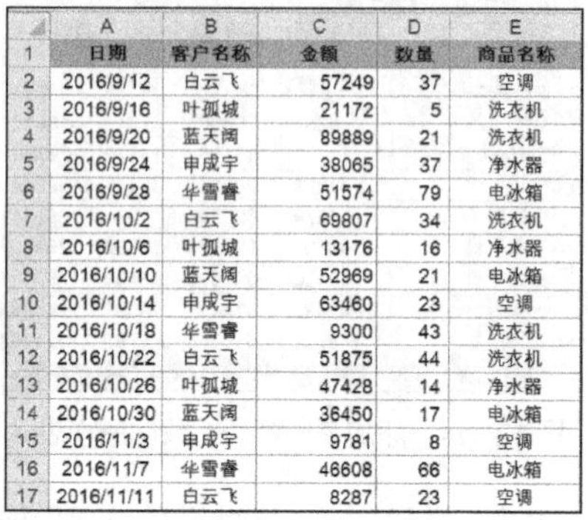

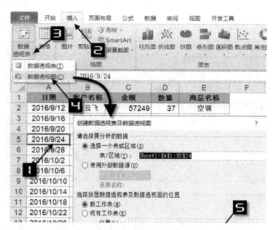

图12-67　销售记录

图12-68　插入数据透视图

步骤 2 单击【确定】按钮，生成一个空白的数据透视表和一个空白的数据透视图，如图12-69所示。

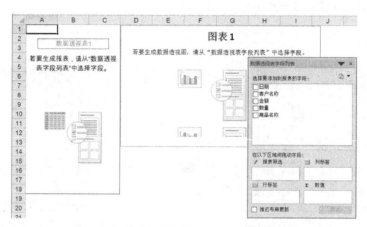

图12-69　生成的空白数据透视表和数据透视图

步骤 3 在【数据透视表字段列表】中添加字段，生成数据透视表和默认类型的数据透视图，如图12-70所示。

通过在各个字段的筛选按钮中选择不同的项目，可以从不同角度展示数据变化，如图12-71所示。

求和项:金额	列标签				
行标签	电冰箱	净水器	空调	洗衣机	总计
白云飞			65536	121682	187218
华雪春	98182	12037	42004	9300	161523
蓝天阔	89419	95811		89889	275119
申成宇	62616	38065	73241		173922
叶孤城		60604		32237	92841
总计	250217	206517	180781	253108	890623

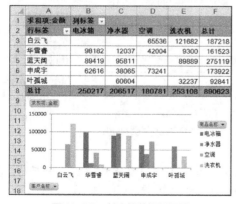

图12-70　创建的数据透视图

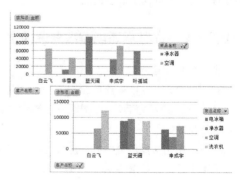

图12-71　多角度展示数据的数据透视图

12.12.2 以现有数据透视表创建数据透视图

素材所在位置为：

光盘：\素材\第12章 使用数据透视表分析数据\12.12.2 以现有数据透视表创建数据透视图.xlsx

图 12-72 所示为已经创建完成的数据透视表，需要以该数据透视表为数据源创建数据透视图。

有以下两种方法可以实现。

方法 1 单击数据透视表中的任意单元格，如A6，在【插入】选项卡下单击【柱形图】下拉按钮，在下拉列表中选择簇状柱形图，如图 12-73 所示。

图 12-72 数据透视表

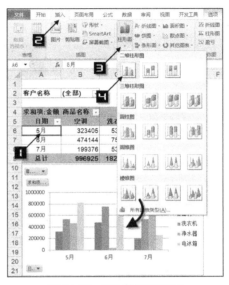

图 12-73 插入数据透视图1

方法 2 单击数据透视表中的任意单元格，如A6，在【选项】选项卡下单击【数据透视图】按钮，弹出【插入图表】对话框，选择一种图表类型，单击【确定】按钮，如图 12-74 所示。

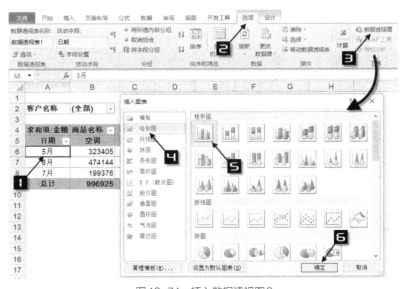

图 12-74 插入数据透视图2

12.12.3　数据透视图术语

数据透视图不仅具有普通图表的数据系列、分类、坐标轴等元素，还包括报表筛选字段、图例字段（系列）、轴字段（分类）等一些特有的元素，如图12-75所示。

用户可以像处理普通Excel图表一样处理数据透视图，包括改变图表类型、设置图表格式等。如果在数据透视图中改变字段布局，与之关联的数据透视表也会同时发生改变。

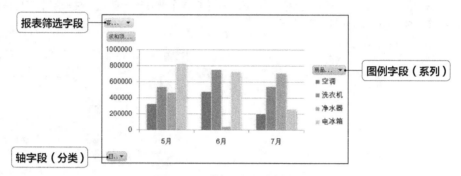

图12-75　数据透视图中的元素

12.12.4　数据透视图的限制

和普通图表相比，数据透视图存在部分限制，包括不能使用散点图、股价图和气泡图等图表类型，另外也无法直接调整数据标签、图表标题和坐标轴标题的大小等。

习题

1. 数据透视表可使用的数据源包括（　　）、（　　）、（　　）和（　　）四种。
2. 修改数据透视表字段名称时，需要注意与（　　）名称不能相同，并且（　　）的字段也不能使用相同的名称。
3. 数据透视表的刷新方式包括（　　）和（　　）两种方式，如果是使用了外部数据源创建的数据透视表，还可以设置（　　）刷新。
4. 在切片器中选择多个项时，需要按（　　）键。
5. 数据透视表结构分为（　　）区域、（　　）区域、（　　）区域和（　　）区域四个部分。
6. 数据透视表报表布局分为（　　）、（　　）和（　　）三种显示形式。
7. 如果数据透视表的数据源内容发生变化，如何在数据透视表中得到最新的汇总结果？
8. 对于同一个数据源创建的多个数据透视表，使用（　　）功能可以实现多个透视表的联动。
9. 出现分组失败的原因主要有以下几种：一是（　　），二是（　　），三是（　　）。

上机实验

1. 根据"作业 12-1.xlsx"提供的数据,创建数据透视表,并插入切片器,设置切片器样式为"切片器样式深色 4",如图 12-76 所示。

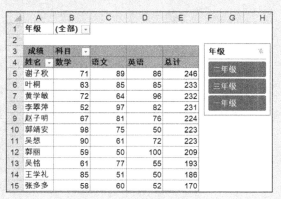

图 12-76　作业 12-1

2. 根据"作业 12-2.xlsx"提供的数据,创建数据透视表,并对日期按年月进行组合,如图 12-77 所示。

金额		业务员				
年	日期	叶之枫	白云飞	邱文韵	廖文轩	总计
2016年	8月	21,698	49,996	27,472	48,665	147,830
	9月	17,750	43,378	29,895	36,129	126,952
	10月	28,196	39,585	52,958	16,782	137,521
	11月	8,930	35,662	14,955	21,860	81,407
	12月	19,910	37,625	46,185	36,176	139,896
2017年	1月	14,690	43,497	38,699	32,350	129,236
	2月	15,760	31,481	45,082	36,170	128,493
	3月	31,430	39,244	49,205	35,062	154,941
	4月	7,222	30,230	26,958	33,102	97,512
	5月	18,202	67,957	23,644	18,420	128,222
	6月	7,640	44,070	45,622	11,074	108,406
	7月	7,800	18,640	15,300	3,265	45,005
总计		199,228	481,362	415,774	329,055	1,425,418

图 12-77　作业 12-2

3. 根据"作业 12-3.xlsx"提供的数据,创建数据透视表,并对数据透视表的值显示方式进行设置,统计每种商品的销售额占总销售额的百分比,如图 12-78 所示。

求和项:销售金额	列标签					
行标签	按摩椅	跑步机	微波炉	显示器	液晶电视	总计
北京	2.05%	6.53%	1.40%	9.41%	20.14%	39.54%
杭州	0.99%	0.00%	1.01%	4.47%	12.54%	19.02%
南京	1.13%	6.27%	0.28%	3.70%	6.35%	17.72%
上海	0.00%	5.78%	0.44%	2.83%	0.07%	9.13%
济南	0.00%	3.21%	0.51%	4.45%	6.42%	14.59%
总计	4.18%	21.79%	3.65%	24.86%	45.53%	100.00%

图 12-78　作业 12-3

4．根据"作业12-4.xlsx"提供的数据，创建数据透视表，并添加计算项，计算实际发生额和预算额的差额，如图12-79所示。

5．根据"作业12-5.xlsx"提供的数据，创建数据透视表，并添加"计算"字段计算奖金提成，提成比例为0.8%，如图12-80所示。

行标签	实际发生额	预算额	差额
办公用品	16,399.44	15,960.00	439.44
出差费	346,780.68	339,000.00	7,780.68
固定电话费	6,283.37	6,000.00	283.37
过桥过路费	21,547.50	17,700.00	3,847.50
计算机耗材	2,298.22	2,580.00	-281.78
交通工具消耗	36,680.06	33,000.00	3,680.06
手机电话费	39,776.41	36,000.00	3,776.41
总计	469,765.69	450,240.00	19,525.69

图12-79　作业12-4

行标签	订单金额	奖金提成
杨光	350,980.09	2,807.84
张波	265,592.67	2,124.74
李晓云	129,272.25	1,034.18
白雪	166,127.63	1,329.02
孙明明	443,203.68	3,545.63
王小凯	515,284.31	4,122.27
郑博峰	213,442.99	1,707.54
总计	2,083,903.62	16,671.23

图12-80　作业12-5

6．根据"作业12-6.xlsx"提供的数据，创建数据透视图，如图12-81所示。

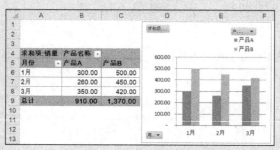

图12-81　创建数据透视图